高等职业教育土建类专业教材

# 结构力学 第2版

JIEGOU LIXUE

主编 王潇洲 / 副主编 荆亚涛 / 主审 邓子胜

重庆大学出版社

## 内容提要

本书按照高职高专土建类专业的教学要求，为了适应现行的教学学时数，根据编者长期从事结构力学等课程的教学经验编写而成。全书共分10章，内容包括：绪论、平面体系的几何组成分析、静定梁平面刚架、三铰拱、静定平面桁架、静定结构的位移计算、力法、位移法、力矩分配法、影响线。每章最后有小结、思考题、习题，全书最后有各章习题参考答案。

本书可作为高等职业院校土建类专业的教学用书，也可作为相关专业的培训参考用书。

**图书在版编目(CIP)数据**

结构力学 / 王潇洲主编. -- 2版. -- 重庆 ：重庆大学出版社，2021.11

高等职业教育土建类专业教材

ISBN 978-7-5689-0948-8

Ⅰ.①结… Ⅱ.①王… Ⅲ.①结构力学—高等职业教育—教材 Ⅳ.①O342

中国版本图书馆CIP数据核字(2020)第098126号

高等职业教育土建类专业教材

**结构力学**

（第2版）

王潇洲　主　编

荆亚涛　副主编

邓子胜　主　审

责任编辑：肖乾泉　　版式设计：肖乾泉

责任校对：刘志刚　　责任印制：赵　晟

*

重庆大学出版社出版发行

出版人：饶帮华

社址：重庆市沙坪坝区大学城西路21号

邮编：401331

电话：(023) 88617190　88617185(中小学)

传真：(023) 88617186　88617166

网址：http://www.cqup.com.cn

邮箱：fxk@cqup.com.cn（营销中心）

全国新华书店经销

重庆华数印务有限公司印刷

*

开本：787mm×1092mm　1/16　印张：13　字数：318千

2018年3月第1版　2021年11月第2版　2021年11月第3次印刷

印数：3 001—6 000

ISBN 978-7-5689-0948-8　定价：36.00元

---

# 前 言
## （第 2 版）

本书根据高职高专土建类专业的教学要求，在第 1 版的基础上，结合近年来的教学成果修订而成。新版教材保持了原书内容体系，对个别章节内容进行适当增减，修正了一些错误。本次修订融入了"互联网+"的表现形式，增强了与在线课程相结合进行学习的互动性。

结构力学说课

本次修订的主要内容包括以下 3 个方面：

①为适应"互联网+"的发展，对本书中各个章节学习的要点、重难点及部分习题进行微课录制，并以二维码形式插入教材对应位置，供读者参考学习。对于课程讲授、拓展习题、拓展知识、工程案例等内容，提供在线课程学习路径，读者可通过"学习通"APP 进入学习。另外，在线课程中设置大量的课堂测试及章节测试，便于读者进行自测和知识点巩固。

在线课程学习路径：下载并安装"学习通"APP→注册→输入邀请码（11567539）→进入"结构力学"课程进入学习

②修订第 1 版教材中部分插表、例题以及习题参考答案等的错误。

③第 2 章，增补 2 道例题；第 3 章，删除原 3.1.5 节，并修改习题 3.6；第 5 章，修订原 5.2.1 节，增加对称性和 K 形结点零杆判定内容；修订原 5.3 节。

本书第 2 版修订工作由王潇洲教授主持，参加具体分工如下：王潇洲负责统稿，荆亚涛负责微课视频录制、在线课程题库建设、部分例题修订，王冬英负责修订教材部分错误。

由于编者水平有限，书中难免存在不妥之处，恳请广大读者批评指正并提出宝贵建议，并请发至邮箱 wxz-gz@ 163.com。

编　者

2021 年 6 月

# 前 言
## （第1版）

本书按照高职高专土建类专业的教学要求，为了适应现行的教学学时数，根据编者长期从事结构力学等课程的教学经验编写而成。

本书力求做到精选结构力学传统内容，讲清概念、公式、基本原理等，突出重点，侧重应用；既注重结构力学的系统性和严密性，同时又注意结合土建类专业对结构力学知识的基本要求，重视对学生计算能力的训练和力学素养的培养。本书适合作为高等职业院校、高等专科院校和各类成人教育土建类专业60~70学时的结构力学课程的教学用书，也可作为土建类专业相关工程技术人员的参考书 。

本课程是土建类专业一门重要的专业基础课，共分10章，按70学时分配，参考建议见下表：

| 序　号 | 项　目 | 教学学时 | | |
|---|---|---|---|---|
| | | 讲　授 | 习　题 | 小　计 |
| 1 | 第1章　绪论 | 2 | 0 | 2 |
| 2 | 第2章　平面体系的几何组成分析 | 4 | 2 | 6 |
| 3 | 第3章　静定梁与平面刚架 | 6 | 2 | 8 |
| 4 | 第4章　三铰拱 | 4 | 0 | 4 |
| 5 | 第5章　静定平面桁架 | 4 | 2 | 6 |
| 6 | 第6章　静定结构的位移计算 | 8 | 2 | 10 |
| 7 | 第7章　力法 | 8 | 2 | 10 |

续表

| 序 号 | 项 目 | 教学学时 | | |
|---|---|---|---|---|
| | | 讲 授 | 习 题 | 小 计 |
| 8 | 第 8 章　位移法 | 8 | 2 | 10 |
| 9 | 第 9 章　力矩分配法 | 4 | 2 | 6 |
| 10 | 第 10 章　影响线 | 6 | 2 | 8 |
| 合 计 | | 54 | 16 | 70 |

本书由广东交通职业技术学院组织编写,王潇洲教授担任主编,邓子胜教授担任主审。具体分工如下:王潇洲编写第 1、2、7 章并统稿,蒋英礼编写第 3 章,陈睿编写第 4 章,刘伟编写第 5、6 章,高会强编写第 8 章,刘灿编写第 9 章,钟健聪编写第 10 章。荆亚涛增补了第 3 章习题,诚表谢忱。

由于编者水平有限,书中难免存在不妥之处,恳请广大读者批评指正并提出宝贵建议,并请发至邮箱 wxz-gz@ 163.com。

编　者

2017 年 9 月

# 目 录

# 1

# 绪　论

［教学目标］

- 了解结构力学的研究对象和任务，理解结构力学分析时应满足的基本条件
- 掌握杆件结构及荷载的分类方法，学会正确选择结构的计算简图

## 1.1 结构力学的研究对象和任务

房屋建筑、桥梁、隧道、塔架、挡土墙、水坝等建筑物或构筑物中，用以担负预定任务、承受和传递荷载而起骨架作用的部分称为结构。

### ▶ 1.1.1 结构力学的研究对象

结构是由若干相互联系的构件组成的整体，按其构件的几何形状可分为3类：

**1）杆件结构**

由杆件组成的结构称为杆件结构。杆件的几何特征是其横截面高、宽两个方向的尺寸比杆长小得多。梁、刚架、桁架等，都是杆件结构（图1.1）。

**2）薄壁板壳结构**

由薄板或薄壳组成的结构称为薄壁板壳结构（图1.2）。这类结构的几何特征是其厚度比长度和宽度小得多，也称为薄壁结构。

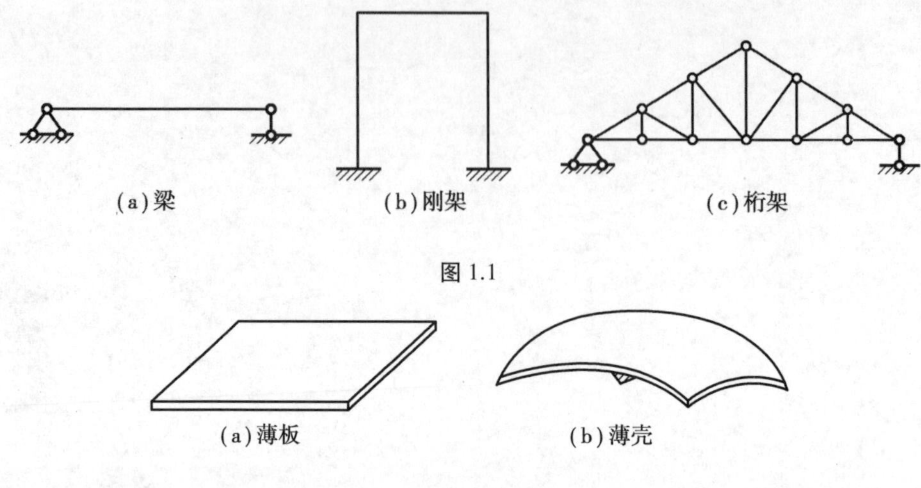


图 1.1

图 1.2

3)实体结构

长、宽、厚 3 个方向的尺寸相近的结构称为实体结构。它的几何特征是呈块状,且内部为实体,如桥墩、桥台、挡土墙等(图 1.3)。

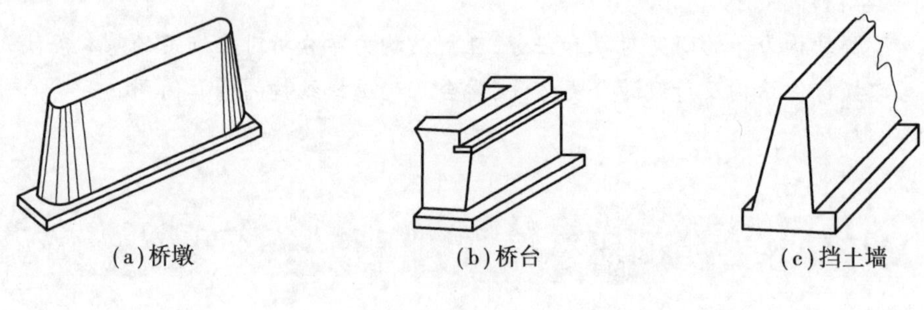


图 1.3

为了使结构既能安全、正常地工作,又能符合经济的要求,就需对其进行强度、刚度和稳定性的计算。这一任务是由工程力学、结构力学、弹性力学等几门课程共同来承担的。其中,工程力学的材料力学部分是以单个杆件为主要研究对象,结构力学则在此基础上着重研究杆件结构,弹性力学则以实体结构和板壳结构为主要研究对象。当然,这种分工也不是绝对的,各课程之间也存在着相互渗透的情况。

### ▶ 1.1.2 结构力学的任务

如前所述,结构力学的研究对象是杆件结构。它是一门研究杆件结构内力、位移的计算原理和方法以及杆件合理组成结构的学科。其具体任务是:

①研究结构的组成规律和合理形式等问题。

②研究结构在荷载等各种外因作用下的内力和位移的计算,以便进行结构强度和刚度的验算。

③研究结构的稳定性计算以及动力荷载作用下结构的动力特性和动力反应。本

书对这一问题不作讨论。

结构力学是一门技术基础课程,它一方面要用到高等数学、工程力学等知识;另一方面又为学习建筑结构、桥梁和隧道工程等专业课程提供必要的基础理论和计算方法。

### ▶ 1.1.3 结构力学的内容和计算方法

#### 1)结构力学的内容

结构力学是土建类专业一门重要的专业基础课程,在土建类专业课程中具有承上启下的作用。本课程的主要内容包含以下 6 个方面:

①结构计算简图的合理选择。

②杆件结构的组成规则。

③静定结构的内力和位移计算。

④超静定结构的内力计算和位移计算,包括力法、位移法、力矩分配法。

⑤结构的受力和合理形式。

⑥移动荷载作用下结构的支座反力和内力变化:影响线及应用。

#### 2)结构力学的计算方法

结构力学的计算方法很多,但所有方法都必须满足以下 3 个基本条件:

①力系的平衡条件。在一组力系作用下,结构整体以及其中任何一部分都应满足力系的平衡条件。

②变形的连续条件,即几何条件。连续的结构发生变形后,仍是连续的,材料没有重叠和缝隙;同时,结构的变形和位移应该满足支座和结点的约束条件。

③物理条件。把结构的应力和变形联系起来的条件,即物理方程或本构方程。

以上 3 个基本条件,贯穿于本课程的全部计算中,只是满足的次序和方式不同而已。

## 1.2 杆件结构的计算简图

### ▶ 1.2.1 概 述

工程结构的实际受力情况往往是很复杂的,完全按照其实际受力情况进行计算是不现实、也是不必要的。因此,在对实际结构进行力学计算之前,需将它简化为既能反映其主要力学性能又便于计算的理想模型。这种在结构计算中用来代替实际结构的理想模型,称为结构的计算简图。

对实际结构的力学计算往往在结构的计算简图上进行。所以,计算简图的选择必

须注意以下两个原则:

①反映结构实际情况——计算简图能正确反映结构的主要受力情况,使计算结果尽可能精确。

②分清主次因素——计算简图可以略去次要因素,以便于计算分析。

必须指出,恰当地选取实际结构的计算简图,是结构设计中十分重要的问题。正确选择一个结构的计算简图是一项不容易的工作,它需要有丰富的结构计算经验及正确了解和判断实际结构的构造、受力情况等。为此,不仅要掌握前述的基本原则,还要有丰富的实践经验。对于一些新型结构往往还要通过反复试验和实践,才能获得比较合理的计算简图。

## ▶ 1.2.2 计算简图的简化方法

一般工程结构由杆件、结点、支座3部分组成。要想得到结构的计算简图,就必须对结构的各组成部分进行简化。

**1)结构杆件的简化**

一般的实际结构均为空间结构,而空间结构常常可分解为几个平面结构来计算。结构杆件均可用其杆轴线来表示。

**2)结点的简化**

杆件相互连接处称为结点。杆系结构的结点,通常可分为铰结点和刚结点。

(1)铰结点

铰结点的特征是各杆端可以绕结点中心自由转动,但不能有任何方向的相对移动。因此铰结点只产生杆端轴力和剪力,不引起杆端弯矩。

图1.4(a)所示为一木屋架的结点构造。此时,各杆端虽不能绕结点任意转动,但由于连接不可能很严密牢固,因而杆件之间仍有微小相对转动的可能。事实上,结构在荷载作用下,杆件间产生的转动也相当小,所以该结点应视为铰结点,其计算简图如图1.4(b)所示。

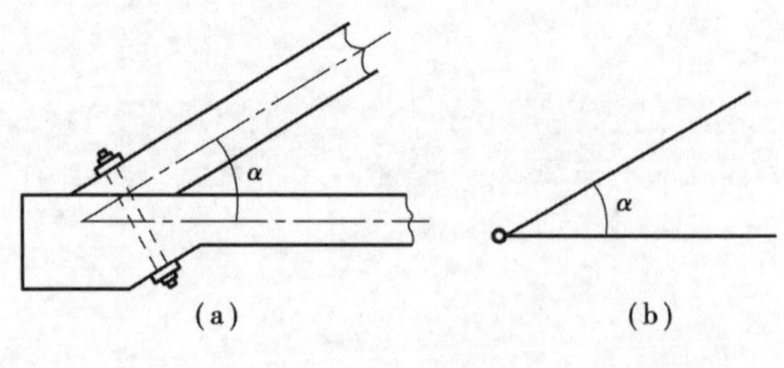


图1.4

(2)刚结点

刚结点的特征是汇交于结点的各杆可以绕结点转动,刚结端的各杆转动的夹角相同。因此各杆的刚结点既能承受弯矩,又能承受轴力和剪力。

图1.5(a)所示为钢筋混凝土刚架,上、下柱和横梁在该处用混凝土浇筑成整体,钢筋的布置也使得各杆端能够抵抗弯矩。计算时,这种结点则应视为刚结点,其计算简

图如图 1.5(b)所示。当结构发生变形时,汇交于刚结点各杆端的切线之间的夹角将保持不变[图 1.5(c)]。

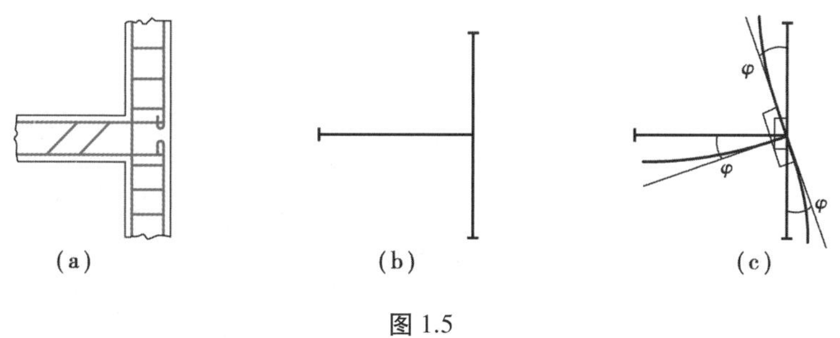


图 1.5

(3)组合结点

组合结点是由刚结点、部分铰结的结点。如图 1.6 所示结点,左边杆件与中间杆件为刚结,右边杆件为铰结。

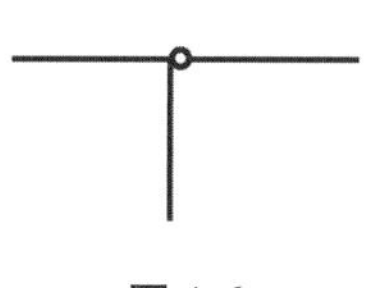

图 1.6

3)支座的简化

把上部结构和基础连接起来的装置称为支座。平面杆系结构的支座,常用的有以下 4 种:

①可动铰支座——杆端 $A$ 沿水平方向可以移动,绕 $A$ 点可以转动,但沿支座杆轴方向不能移动[图 1.7(a)]。

②固定铰支座——杆端 $A$ 绕 $A$ 点可以自由转动,但沿任何方向均不能移动[图 1.7(b)]。

③固定端支座——$A$ 端支座为固定端支座,使 $A$ 端既不能移动,也不能转动[图 1.7(c)]。

④定向支座——这种支座只允许杆端沿一个方向移动,而沿其他方向不能移动,也不能转动[图 1.7(d)]。

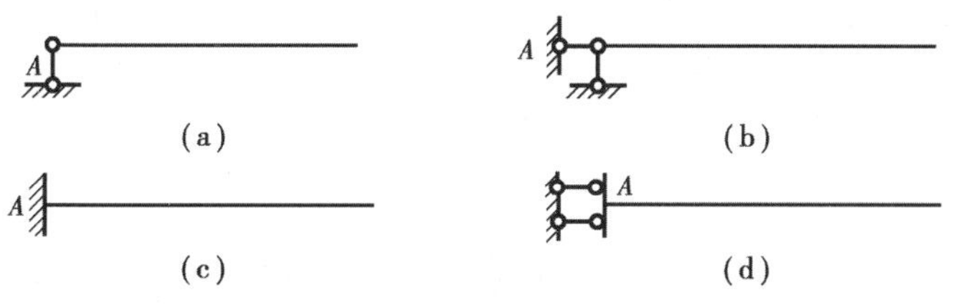


图 1.7

## ▶ 1.2.3 计算简图示例

下面介绍两个选取结构计算简图的例子。

图 1.8(a)所示为一根两端搁在墙上的梁,上面放一重物。简化时,梁本身用其轴线表示,梁自重简化为均布荷载 $q$,重物则简化为一集中荷载 $\boldsymbol{F}$。两端的支承反力假定通过墙宽的中点,考虑到支承面有摩擦,梁不能左、右移动,但受热膨胀时梁仍可伸长,故可将一端视为固定铰支座,另一端视为可动铰支座[图 1.8(b)]。

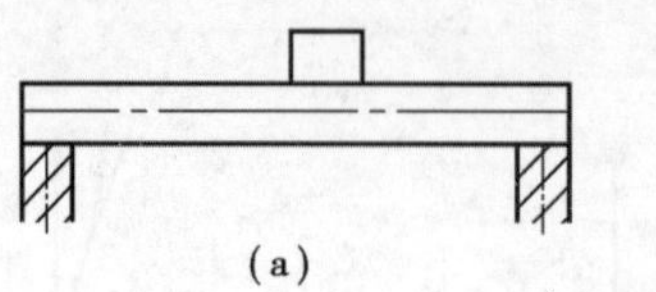


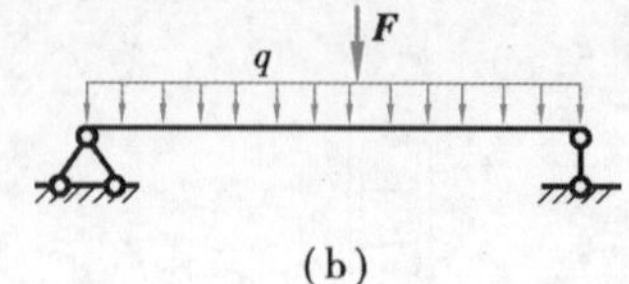


图 1.8

又如图 1.9(a)所示为一装配式钢筋混凝土门式刚架。两个异形构件是预制的,将构件插入杯口基础后,四周缝隙用沥青麻絮填实,允许柱脚在杯口内有微小的转动。因此在计算简图中,柱脚 $A$ 和 $B$ 可设为铰支座。在中间结点 $C$,用合页式的铰链连接两个构件,因此结点 $C$ 可取为铰结点。计算简图如图 1.9(b)所示,这种结构称为三铰刚架。

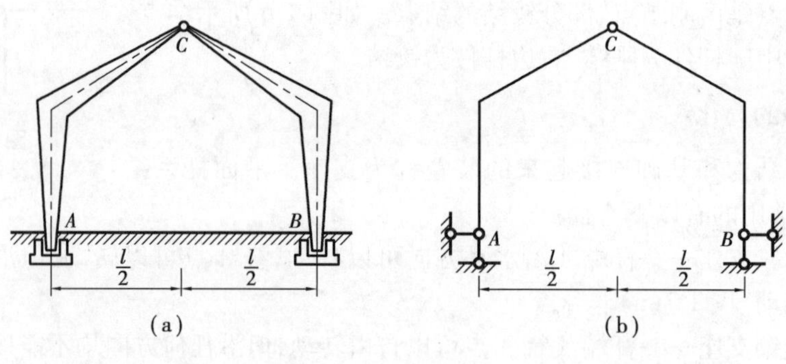


图 1.9

## 1.3 杆件结构的分类

结构力学所研究的是经过简化以后的结构计算简图。因此,所谓结构的分类,实际上是指结构计算简图的分类。

按照不同构造特征和受力特点,平面杆件结构可分为 5 类:

1)梁

梁是一种受弯构件,其轴线通常为直线。梁有单跨和多跨之分(图 1.10)。

2)拱

拱的轴线为曲线,其力学特点是在竖向荷载作用下有水平支座反力,这使得拱内弯矩比跨度、荷载相同的梁的弯矩要小(图 1.11)。

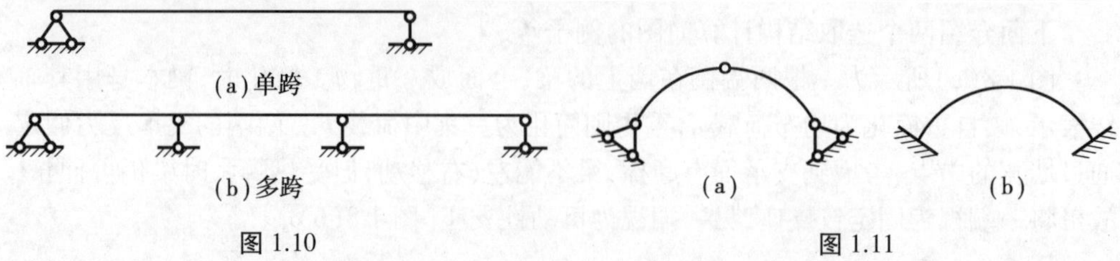


图 1.10

图 1.11

3)刚架

刚架由直杆组成并具有刚结点(图 1.12)。

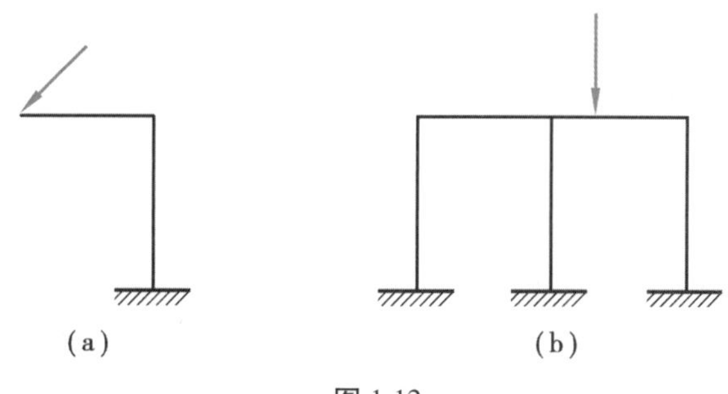


图 1.12

4)桁架

桁架由直杆组成,所有结点都为铰结点(图 1.13),当只受到作用于结点的集中荷载时,各杆只产生轴力。

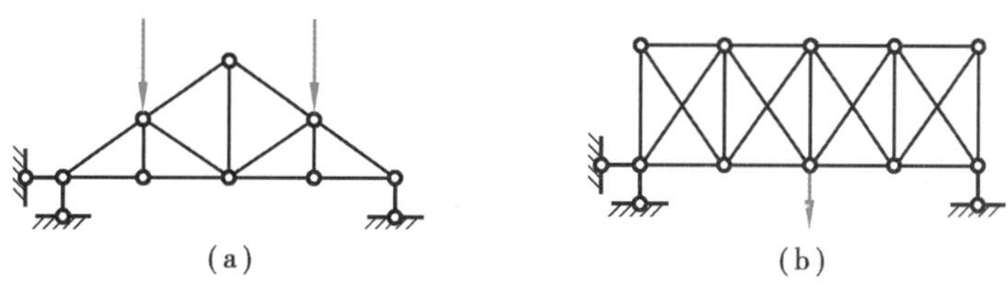


图 1.13

5)组合结构

组合结构是指由桁架和梁或桁架与刚架组合在一起的结构,其中,桁架的链杆只承受轴向力,而梁式杆则同时还承受弯矩和剪力(图 1.14)。

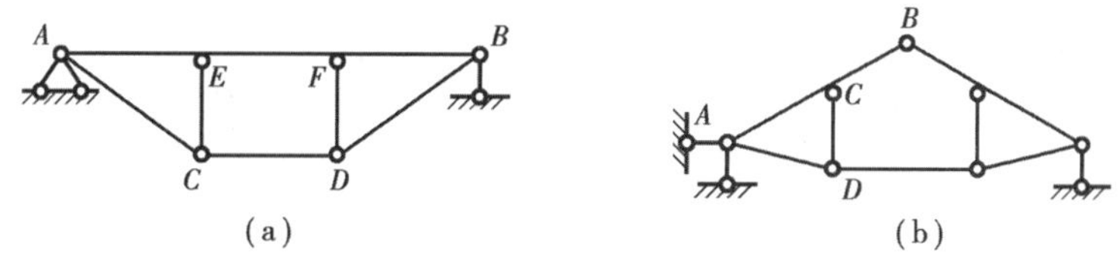


图 1.14

按照所用计算方法的特点,结构又可分为静定结构和超静定结构。仅用静力平衡条件就可以求解的结构称为静定结构。必须综合运用平衡条件与位移协调条件才能求解的结构,称为超静定结构。

## 1.4 荷载的分类及简化示例

作用于结构上的主动力(如结构的自重力),加于结构上的水压力、土压力等,称为荷载。除此之外,还有其他因素(如温度变化、基础沉陷、材料收缩等),可以使用结构产生内力和变形,从广义上来说,这些因素也可以看作荷载。

### ▶ 1.4.1 荷载的分类

结构所承受的荷载,往往比较复杂。为了便于计算,参照有关结构设计规范,根据不同的特点加以分类。

**1)按作用范围**

按作用范围不同,荷载可分为集中荷载和分布荷载。

①集中荷载。荷载作用的面积相对于结构或构件总面积而言很小,从而近似认为荷载作用在一点上,称为集中荷载,如屋架传给柱子的压力、吊车轮传给吊车梁的压力等,都属于集中荷载。其单位是牛(N)或千牛(kN)。

②分布荷载。荷载分布在一定范围上,当荷载连续地分布在一块面积上时称为面分布荷载,其单位是牛每平方米($N/m^2$)或千牛每平方米($kN/m^2$)。在工程上往往把面分布荷载简化为线分布荷载,其单位是牛每米(N/m)或千牛每米(kN/m)。分布荷载又可分为均布荷载和非均布荷载等。

集中荷载和均布荷载将是今后经常遇到的荷载。

**2)按作用时间**

按作用时间不同,荷载可分为恒载(永久荷载)、活载(可变荷载)和偶然荷载。

①恒载是指长期作用于结构上的不变荷载,如结构自重、安装在结构上的设备的重力、土压力等,其荷载的大小、方向和作用位置是不变的。

②活载是指暂时作用于结构上的可变荷载,如人群、风、雪的荷载等。

③偶然荷载是指使用时不一定出现,一旦出现其值很大、持续时间短的荷载,如爆炸、地震、台风的荷载等。

**3)按作用性质**

按作用性质不同,荷载可分为静力荷载和动力荷载。

①静力荷载是指其大小方向和位置不随时间变化或变化很缓慢的荷载,它不会导致结构产生显著的加速度,因而可以略去惯性力的影响。

②动力荷载是指随时间迅速变化的荷载,它将引起结构的振动,使结构产生不容忽视的加速度,必须考虑惯性力的影响。

**4)按作用位置**

按作用位置不同,荷载可分为固定荷载和移动荷载。

①固定荷载是指在结构上的作用位置是不变的荷载,如恒载及某些活载(风、雪)。

②移动荷载是指在结构上可以自由移动的荷载,如行驶的汽车、移动的人群等。

### ▶ 1.4.2 荷载简化示例

在工程结构计算中,通常用梁轴线表示一根梁。等截面梁的自重总是简化为沿梁轴线方向的均布线荷载 $q$。

一矩形截面梁如图 1.15 所示,其截面宽度为 $b$,截面高度为 $h$。设此梁的单位体积

重(重度)为 $\gamma$,则此梁的总重为

$$F_P = bhL\gamma$$

梁的自重沿梁跨度方向是均匀分布的,所以沿梁轴线每米长的自重 $q$ 为

$$q = \frac{F_P}{L}$$

将 $F_P$ 代入上式得

$$q = bh\gamma$$

$q$ 值就是梁自重简化为沿梁轴线方向的均布线荷载值,均布线荷载 $q$ 也称为线荷载集度。

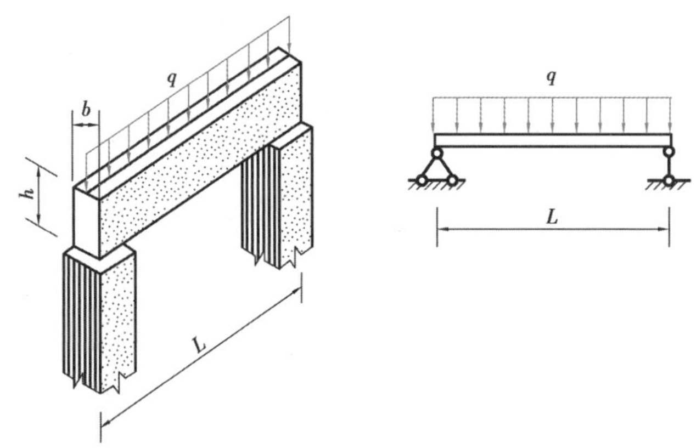


图 1.15

## 1.5 结构力学的学习方法

结构分析是结构设计中非常关键的一个环节。因此,学好结构力学、掌握杆件结构的计算原理与方法,是学好后续工程结构课程的重要条件,同时也是作为一名土建工程师必须具备的基础知识。在学习本课程时,务必要充分重视和树立信心,以顽强的毅力克服学习中可能遇到的各种困难,一定要学好它,也一定能学好它。

学习时,必须贯彻理论与实际相结合的原则。要注意结构力学的理论是怎样服务于土建工程实际的;要留心观察实际结构,了解它们的构造,分析它们的受力特点,并考虑怎样用所学的理论和方法解决力学分析问题。只有联系实际学习理论,才能做到用所学知识去解决实际问题。

结构力学不但理论概念性比较强,而且方法技巧性要求高。理论概念需要通过练习来加深理解,方法技巧则需要通过多做练习来熟练掌握。因此,在学习本课程的过程中,不但要搞清基本概念,而且要做好和多做练习题,这是学好结构力学的重要环节。但要注意以下两点:

①做题前一定要看书复习,搞清概念及解题思路,抓住方法的本质、要点。按照例题照搬照套,不经过自己思考而急于应付完成作业,不会有好效果。

②作业要条理清晰、整洁、严谨。要培养对所得计算结果进行合理校核的能力。发现错误,要及时总结,找出原因,这样才能吸取教训,逐步提高。

只有通过足够数量的习题训练,才能体会和领悟到结构力学的奥妙所在,从而培养工程结构的分析计算能力,为后续专业课程的学习奠定一个扎实的基础。

## 小　结

本章讨论了4个问题:结构力学的任务、结构的计算简图、杆件结构的分类和荷载的分类。它们都是贯穿于全书的重要问题,但在绪论学习时,只要有一个基本的了解即可,以后逐步加深认识。学习时应特别注意以下两点。

1.结构力学研究的对象是杆件体系,且是弹性变形体系。因此,应注意杆件之间的连接方式、受力特点,以及结构力学分析时应满足的3个基本条件。

2.结构计算简图是本章的重点。应掌握结点的两种基本类型和支座的4种基本类型,为今后学习结构的受力和变形打下基础。

## 思考题

1.1　结构力学讨论的主要内容有哪些?与工程力学课程讨论的内容有哪些区别?

1.2　杆件结构的力学分析应满足哪些基本条件?

1.3　为什么要将实际结构简化为计算简图?

1.4　简述杆件结构的两种结点类型的构造、机动特征和受力特征。

1.5　常见的约束有哪几种?约束反力有何特点?

1.6　杆系结构常见的结构形式有哪几种?

1.7　何谓荷载?怎样分类?

1.8　某梁截面宽 $b=20$ cm,高 $h=45$ cm,梁的重度 $\gamma=24$ kN/m$^3$。试计算梁自重的均布线荷载。

# 平面体系的几何组成分析

［教学目标］

- 了解平面体系几何组成分析的目的
- 掌握平面体系几何组成分析的有关基本概念
- 熟练应用几何不变体系的组成规则进行平面体系的几何组成分析
- 理解静定结构和超静定结构的区别

## 2.1 几何组成分析的目的

杆系结构是由若干杆件通过一定的互相连接方式所组成的几何不变体系，并与地基相连接组成一个整体，用来承受荷载的作用。当不考虑各杆件本身的变形时，它应能保持其原有几何形状和位置不变，杆系结构的各个杆件之间以及整个结构与地基之间，不会发生相对运动。

受到任意荷载作用后，在不考虑材料变形的条件下，**能够保持几何形状和位置不变的体系，称为几何不变体系**。图 2.1(a)所示即为这类体系的一个例子。而如图 2.1(b)所示的例子是另外一类体系，在受到很小的荷载 $\boldsymbol{F}$ 作用，也将引起几何形状的改变，**这类不能够保持几何形状和位置不变的体系称为几何可变体系**。显然，土木工程结构只能是几何不变体系，而不能采用几何可变体系。

前述体系的区别是由于它们的几何组成不同。分析体系的几何组成，以确定它们属于哪一类体系，称为体系的几何组成分析。在对结构进行分析计算时，必须先分析体系的几何组成，以确定体系的几何不变性。几何组成分析的目的是：

①判别给定体系是否是几何不变体系，从而决定它能否作为结构使用。

②研究几何不变体系的组成规则，以保证设计出合理的结构。

③正确区分静定结构和超静定结构，为结构的内力计算打下必要的基础。

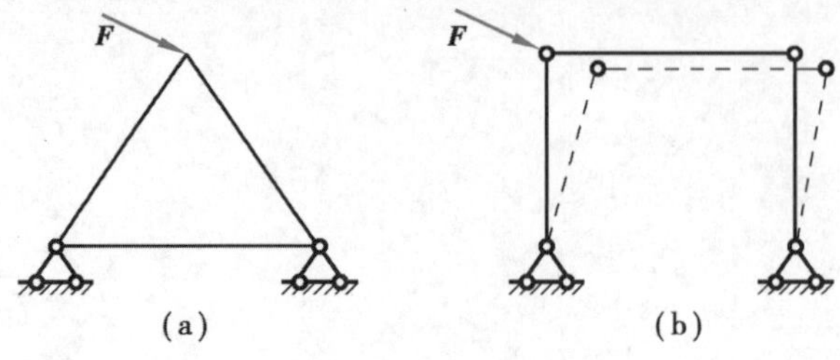


图 2.1

在本章中，所讨论的体系只限于平面杆件体系。

## 2.2 几何构造分析的几个概念

1）自由度

为便于对体系进行几何组成分析，先讨论平面体系的自由度的概念。所谓体系的自由度，是指该体系运动时，用来确定其位置所需独立参数的数目。

在平面内的某一动点 $A$，其位置要由两个坐标 $x$ 和 $y$ 来确定［图 2.2（a）］，所以一个点的自由度等于 2，即点在平面内可以作两种相互独立参数的运动，通常用平行于坐标轴的两种移动来描述。

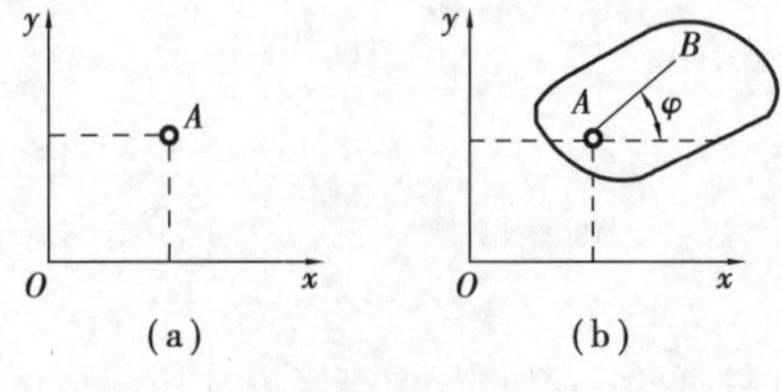


图 2.2

在平面体系中，由于不考虑材料的应变，所以可认为各个构件没有变形。于是，可以把一根梁、一根链杆或体系中已经肯定为几何不变的某个部分看作一个平面刚体，简称为刚片。一个刚片在平面内运动时，其位置将由它上面的任一点 $A$ 的坐标 $x$、$y$ 和过 $A$ 点的任一直线 $AB$ 的倾角 $\varphi$ 来确定［图2.2（b）］。因此，一个刚片在平面内的自由度等于 3，即刚片在平面内不但可以自由移动，而且还可以自由转动。

2）联系（约束）

一个平面体系，通常都是由若干个刚片加入某些联系（约束）所组成的。加入联系（约束）后能减少体系的自由度。如果在组成体系的各刚片之间恰当地加入足够的联系（约束），就能使刚片与刚片之间不可能发生相对运动，从而使该体系成为几何不变体系。对刚片加入约束装置，它的自由度将会减少，凡能减少一个自由度的装置称为一个联系，以此类推。

(1)链杆

用一根链杆将刚片与基础相连[图 2.3(a)]，则刚片将不能沿链杆方向移动，因而减少了一个自由度，故一根链杆为一个联系。

如果在刚片与基础之间再加一根链杆[图 2.3(b)]，则刚片又减少了一个自由度。此时，它就只能绕 A 点作转动而丧失了自由移动的可能，即减少了两个自由度。

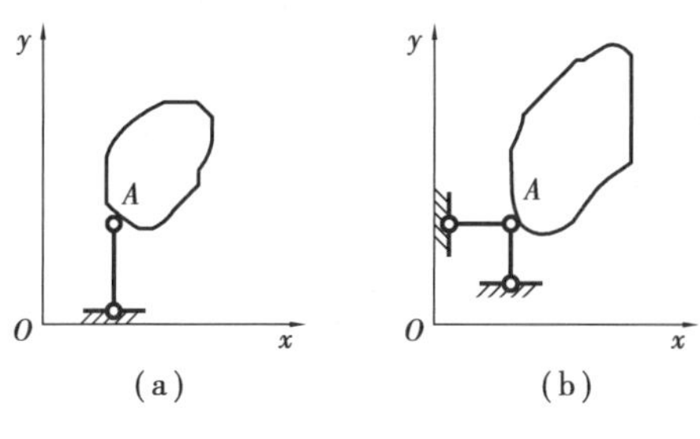


图 2.3

(2)铰

铰分为单铰和复铰两种形式。连接 2 个刚片的一个铰称为单铰，而连接 2 个以上刚片的一个铰称为复铰，如图 2.4(a)、(b)所示。

图 2.4(a)为单铰，2 个刚片Ⅰ和Ⅱ通过铰 $A$ 点进行连接，连接前，2 个刚片的自由度为 3×2=6 个，连接后，对刚片Ⅰ而言，其位置可由 $A$ 点的坐标 $x$、$y$ 和 $AB$ 线的倾角 $\varphi_1$ 来确定。因此，它仍有 3 个自由度。当刚片Ⅰ的位置被确定后，因为刚片Ⅱ与刚片Ⅰ在 $A$ 点以铰连接，所以刚片Ⅱ只能绕 $A$ 点作相对转动。也就是说，刚片Ⅱ只保留了独立的相对转角 $\varphi_2$，加上刚片Ⅰ本身的 3 个自由度，连接后，体系的自由度为 1+3=4。因此，用一个圆柱铰将两个刚片连接起来后，就使自由度的总数减少了 6−4=2 个，也就是说，单铰相当于 2 个约束。

图 2.4(b)为复铰，3 个刚片Ⅰ、Ⅱ、Ⅲ通过铰 $A$ 进行连接，连接前，体系有 3×3=9 个自由度，连接后，选取刚片Ⅰ为参照刚片，刚片Ⅱ和刚片Ⅲ只能绕 $A$ 相对于刚片Ⅰ进行转动，共 2 个自由度，加上刚片Ⅰ本身的 3 个自由度，连接后的自由度为 2+3=5 个。因此，这一复铰连接相当于 9−5=4 个约束，或者 2 个单铰。容易推得，连接 $N$ 个刚片的复铰相当于 $N$−1 个单铰或者 2($N$−1)个约束。

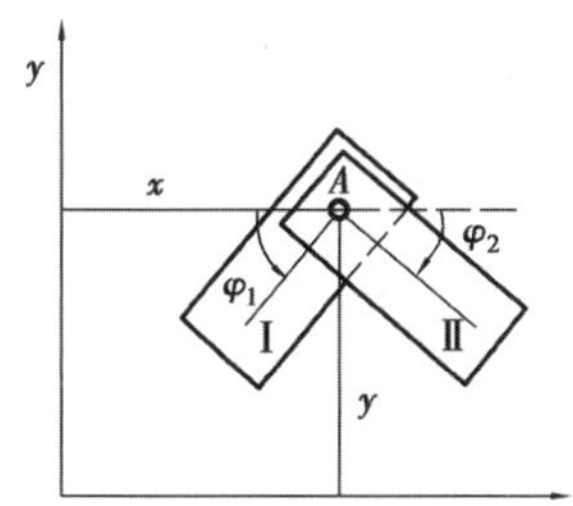


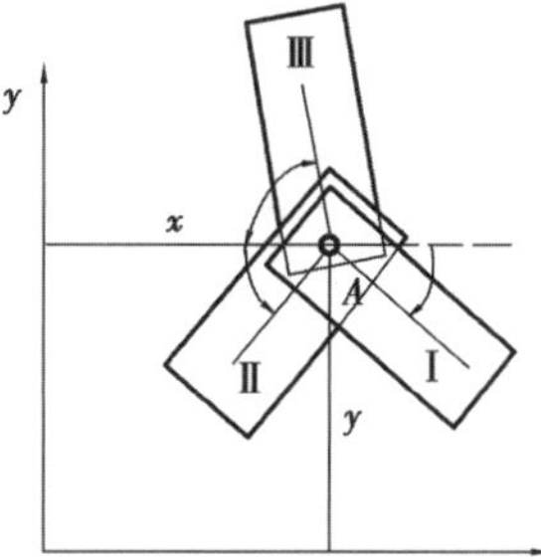


图 2.4

(3)支座约束

①活动铰支座:如图 2.5(a)所示,可将大地和杆件分别看成刚片,容易类比分析,可得 1 个活动铰支座相当于 1 个链杆,也相当于 1 个约束。

②固定铰支座:如图 2.5(b)所示,类比分析,固定铰支座相当于 2 个链杆,或者一个单铰,相当于 2 个约束。

③固定端支座:如图 2.5(c)所示,固定端支座由 2 根不共线的平行链杆构成,相当于 2 个链杆,2 个约束。

④固定支座:如图 2.5(d)所示,固定支座可以看做固定端支座加上与该支座支撑方向不同的 1 根链杆构成,约束了该支点所有的平动和转动,因此,相当于 3 个链杆,3 个约束。

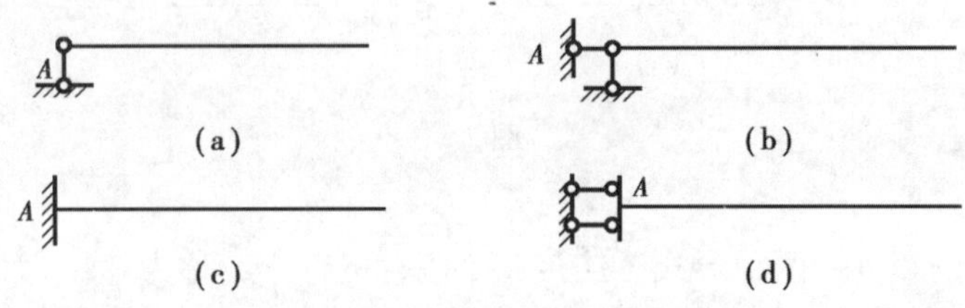


图 2.5

3)实铰与虚铰

2 个刚片由 1 个铰连接,相当于 2 个约束。2 个刚片由 2 个不共线的链杆连接,也相当于 2 个约束。将 2 个链杆沿其杆件方向进行延长,会相交于一点,这个交点称作虚铰。即联结 2 个刚片的 2 根不共线的链杆延长线的交点称为虚铰。

图 2.6 为实铰和虚铰的常见形式,其中,图 2.6(a)图中 $A$ 点为实铰,图 2.6(b)、(c)中 $E$ 点为虚铰。需要注意的是,图 2.6(d)中,2 根链杆平行时,交点实际不存在,但可以看做在无穷远处相交。

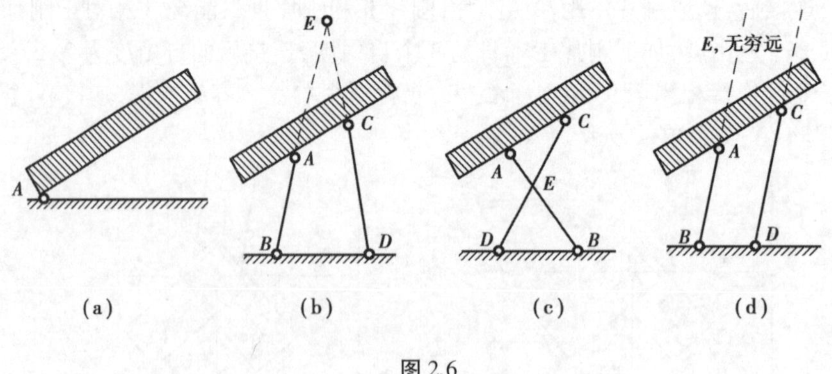


图 2.6

4)必要约束和多余约束

如果在体系中增加或者去掉某个约束,会导致体系的自由度数目发生变化,则此约束为必要约束。反之,若未改变体系自由度,则约束为多余约束。

如图 2.7 所示，简支梁 $AB$ 被链杆①、②、③、④约束，自由度为 0。若去掉①或④的其中一个，则体系自由度仍然为 0，未发生变化，因此，是多余约束。而链杆②、③约束，若去掉一个，则体系会发生微小转动，自由度变为 1，因此，链杆②、③是必要约束。

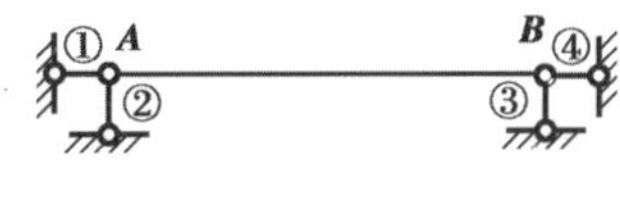


图 2.7

## 2.3 平面杆件体系的计算自由度

一个平面体系，通常是由若干个刚片及各种约束组合而成。组合前，结构的自由度为零散刚片的自由度之和。加入约束后，结构组成一个新的结构体系，设该体系的自由度 $W$，则 $W$=刚片总自由度-总约束数。

1）自由度 $W$ 计算公式一

假定结构体系中，刚片数为 $m$，则刚片总自由度为 $3m$。结构约束按照单铰数和支座约束数进行计算，假定单铰数为 $h$，支座链杆数为 $r$，则约束总数为 $(2h+r)$，因此，体系自由度为：

$$W = 3m - (2h + r) \tag{2.1}$$

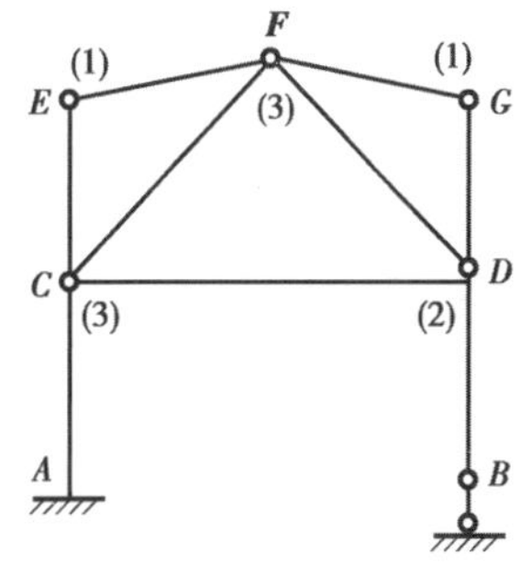


图 2.8

**【例 2.1】** 试计算图 2.8 所示结构体系的计算自由度 $W$。

**【解】** 将支座链杆以外的杆件均看做刚片，需要注意的是，$CD$ 和 $BD$ 两杆在 $D$ 点处为刚结，因此，$CDB$ 可以作为一个连续体，故可作为一个刚片。这样，总刚片数 $m=8$。

结构体系中有较多的复铰，根据复铰和单铰的约束关系，单铰数=复铰数-1，图示中结点处括号内的数字即为该结点处单铰数。对于 $D$ 点，由于 $CDB$ 为一个刚片，$D$ 结点为 3 刚片连接的复铰，折算单铰数为 2。因此，总单铰数 $h=1+3+1+3+2=10$。

结构的支座有两类，$A$ 支座为固定支座，为 3 个约束，$B$ 支座为活动铰支座，为 1 个约束，总支座约束 $r=3+1=4$。

$$W = 3m - (2h + r) = 3 \times 8 - (2 \times 10 + 4) = 0$$

2）自由度 $W$ 计算公式二

对于图 2.9 这种铰结链杆体系，该体系完全由两端铰结的杆件组成，特别注意，该铰结点须为全铰结点。这类体系的计算自由度，除可以用公式(2.1)计算外，还可以用下面这个更简便的公式来计算。假设 $j$ 代表结点数，$b$ 代表杆件数，$r$ 代表支座链杆数，则计算自由度 $W$ 为：

$$W = 2j - (b + r) \tag{2.2}$$

该公式是假定每个结点均是自由体,杆件和支座作为约束,每个结点有 2 个自由度,体系组装前共有 $2j$ 个自由度。由于体系是全铰结点,因此,连接结点之间的杆件可以看成一个个的链杆,每个链杆约束为 1 个,故体系的总约束数为链杆数和支座链杆数相加。

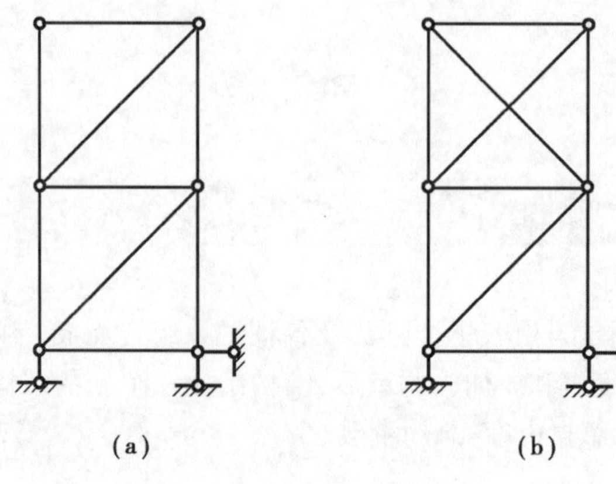

图 2.9

【例 2.2】 试计算图 2.9(a)所示结构体系的计算自由度 $W$。

【解】 ①自由度计算公式一:

刚片数 $m=9$

单铰数 $h=1+2+3+3+2+1=12$

支座约束数 $r=3$

计算自由度 $W=3m-(2h+r)=3\times9-(2\times12+3)=0$

②自由度计算公式二:

结点数 $j=6$

杆件数 $b=9$

支座链杆数 $r=3$

$W=2j-(b+r)=2\times6-(9+3)=0$

3)计算自由度与几何组成之间的关系

任何平面体系的计算自由度,按公式(2.1)或(2.2)计算的结果,将有以下 3 种情况:

①$W>0$,表明体系缺少足够的联系,因此肯定是几何可变的。

②$W=0$,表明体系具有成为几何不变所需的最少约束数目。如果布置得当,没有多余约束,体系将是几何不变的,如图 2.9(a)所示;如果布置不当,使得某些部位具有多余联系,则体系将会是几何可变的。如图 2.8(b)所示体系,通过计算,其计算自由度 $W=0$,表示总的联系数目是足够的,但由于布置不当,使得上部结构存在多余约束,而下部结构缺少约束,因而导致整个结构体系几何可变。

③$W<0$,表明体系具有多余约束,但体系是否几何不变同样要看约束布置是否得当。

由上可见,一个几何不变体系必须满足:$W \leqslant 0$。必须指出,计算自由度 $W \leqslant 0$ 只是体系几何不变的必要条件,而不是充分条件。一个体系尽管联系数 0 足够甚至还有多余,不一定就是几何不变的。为了判别体系是否几何不变,还必须进一步研究体系几何。一个体系尽管约束数足够甚至还有多余,不一定就是几何不变的。为了判别体系是否几何不变,还必须进一步研究体系几何不变体系的组成规则。

## 2.4 几何不变体系的组成规则

为确定平面体系是否是几何不变,需研究几何不变体系的组成规则。铰接三角形是最基本的几何不变体系。平面几何不变体系的简单组成规则都可以利用铰接三角形分析得出,现就 3 种常见的基本情况来分析几何不变体系的组成规则。

### ▶ 2.4.1 三刚片规则

三刚片规则:三刚片用不在同一直线上的 3 个铰两两相连,则组成一个无多余联系的几何不变体系。

平面中 3 个独立刚片,共有 9 个自由度,而组成为一个刚片后变成 3 个自由度。由此可见,在 3 个刚片之间至少应加入 6 个联系,方可将 3 个刚片组成一个几何不变的体系。

为了确定这 6 个联系的布置原则,考察图 2.10(a),其中刚片Ⅰ、Ⅱ、Ⅲ用不在同一直线上的 $A$、$B$、$C$ 3 个铰两两相连。这一情况如同用 3 个直线段 $AB$、$BC$、$CA$ 作一个三角形。由平面几何知识可知,用 3 条定长的直线只能作出一个形状和大小都为一定的三角形。换言之,由此得出的三角形是几何不变的。

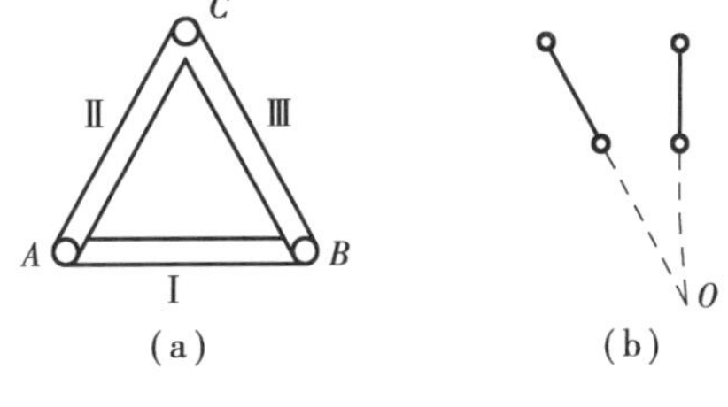


图 2.10

图 2.10(b)所示两个刚片由两个不相互平行的链杆连接,延长线交于 $O$ 点(虚铰)。如果把图 2.10(a)中 $A$、$B$、$C$ 3 处的铰链用两个链杆形成的虚铰代替,则 3 个刚片由这样的虚铰组成的体系也是几何不变体系。

### ▶ 2.4.2 两刚片规则

两刚片规则:两刚片用不完全交于一点也不全平行的 3 根链杆相连接,则组成一个无多余联系的几何不变体系。或者两刚片用一个铰和一根不通过该铰的链杆相连接,则组成一个无多余联系的几何不变体系。

平面中两个独立的刚片,共有 6 个自由度,如果将它们组成为一个刚片,则只有 3 个自由度。由此可知,在两刚片之间至少应该用 3 个联系相连,才能组成一个几何不变的体系。下面讨论这些联系应怎样布置才能达到这一目的。

如图 2.11(a)所示,若刚片Ⅰ和Ⅱ用两根不平行的链杆 *AB* 和 *CD* 连接。为了分析两刚片间的相对运动情况,设刚片Ⅰ固定不动,刚片Ⅱ将可绕 AB 与 *CD* 两杆延长线的交点 *O* 转动;反之,若设刚片Ⅱ固定不动,则刚片Ⅰ也将绕 *O* 点转动。我们称 *O* 点为刚片Ⅰ和Ⅱ的相对转动的瞬心。前述情况等效于在 *O* 点用圆柱铰把刚片Ⅰ和Ⅱ相连接。这个铰的位置是在两链杆轴线的交点上,但随着两刚片的相对转动,其位置将会改变。因此,这种铰与一般的铰不同,把它称为虚铰。

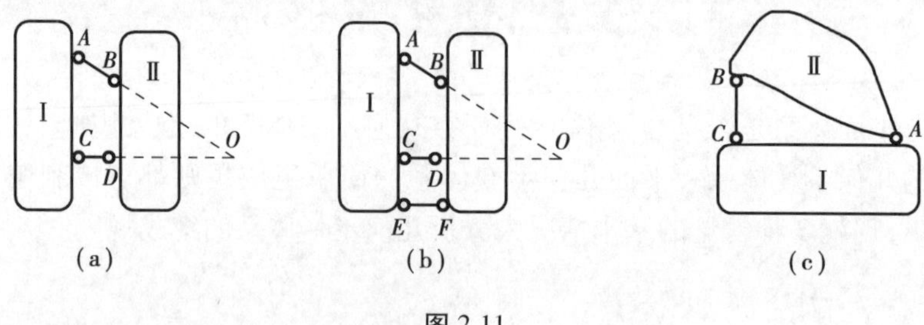


图 2.11

为了制止刚片Ⅰ和Ⅱ发生相对运动,还需要加上一根链杆 *EF*[图 2.11(b)]。如果链杆 *EF* 的延长线不通过 *O* 点,则刚片Ⅰ和Ⅱ之间就不可能再发生相对运动。于是所组成的体系是几何不变的。如图 2.11(c)所示刚片Ⅰ和Ⅱ之间由一个铰和一个不通过该铰的链杆连接也组成一个几何不变体系。

## ▶ 2.4.3 二元体规则

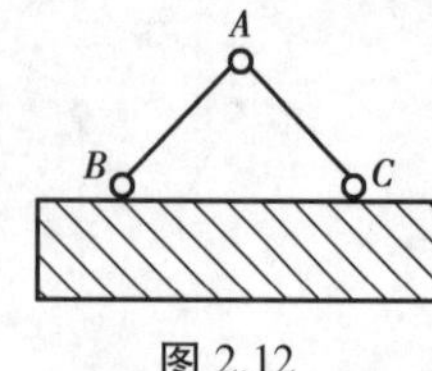


图 2.12

二元体是指两根不在一条直线上的链杆连接成一个新结点的装置。如图2.12所示的 *B-A-C* 部分即是一个二元体。一个结点的自由度等于 2,因为两根不在同一直线上的链杆,其联系数也等于 2。所以,二元体规则为:**在体系中增加或者撤去一个二元体,不会改变体系的几何组成性质。**

利用二元体规则,一方面可用来组成几何不变体系;另一方面,在分析某体系的几何组成时,可先将二元体撤除,再对剩余部分进行分析,所得结论就是原体系的结论。

## ▶ 2.4.4 瞬变体系

根据前述简单规则,可进一步组成为一般的几何不变体系,也可用这些规则来判别给定体系是否是几何不变。值得指出,在前述 3 个组成规则中,都提出了一些限制条件。如果不能满足这些条件,将会出现下面所述的情况。

如图 2.13(a)所示的两个刚片用 3 根链杆相连,链杆的延长线交于一点 *O*,此时,两个刚片可以绕 *O* 点作相对转动,但在发生一微小转动后,3 根链杆就不全交于一点,从而将不再继续发生相对运动。这种在某一瞬时可以产生微小运动的体系,称为**瞬变体系**。又如图 2.13(b)所示的两个刚片用 3 根互相平行但不等长的链杆相连,此时,两个刚片可以沿着与链杆垂直的方向发生相对移动,但在发生一微小移动后,此 3 根链杆就不再互相平行,故这种体系也是瞬变体系。应该注意,若 3 链杆等长并且是从其中一个刚片沿同一方向引出时[图 2.13(c)],则在两刚片发生一个相对运动后,此 3 根链杆仍互相平行,故运动将继续发生,这样的体系就是几何可变体系。

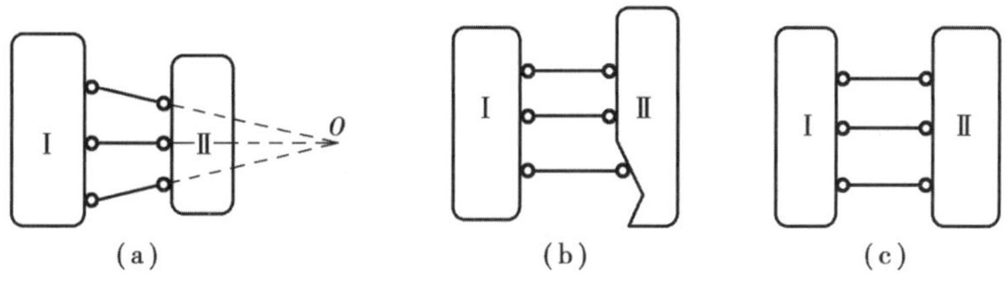


图 2.13

再以图 2.14 为例,3 个刚片用位于一直线上的 3 个铰两两相连的情形(这里把支座和基础看成一个刚片)。此时,$C$ 点位于以 $AC$ 和 $BC$ 为半径的两个圆弧公切线上,故 $C$ 点可沿此公切线作微小的移动。不过在发生一个微小移动后,3 个铰就不再位于一直线上,运动就不再发生,故此体系也是一个瞬变体系。

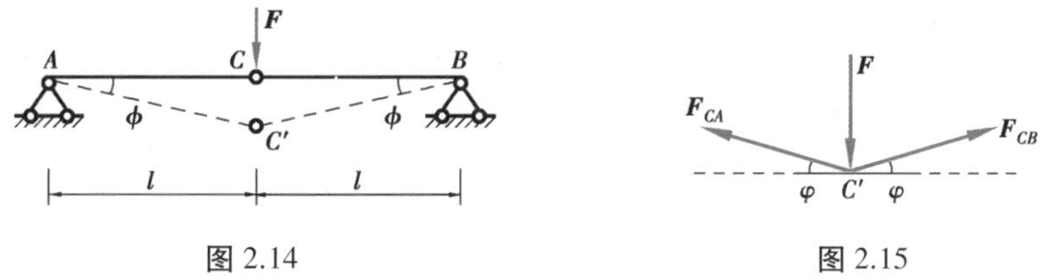


图 2.14　　　　图 2.15

虽然看起来瞬变体系只发生微小的相对运动,似乎可以作为结构,但实际上当它受力时将可能出现很大的内力而导致破坏,或者产生过大的变形而影响使用。图 2.14 所示瞬变体系,在外力 $\boldsymbol{F}$ 作用下,铰 $C$ 向下发生一微小的位移而到 $C'$的位置,由图 2.15 所示隔离体的平衡条件 $\sum Y=0$ 可得

$$F_{CA}=\frac{F}{2\sin\varphi}$$

因为 $\varphi$ 为一无穷小量,所以

$$F_{CA}=\varphi\lim_{\varphi\to 0}\frac{F}{2\sin\varphi}=\infty$$

可见,杆 $AC$ 和 $BC$ 将产生很大的内力和变形。因此,在工程中一定不能采用瞬变体系。

### ▶ 2.4.5 几何组成分析示例

杆件组成的体系包括几何可变体系、几何不变体系(包括有多余联系和无多余联系两种)、瞬变体系 3 类。对工程技术人员来说,最重要的是通过对给定体系的几何组成分析,确定其属于哪一类,从而得知它能否作为结构。几何组成分析的依据是前述的 3 个规则,分析时可将基础(或大地)视为一个刚片,也可把体系中的一根梁、一根链杆或某些几何不变部分视为一个刚片,特别是根据二元体规则可先将体系中的二元体逐一撤除以便于分析简化。

**【例 2.3】** 试对图 2.16 所示铰接链杆体系作几何组成分析。

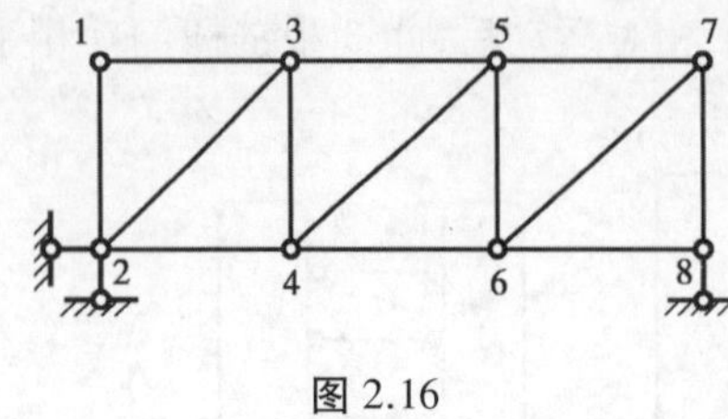

图 2.16

【解】 在此体系中,先分析基础以上部分。把链杆 1-2 作为刚片,再依次增加二元体 1-3-2、2-4-3、3-5-4、4-6-5、5-7-6、6-8-7,根据二元体规则,此部分体系为几何不变体系,且无多余联系。

把前述的几何不变体系视为刚片,它与基础用 3 根既不完全平行也不交于一点的链杆相连。根据两刚片规则,图 2.16 所示体系为一几何不变体系,且无多余联系。

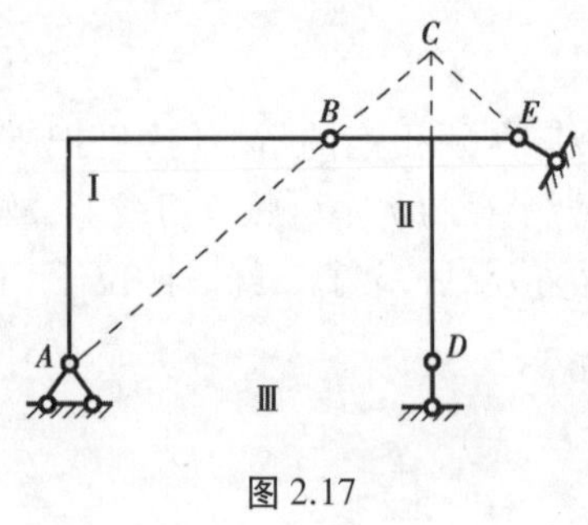

图 2.17

【例 2.4】 试对图 2.17 所示体系进行几何组成分析。

【解】 将 *AB*、*BED* 和基础分别作为刚片Ⅰ、Ⅱ、Ⅲ。刚片Ⅰ和Ⅱ用铰 *B* 相连;刚片Ⅰ和Ⅲ用铰 *A* 相连;刚片Ⅱ和Ⅲ用虚铰 *C*(*D* 和 *E* 两处支座链杆的交点)相连。因 3 个铰在一直线上,故该体系为瞬变体系。

【例 2.5】 试对图 2.18 所示体系进行几何组成分析。

【解】 杆 *AB* 与基础通过 3 根既不全交于一点又不全平行的链杆相连,成为一个几何不变部分,再增加 *A-C-E* 和 *B-D-F* 两个二元体。此外,又添上了一根链杆 *CD*,故此体系为具有一个多余联系的几何不变体系。

【例 2.6】 试分析图 2.19 所示体系的几何组成。

【解】 根据二元体规则,先依次撤除二元体 *G-J-H*、*D-G-F*、*F-H-E*、*D-F-E*,使体系简化。再分析剩下部分的几何组成,将 *ADC* 和 *CEB* 分别视为刚片Ⅰ和Ⅱ,基础视为刚片Ⅲ。这 3 个刚片分别用铰 *C*、*B*、*A* 两两相连,且 3 个铰不在同一直线上,故知该体系是无多余联系的几何不变体系。

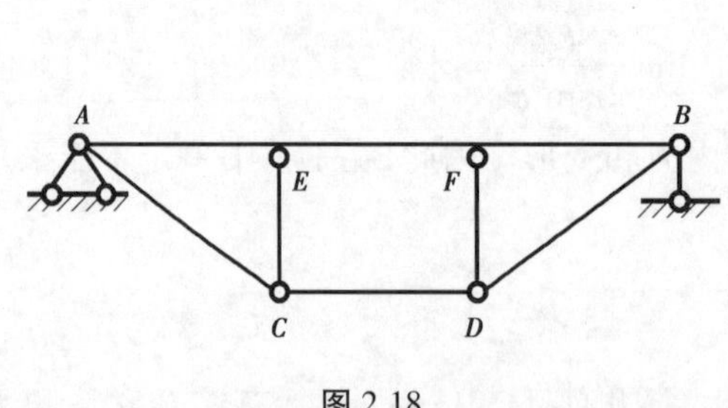

图 2.18

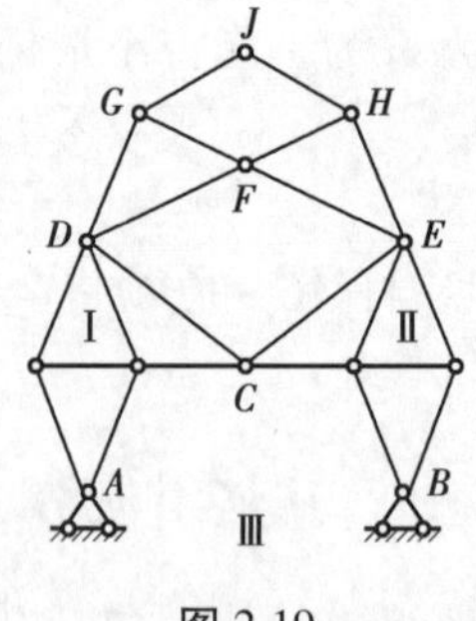

图 2.19

几何体系
机动分析

【例 2.7】 试对图 2.20 所示体系进行几何组成分析。

【解】 对图 2.20 所示平面体系做机动分析时,把地基看作一个刚片Ⅰ,中间 T 形部分 *BCE* 作为一个刚片Ⅱ。左边的 *AB* 部分虽为折线,但本身是一个刚片,且两端为铰与其他部分相连。因此,其作用与 *A*、*B* 两铰连线的链杆基本相同(如图中虚线所示)。同理,右侧 *CD* 部分也相同。此时,该体系就是两个刚片Ⅰ和Ⅱ,通过 *AB*、*CD* 和

EF3 根链杆相连而组成,3 根杆不全平行也不交于同一点,故为几何不变体系,而且没有多余联系。

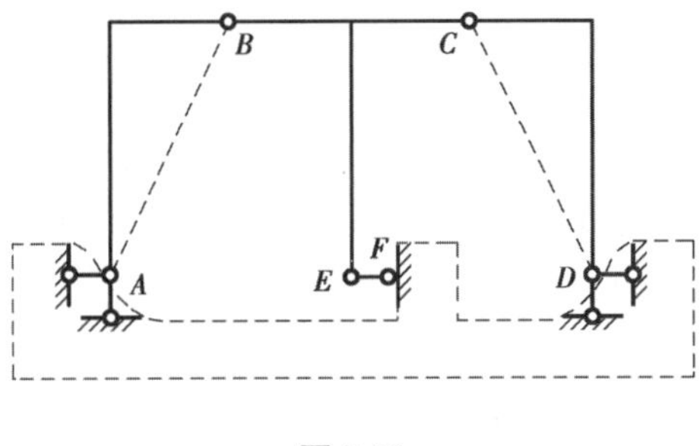


图 2.20

## 2.5 静定结构与超静定结构

土木工程中,用作结构的杆件体系基本都是几何不变的,而大部分结构在满足几何不变体系的情况下,其余约束都是多余的。如图 2.21(a)所示连续梁,如果将 $C$、$D$ 两支座链杆去掉[图 2.21(b)],剩下的支座链杆恰好满足两刚片连接的要求,所以它有两个多余联系。又如图 2.22(a)所示加劲梁,若将链杆 $AB$ 去掉[图 2.22(b)],则它就成为没有多余联系的几何不变体系,故此加劲梁具有一个多余联系。

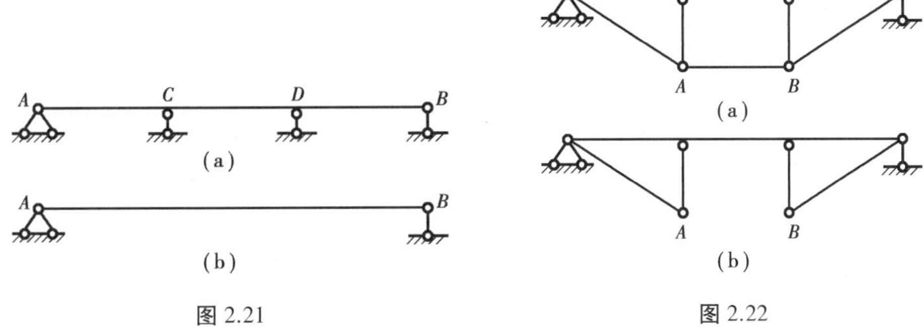


图 2.21　　图 2.22

对于无多余联系的结构,如图 2.23 所示的简支梁,它的全部反力和内力都可由静力平衡条件求得,这类结构称为静定结构。

但是对于具有多余联系的结构,却不能只依靠静力平衡条件求得其全部反力和内力。如图 2.24 所示连续梁,其支座反力共有 5 个,而静力平衡条件只有 3 个,因而仅利用 3 个静力平衡条件无法求得其全部反力,从而也就不能求得它的内力,这类结构称为超静定结构。

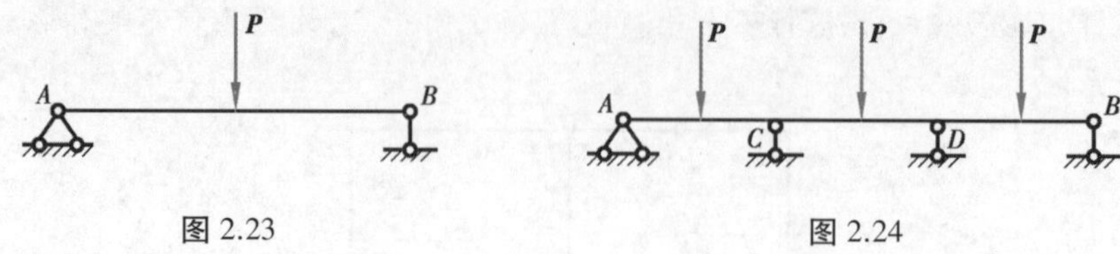


图 2.23　　　　图 2.24

从前述分析可知,无多余联系的几何不变体系为静定结构;而有多余联系的几何不变体系为超静定结构。

## 小　结

1.体系可以分为几何可变体系、几何瞬变体系和几何不变体系。只有几何不变体系才可以作为结构使用,几何可变体系和几何瞬变体系不能用作结构。

2.自由度是确定体系位置所须独立参数的数目。

3.几何不变体系组成规则有 3 个:两刚片规则、三刚片规则和二元体规则。满足这 3 个规则的体系是几何不变体系。

4.静定结构是无多余联系的几何不变体系。

5.超静定结构是有多余联系的几何不变体系。

## 思考题

2.1　什么是几何可变体系?为什么它们不能作为结构使用,试举例说明。

2.2　什么是几何不变体系?为什么它们能作为结构使用,试举例说明。

2.3　虚铰与实际铰链有何不同?为什么虚铰也具有实际铰链的约束性质?

2.4　几何不变体系有 3 个组成规则,其最基本的规则是什么?

## 习　题

试对习题图 2.1—2.11 所示体系作几何组成分析。如果是具有多余联系的几何不变体系,则须指出其多余联系的数目。

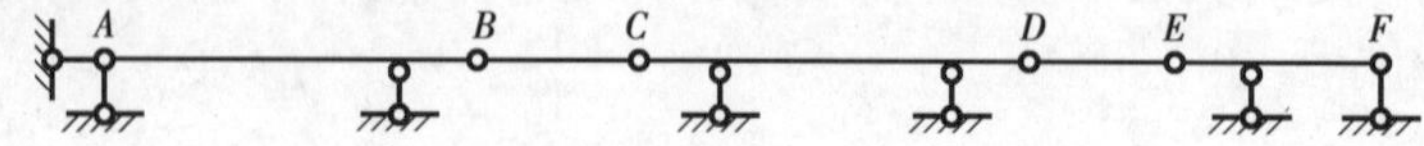


习题 2.1 图

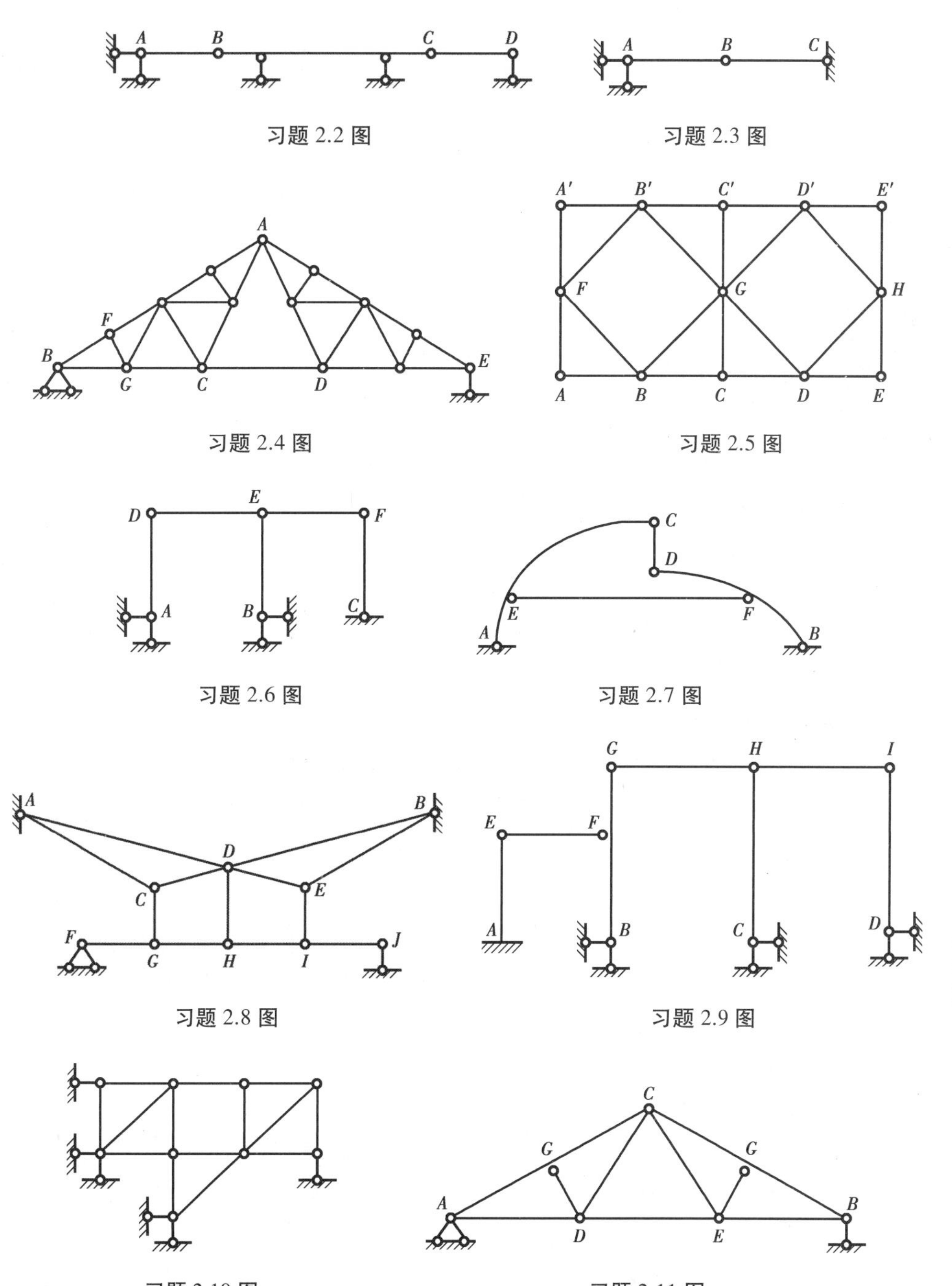

习题 2.2 图　　习题 2.3 图

习题 2.4 图　　习题 2.5 图

习题 2.6 图　　习题 2.7 图

习题 2.8 图　　习题 2.9 图

习题 2.10 图　　习题 2.11 图

几何体系
机动分析
（习题 2. 8）

# 3

# 静定梁与平面刚架

［教学目标］

- 掌握运用截面法进行控制截面内力计算的方法
- 理解荷载、剪力、弯矩之间的微分关系，掌握区段叠加法原理
- 熟练掌握单跨静定梁、多跨静定梁、静定平面刚架的内力图绘制

## 3.1 单跨静定梁

以弯曲变形为主要变形的杆件称为梁。单跨静定梁在工程中应用很广，常见的形式有水平梁、斜梁及曲梁。简支梁、悬臂梁和外伸梁是单跨静定梁的基本形式(图3.1)，是组成各种结构的基本构件之一，其受力分析是多跨梁和刚架等结构受力分析的基础。在工程力学的材料力学部分中，对梁的受力分析及内力求解已作了详细的研究，在这里仍有必要加以回顾和补充，使读者进一步熟悉掌握。

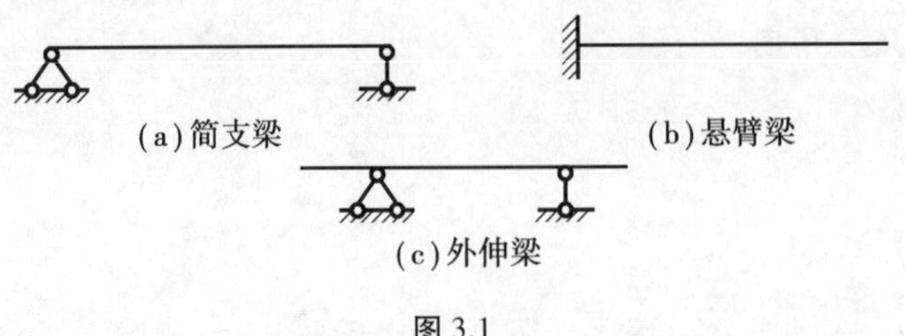


图3.1

### 3.1.1 梁的内力

梁在外力作用下,其任一横截面上的内力可用截面法来确定。如图 3.2(a)所示简支梁在外力作用下处于平衡状态,现分析距 $A$ 端为 $x$ 处横截面 $m—m$ 上的内力。按截面法在横截面 $m—m$ 处假想地将梁分为两段,因为梁原来处于平衡状态,被截出的一段梁也应保持平衡状态。如果取左段为研究对象,则右段梁对左段梁的作用以截开面上的内力来代替。左、右段梁要保持平衡,在其右端横截面 $m—m$ 上,存在 3 个内力分量:内力 $\boldsymbol{F}_N$、内力 $\boldsymbol{F}_S$ 和内力偶矩 $M$。内力 $\boldsymbol{F}_N$ 与杆件轴线相重合,称为轴力;内力 $\boldsymbol{F}_S$ 与截面相切,称为剪力;内力偶矩 $M$ 称为弯矩,如图 3.2(b)所示。

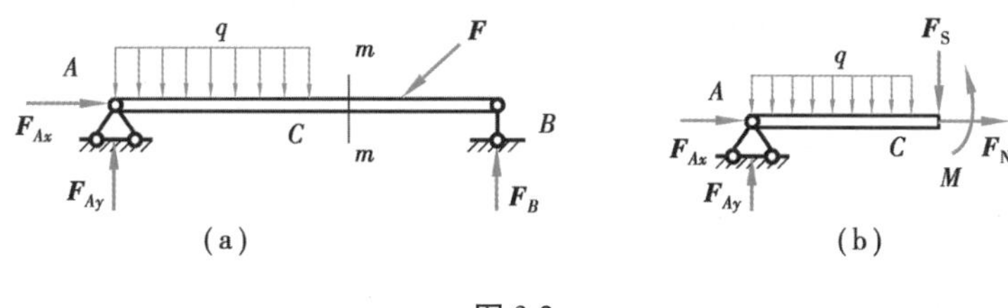


图 3.2

### 3.1.2 内力的正负号规定

如图 3.2(b)所示,关于内力 $\boldsymbol{F}_N$、$\boldsymbol{F}_S$和 $M$ 的符号,约定如下:

①截面上应力沿杆轴切线方向的合力称为轴力。轴力以拉力为主,压力为负。

②截面上应力沿杆轴法线方向的合力称为剪力。剪力使隔离体顺时针转为正,也可理解为该截面轴力正向顺时针转动 90°时为剪力的正向。

③截面上应力对截面形心的力矩称为弯矩。弯矩不规定正负,但作图时,弯矩图必须画在截面受拉纤维一侧。对于梁结构,工程中通常约定截面下侧纤维受拉时弯矩为正。

### 3.1.3 截面法

计算杆件内力的基本方法是截面法,即将杆件沿拟求内力的截面切开,取截面以左(或以右)部分为研究对象(称为隔离体)。此时,截面上的内力就转化为所取隔离体上的外力,它与该隔离体上的其他外力(包括荷载和约束力)构成一个平面平衡力系。用截面法计算指定截面上的内力的步骤如下:

①计算支座反力。

②用假想的截面在需求内力处将梁截成两段,取其中一段为研究对象,画出其受力图(截面上的内力假设为正号)。

③建立平衡方程,解出截面上的内力。

下面举例说明梁的指定截面上的内力计算。

**【例 3.1】** 图 3.3 所示为在截面 $C$ 处承受一斜向集中力的简支梁。试求截面 $C$ 处左、右两截面的内力。

**【解】** (1)通过静力平衡方程可计算梁的支座反力

$F_{Ax}=60\ \text{kN}(\leftarrow)$，$F_{Ay}=40\ \text{kN}(\uparrow)$，$F_{By}=40\ \text{kN}(\uparrow)$

(2)绘制隔离体受力简图

在 $C$ 处作用有集中力，故在截面 $C$ 处的内力需分别就集中力作用点左、右两相邻截面来考虑，记为 $C^{左}$、$C^{右}$。

求截面 $C^{左}$ 的内力时，应在截面 $C$ 左边切开，根据隔离体上的作用的外力为最少的原则，可取左边部分为隔离体，如图 3.3(b)所示。将作用在隔离体上的外力、支座反力及 3 个未知内力 $F_{NC}$、$F_{SC}$ 和 $M_C$ 绘制在图上，3 个内力按规定的正方向来设定。

同理，求点 $C$ 右邻截面 $C^{右}$ 的内力时，应在截面 $C$ 处右侧切开。为了计算简单，可取右边为隔离体，并绘制出力学简图，如图 3.3(c)所示。

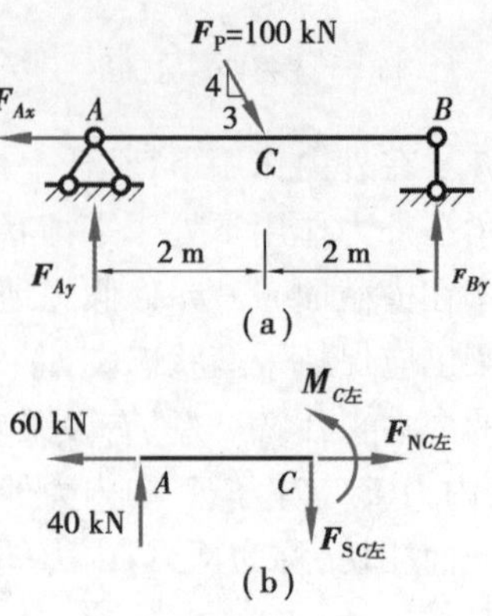


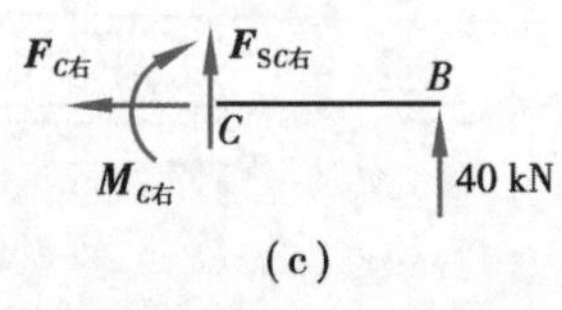


图 3.3

(3)内力求解

①计算点 $C$ 左截面的内力，利用图 3.4(b)隔离体的静力平衡条件，可求出 3 个未知内力如下：

由 $F_x=0$，$F_{NC左}-60\ \text{kN}=0$ 得

$$F_{NC左}=60\ \text{kN}$$

由 $F_y=0$，$40\ \text{kN}-F_{SC左}=0$ 得

$$F_{SC左}=40\ \text{kN}$$

由 $M_{C左}=0$，$M_{C右}-40\ \text{m}\times 2\ \text{m}=0$ 得

$$M_{C左}=80\ \text{kN}\cdot\text{m}$$

求得的前述 3 个未知内力均为正值，表明实际的内力方向与假设的方向相同，即截面 $C^{左}$ 上的内力都是正向规定的内力。

②计算点 $C$ 右截面的内力，利用图 3.3(c)隔离体的静力平衡条件，可求出截面 $C$ 右侧的 3 个内力分量如下：

$$F_{NC右}=0,F_{SC右}=-40\ \text{kN},M_{C右}=80\ \text{kN}\cdot\text{m}$$

求得的 $F_{SC右}$ 为负值，表明实际的剪力方向与假设的方向相反(即与内力规定的正方向相反)。

**【例 3.2】** 外伸梁受荷载作用如图 3.4(a)所示。图中截面 1—1 和 2—2 都无限接近于截面 $A$，截面 3—3 和 4—4 也都无限接近于截面 $D$。求图示各截面的剪力和弯矩。

**【解】** (1)根据平衡条件求约束反力

$$F_{Ay}=\frac{5}{4}F,F_{By}=-\frac{1}{4}F$$

(2)求截面 1—1 的内力

用截面 1—1 截取左段梁为研究对象，其受力如图 3.4(b)所示。列平衡方程：

由 $\sum F_y=0$，$-F-F_{S1}$ 得

$$F_{S1}=-F$$

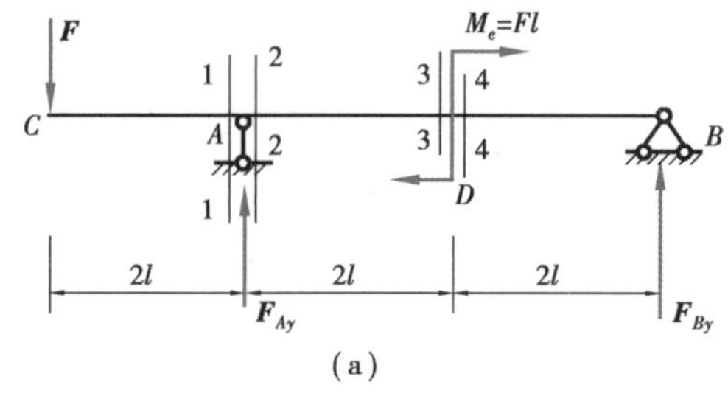

(a)

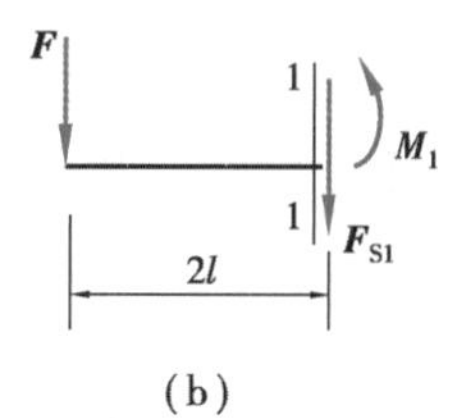

(b)

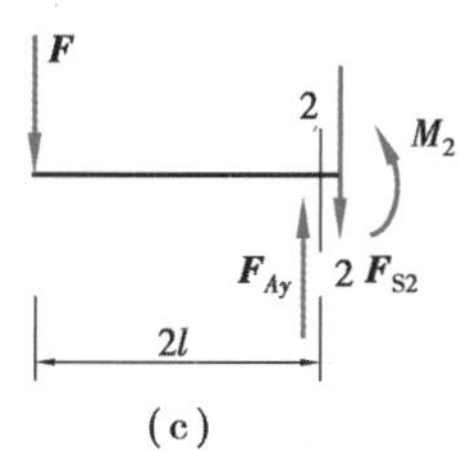

(c)

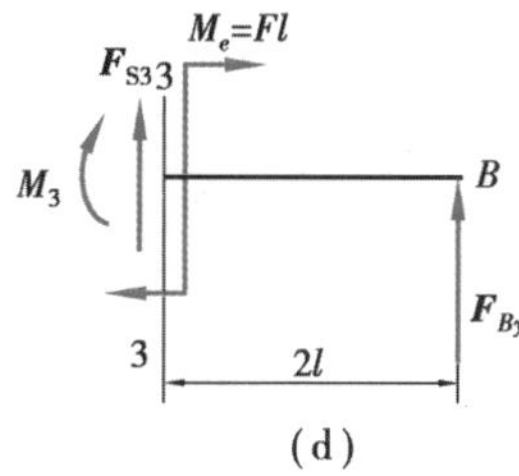

(d)

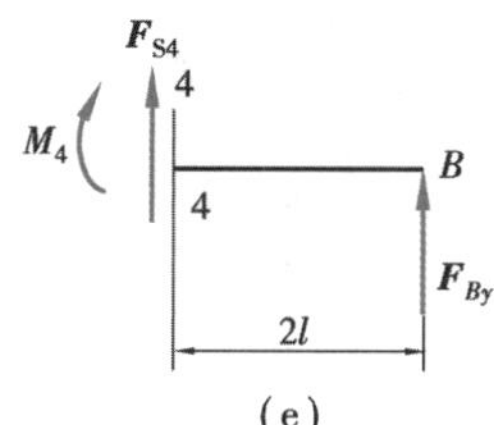

(e)

图 3.4

由 $\sum M_1 = 0, 2Fl + M_1 = 0$ 得

$$M_1 = -2Fl$$

(3)求截面 2—2 的内力

用截面 2—2 截取左段梁为研究对象,如图 3.4(c)所示。

由 $\sum F_y = 0, F_{Ay} - F - F_{S2} = 0$ 得

$$F_{S2} = F_{Ay} - F = \frac{5}{4}F - F = \frac{1}{4}F$$

由 $\sum M_2 = 0, 2Fl + M_2 = 0$ 得

$$M_2 = -2Fl$$

(4)求截面 3—3 的内力

用截面 3—3 截取右段梁为研究对象,如图 3.4(d)所示。

由 $\sum F_y = 0, F_{S3} + F_{By} = 0$ 得

$$F_{S3} = -F_{By} = \frac{F}{4}$$

由 $\sum M_3 = 0, -M_3 - M_e + 2F_{By}l = 0$ 得

$$M_3 = -Fl - 2 \times \frac{F}{4}l = -\frac{3}{2}Fl$$

(5)求截面 4—4 的内力

用截面 4—4 截取右段梁为研究对象,如图 3.4(e)所示。

由 $\sum F_y = 0, F_{S4} + F_{By} = 0$ 得

$$F_{S4} = -F_{By} = \frac{F}{4}$$

由$\sum M_4 = 0$，$-M_4 + F_{By} \times 2l = 0$得

$$M_4 = 2F_{By}l = -\frac{1}{2}Fl$$

【总结】

比较截面1—1和2—2的内力发现，剪力：$F_{S2}-F_{S1}=F_{Ay}$，弯矩：$M_2=M_1$。可见，在集中力的两侧截面剪力发生了突变，剪力突变值等于该集中力的值。此题中，也就是支座反力大小。

比较截面3—3和4—4的内力发现，剪力：$F_{S4}=F_{S3}$，弯矩：$M_4-M_3=M$。可见，在集中力偶两侧横截面上剪力相同，而弯矩发生了突变，突变值就等于集中力偶的力偶矩。

【例3.3】 一外伸梁所受荷载如图3.5所示，试求截面$C$、截面$B$左侧和截面$B$右侧上的剪力和弯矩。

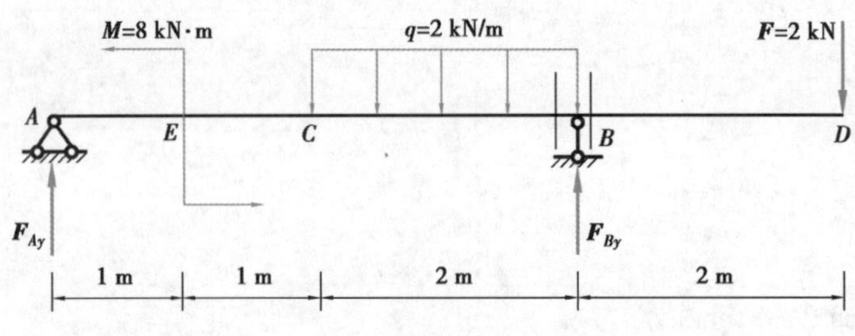


图3.5

【解】 (1)根据平衡条件求出约束力反力

$$F_{By} = 4\ \text{kN}, F_{Ay} = 2\ \text{kN}$$

(2)求指定截面上的剪力和弯矩

截面$C$：根据截面左侧梁上的外力，得

$$F_{SC} = \sum F_y = F_{Ay} = 2\ \text{kN}$$

$$M_C = \sum M_O = F_{Ay} \times 2 - M = 2 \times 2 - 8 = -4(\text{kN}\cdot\text{m})$$

截面$B$左、$B$右：取右侧梁计算，得

$$F_{SB左} = F - F_{By} = 2 - 4 = -2(\text{kN})$$

$$M_{B左} = -F \times 2 = -2 \times 2 = -4(\text{kN}\cdot\text{m})$$

$$F_{SB右} = F = 2\ \text{kN}$$

$$M_{B右} = -F \times 2 = -2 \times 2 = -4(\text{kN}\cdot\text{m})$$

在集中力作用截面处，应分左、右截面计算剪力；在集中力偶作用截面处也应分左、右截面计算弯矩。

### ▶ 3.1.4 内力图与荷载的关系及其应用

表示结构上的各截面弯矩、剪力和轴力变化规律的图统称为内力图。在结构分析中，一般常用内力图来表示计算的最后结果。绘制内力图的基本方法是先写出内力方程，即以变量$x$表示任意截面的位置并求出指定内力与$x$之间的函数关系，然后根据内力方程作出内力图。内力图通常是以杆轴线为基线，在垂直于杆轴的方向

量取表示该截面内力的竖标而绘出的。对于弯矩图,规定一律绘在杆件受拉的一侧,图上不必标出正负号;而对于剪力图和轴力图,则可绘在杆轴线的任一侧(在水平梁上通常把正号剪力或轴力绘于杆轴线上方),但需注明正负号。

#### 1)直杆内力图的形状特征

下面利用材料力学中导出的公式,指出水平梁内力图的一些特征。

由材料力学可知,在直梁中(图3.6),以梁的左端为坐标原点,取 $x$ 轴向右为正,$x$ 处的荷载集度为 $q(x)$,并规定向上的 $q(x)$ 为正,剪力 $F_S$、弯矩 $M$ 与载荷集度 $q$ 之间具有如下的微分关系:

$$\frac{dF_S(x)}{dx}=q(x),\frac{dM(x)}{dx}=F_S(x),\frac{d^2M(x)}{dx^2}=q(x) \tag{3.1}$$

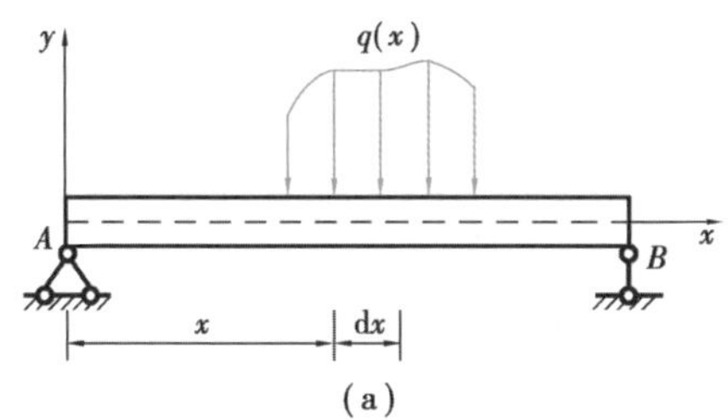

(a)

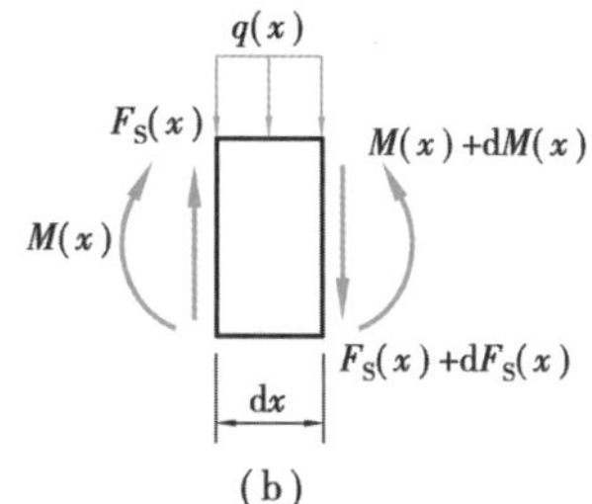

(b)

图3.6

式(3.1)的几何意义是:剪力图上某点切线的斜率等于相应截面处的分布荷载集度;弯矩图上某点切线的斜率等于相应截面上的剪力;弯矩图上某点的曲率等于相应截面处的分布荷载集度,即由分布荷载集度的正负可以确定弯矩图的凹凸方向。由此可推知剪力图和弯矩图的形状特征,如表3.1所示。

直梁“弯剪荷”关系图

表3.1　直梁内力图的形状特征

| | 无外力段 | | 均布载荷段 | | 集中力 | 集中力偶 |
|---|---|---|---|---|---|---|
| 外力 | $q=0$ | | $q>0$ | $q<0$ | $P$　$C$ | $m$　$C$ |
| $Q$图特征 | $Q$正负同$M$图斜率 | | 升降与$q$同向 | | 突变与$P$同向 | 无变化 |
| | $Q$　$x$　$Q>0$ | $Q$　$x$　$Q<0$ | $Q$　$x$　增函数 | $Q$　$x$　降函数 | $Q$　$Q_1$　$C$　$x$　$Q_2$　$Q_1-Q_2=P$ | 无影响 |

续表

| | 斜线或水平线 | | 凹凸与 $q$ 同向 | | 尖角与 $P$ 同向 | 逆时针上突变 |
|---|---|---|---|---|---|---|
| $M$ 图特征 | $x$ $M$ 增函数 | $x$ $M$ 降函数 | $x$ $M$ 上凸 | $M$ 下凹 | $x$ $M$ | 与 $m$ 反向 $M_2$ $x$ $M$ $M_1$ $M_1-M_2=m$ |

利用 $F_S$、$M$ 图的这些形状特征,常可简便地作出它们的图形。其中,$F_S$ 图的绘制比较简单。为使读者能迅速和正确地绘出 $M$ 图,需了解 $M$ 图的一些特征点:

①全铰结点处,弯矩一定为0。组合结点处,弯矩一般不为0。

②均布荷载作用区段内,剪力为0的截面处,弯矩有最大值,如图3.7(a)所示。

③杆端存在集中力时,如图3.7(b)支座反力,剪力图中,剪力突变方式如下:

左端:由0突变到左端支座反力的大小,方向沿左端支座反力方向;

右端:由右端支座反力大小剪力突变到0,方向沿右端支座反力方向。

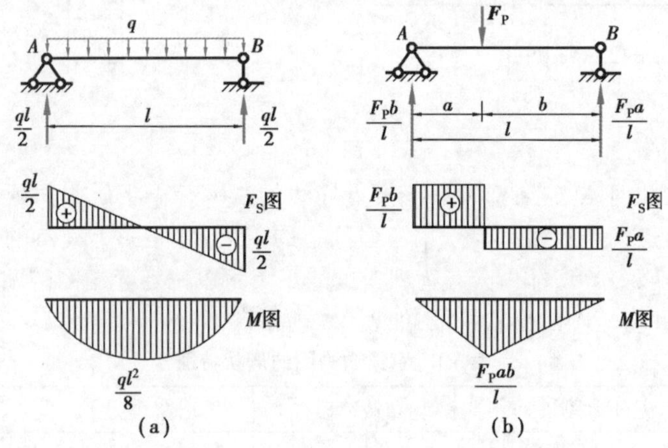


图 3.7

④杆端存在集中力偶时,如图3.8所示,弯矩图中,弯矩突变方式如下:

左端:由0突变到左端弯矩大小,弯矩逆时针则向上,弯矩顺时针则向下;

右端:由右端弯矩大小突变到0,弯矩逆时针则向上,弯 矩顺时针则向下;

杆端为自由端时,如图3.9所示,依然遵循上述规则。

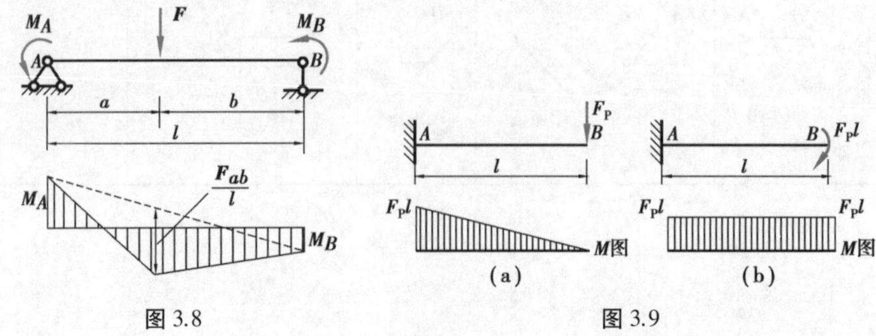


图 3.8　　　　图 3.9

**【例 3.4】** 简支梁如图 3.10 所示,试用荷载集度、剪力和弯矩间的微分关系作此梁的剪力图和弯矩图。

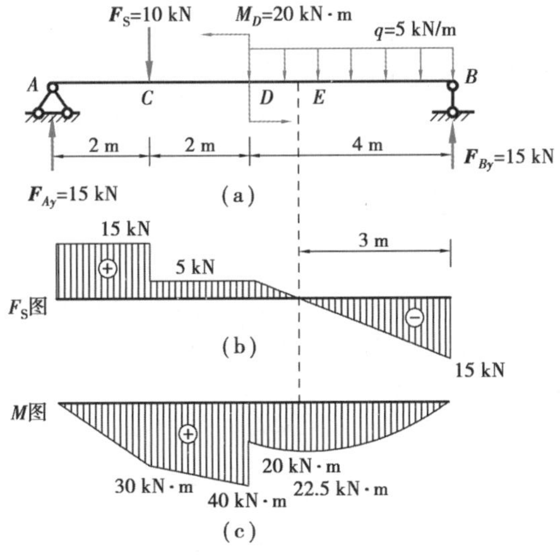


图 3.10

**【解】** (1)求约束反力

由平衡方程$\sum M_B = 0$和$\sum M_A = 0$得

$$F_{Ay} = 15\ \text{kN}, F_{By} = 15\ \text{kN}$$

(2)画 $F_S$ 图

各控制点处的 $F_S$ 值如下:

$$F_{SA^+} = F_{SC^-} = 15\ \text{kN}$$

$$F_{SC^+} = F_{SD} = 15 - 10 = 5(\text{kN})$$

$$F_{SD} = 5\ \text{kN}$$

$$F_{SB^-} = -15\ \text{kN}$$

画出 $F_S$ 图如图 3.10(b)所示,从图中容易确定 $F_S=0$ 的截面位置。

(3)画 $M$ 图

各控制点处的弯矩值如下:

$$M_A = 0$$

$$M_C = 15 \times 2 = 30(\text{kN} \cdot \text{m})$$

$$M_{D^-} = 15 \times 4 - 10 \times 2 = 40(\text{kN} \cdot \text{m})$$

$$M_{D^+} = 15 \times 4 - 5 \times 4 \times 2 = 20(\text{kN} \cdot \text{m})$$

$$M_B = 0$$

在 $F_S=0$ 截面弯矩有极值:

$$M_E = 15 \times 3 - 5 \times 3 \times \frac{3}{2} = 22.5(\text{kN} \cdot \text{m})$$

画出弯矩图如图 3.10(c)所示。

【例 3.5】 一外伸梁如图 3.11(a)所示。试用荷载集度、剪力和弯矩间的微分关系作此梁的 $F_S$、$M$ 图。

【解】 (1)求约束力

由平衡方程 $\sum M_B = 0$ 和 $\sum M_A = 0$,得

$$F_{Ay} = 5\ \text{kN}, F_{By} = 13\ \text{kN}$$

(2)画内力图

根据梁上荷载情况,将梁分为 $AC$、$CB$、$BD$ 3 段。

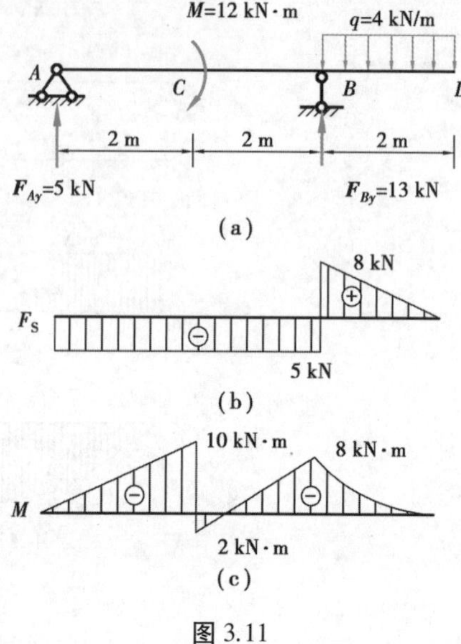

图 3.11

①剪力图。$ACB$ 段:段内有一集中力偶,集中力偶剪无变化,因此 $F_S$ 图为一水平直线,只需确定此段内任一截面上的 $F_S$ 值即可。

$$F_{SA^+} = F_{SC} = F_{SB^-} = -5\ \text{kN}$$

$BD$ 段:段内有向下的均布荷载,$F_S$ 图为右下斜直线。

$$F_{SB^+} = 4 \times 2 = 8(\text{kN}), F_{SD} = 0$$

根据前述分析和计算结果,作梁的剪力图如图3.11(b)所示。

②弯矩图。$AC$ 段:段内无荷载作用,$F_S<0$,故 $M$ 图为一右上斜直线。

$$M_A = 0, M_{C^-} = -5 \times 2 = -10(\text{kN}\cdot\text{m})$$

$CB$ 段:段内无荷载作用且 $F_S<0$,故 $M$ 图为一右上斜直线,在 $C$ 处弯矩有突变。

$$M_{C^+} = -5 \times 2 + 12 = 2(\text{kN}\cdot\text{m})$$

$$M_B = -4 \times 2 \times 1 = -8(\text{kN}\cdot\text{m})$$

$BD$ 段:段内有向下均布荷载,$M$ 图为下凸抛物线,确定此段 3 个截面处弯矩值可确定抛物线的大致形状。

$$M_B = -8\ \text{kN}\cdot\text{m}, M_E = -4 \times 1 \times 0.5 = -2(\text{kN}\cdot\text{m})$$

$$M_D = 0$$

以上两例用简化方法说明作内力图的过程。熟练掌握后,可以方便地直接作图。

2)用叠加法作梁的弯矩图

在小变形的情况下,在求梁的反力、剪力和弯矩时,均可以按原始尺寸进行计算,所得结果与梁上荷载呈线性关系。在这种情况下,梁在几个荷载共同作用下产生的内力等于各荷载单独作用下产生的内力的代数和。这样,就可以先求出单个荷载作用下的内力(剪力和弯矩),然后将对应位置的内力相加,即得到几个荷载共同作用下的内力。这种方法称为**叠加法**。画弯矩图也可以用叠加法。现以例题 3.6 为例说明叠加法画弯矩图。

【例 3.6】 简支梁所受荷载如图 3.12(a)所示,试用叠加法作 $M$ 图。

【解】 ①荷载分解。先将简支梁上的荷载分解成力偶和均布荷载单独作用在梁上,如图 3.12(b)、(c)所示。

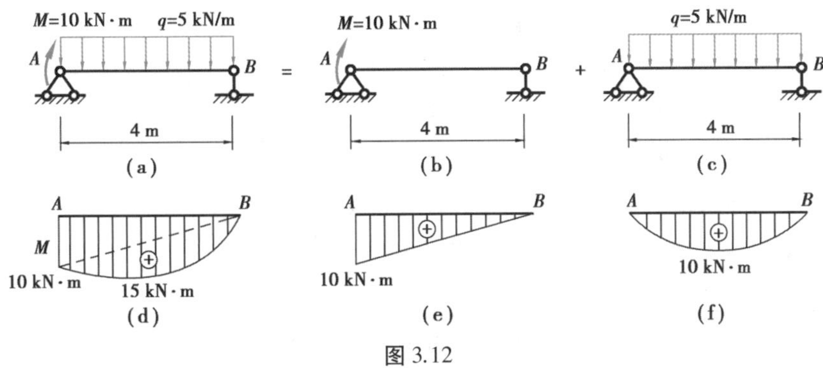


图 3.12

②作分解荷载的弯矩图，如图 3.12(e)、(f)所示。

③叠加作力偶和均布荷载共同作用下的弯矩图。先作出图 3.12(e)，以该图的斜直线为基线，叠加上图 3.12(f)中各处的相应纵坐标，得图 3.12(d)即为所求弯矩图。

注意：弯矩图的叠加，不是两个图形的简单叠加，而是对应点处纵坐标的相加。

【例 3.7】 伸臂梁如图 3.13(a)所示。试绘制此梁的 $F_S$、$M$ 图。

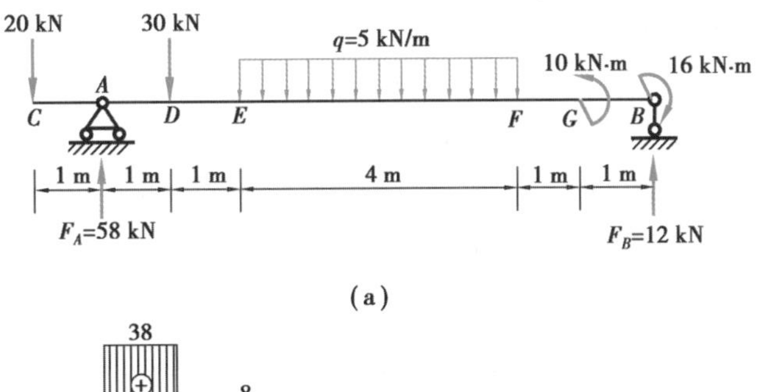


(a)

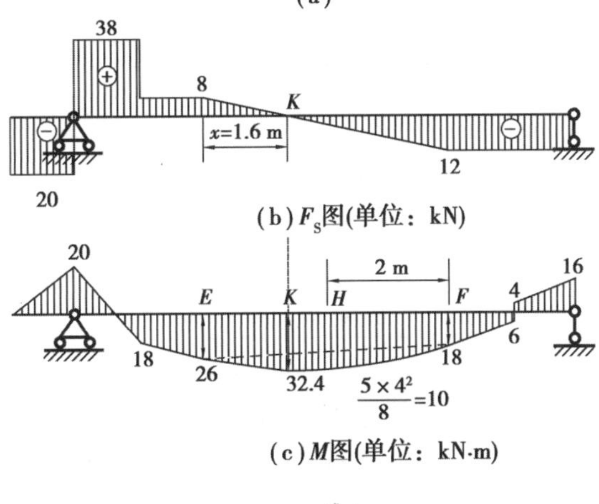


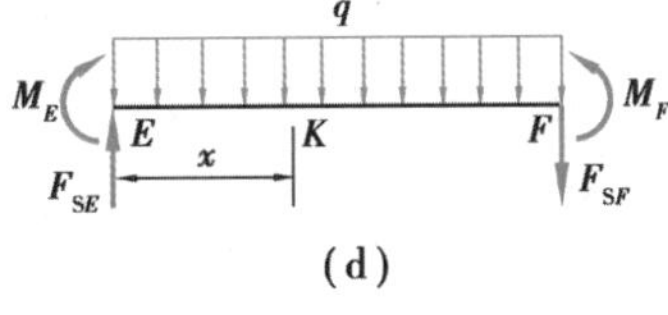


(d)

图 3.13

【解】 首先，计算支座反力。取全梁为隔离体，由 $\sum M_B = 0$，有

$$F_A \times 8\ \mathrm{m} - 20\ \mathrm{kN} \times 9\ \mathrm{m} - 30\ \mathrm{kN} \times 7\ \mathrm{m} - 5\ \mathrm{kN/m} \times 4\ \mathrm{m} \times 4\ \mathrm{m}$$

$$-10\text{ kN}\cdot\text{m}+16\text{ kN}\cdot\text{m}=0$$

得

$$F_A=58\text{ kN}(\uparrow)$$

再由 $\sum F_y=0$,可得

$$F_B=20\text{ kN}+30\text{ kN}+5\text{ kN/m}\times 4\text{ m}\times 4\text{ m}-58\text{ kN}=12\text{ kN}(\uparrow)$$

绘制剪力图时,用截面法算出下列各控制截面的剪力值:

$$F_{SG}^{R}=-20\text{ kN}$$

$$F_{SA}^{R}=-20\text{ kN}+58\text{ kN}=38\text{ kN}$$

$$F_{SD}^{R}=-20\text{ kN}+58\text{ kN}-30\text{ kN}=8\text{ kN}$$

$$F_{SE}=F_{SD}^{R}=8\text{ kN}$$

$$F_{SF}=-12\text{ kN}$$

$$F_{SB}^{R}=0$$

然后,即可绘制剪力图,如图 3.13(b)图所示。

绘制弯矩图时,用截面法算出下列各控制截面的弯矩值:

$$M_C=0$$

$$M_A=-20\text{ kN}\times 1\text{ m}=-20\text{ kN}\cdot\text{m}$$

$$M_D=-20\text{ kN}\times 2\text{ m}+58\text{ kN}\times 1\text{ m}=18\text{ kN}\cdot\text{m}$$

$$M_E=-20\text{ kN}\times 3\text{ m}+58\text{ kN}\times 2\text{ m}-30\text{ kN}\times 1\text{ m}=26\text{ kN}\cdot\text{m}$$

$$M_F=12\text{ kN}\times 2\text{ m}-16\text{ kN}\cdot\text{m}+10\text{ kN}\cdot\text{m}=18\text{ kN}\cdot\text{m}$$

$$M_G^{L}=12\text{ kN}\times 1\text{ m}-16\text{ kN}\cdot\text{m}+10\text{ kN}\cdot\text{m}=6\text{ kN}\cdot\text{m}$$

$$M_G^{R}=12\text{ kN}\times 1\text{ m}-16\text{ kN}\cdot\text{m}=-4\text{ kN}\cdot\text{m}$$

$$M_B^{L}=--16\text{ kN}\cdot\text{m}$$

通过以上数据,可绘制弯矩图,如图 3.13(c)所示。其中,$EF$ 段的弯矩图可用叠加法求出,梁中点 $H$ 的弯矩值为:

$$M_H=\frac{M_E+M_F}{2}+\frac{qa^2}{8}=\frac{(26+18)\text{kN}\cdot\text{m}}{2}+\frac{5\text{ kN/m}\times(4\text{ m})^2}{8}$$

$$=(22+10)\text{kN}\cdot\text{m}=32\text{ kN}\cdot\text{m}$$

最后,为了求出最大弯矩值 $M_{\max}$,应确定剪力为零的截面 $K$ 的位置,取 $EF$ 段梁为隔离体[图 3.13(d)],由

$$F_{SK}=F_{SE}-qx=8\text{ kN}-5\text{ kN/m}\cdot x=0$$

$$x=1.6\text{ m}$$

故

$$M_{\max}=M_E+F_{SE}x-\frac{qx^2}{2}$$

$$=26\text{ kN}\cdot\text{m}+8\text{ kN}\times 1.6\text{ m}-\frac{5\text{ kN/m}\times(1.6\text{ m})^2}{2}=32.4\text{ kN}\cdot\text{m}$$

## 3.2 多跨静定梁

多跨静定梁是由若干段梁用铰链连接,并通过支座与基础共同构成的无多余联系的几何不变体系。

### ▶ 3.2.1 多跨静定梁的几何组成

多跨静定梁是工程实际中比较常见的结构,它的基本组成形式图 3.14 所示。图 3.14(a)所示为在外伸梁 $AC$ 上依次加上 $CE$、$EF$ 两根梁。图 3.14(b)所示为在 $AC$ 和 $DF$ 两根外伸梁上再架上一小悬跨 $CD$。通过几何组成分析可知,它们都是几何不变且无多余联系的体系,所以均为静定结构。

根据几何组成规律,可以将多跨静定梁的各部分分为基本部分和附属部分。基本部分是能承受荷载的几何不变体系;附属部分是不能独立承受荷载的几何可变体系,它需要与基本部分相连接方能承受荷载。如图 3.14(a)所示的梁中,$AC$ 是通过 3 根既不全平行也不相交于一点的 3 根链杆与基础连接,所以它是几何不变的。$CE$ 梁是通过铰 $C$ 和 $D$ 支座链杆连接在 $AC$ 梁和基础上;$EF$ 梁又是通过铰 $E$ 和 $F$ 支座连接在 $CE$ 梁和基础上。由此可知,$AC$ 梁直接与基础组成一几何不变部分,它的几何不变性不受 $CE$ 和 $EF$ 影响,故称 $AC$ 梁为该多跨静定梁中的基本部分。而 $CE$ 梁要依靠 $AC$ 梁才能保证其几何不变性,故称 $CE$ 梁为 $AC$ 梁的附属部分。同理,$EF$ 梁相对于 $AC$ 和 $CE$ 组成的部分来说,它是附属部分。

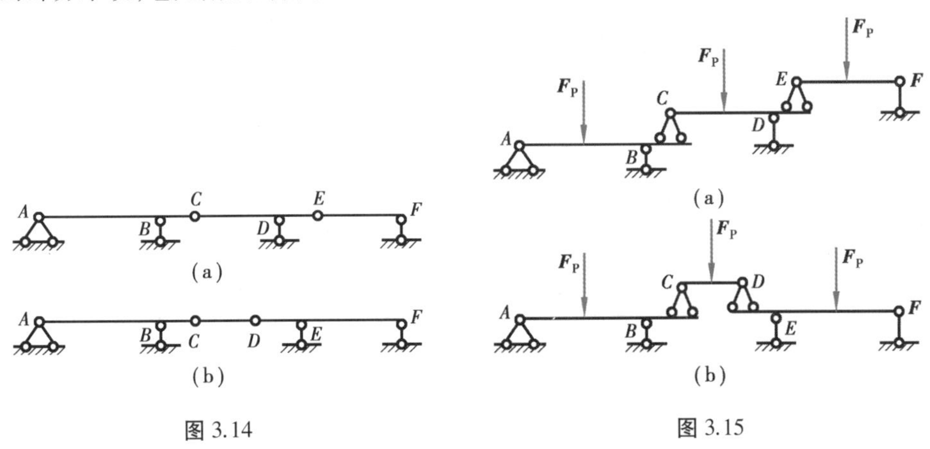


图 3.14　　图 3.15

结构的组成顺序可用图 3.15 来表示。这种图形称为层叠图。通过层叠图可以看出力的传递过程。当荷载作用在最上面的附属部分上时,不但会使附属部分受力,而且还会传给基础部分。当荷载作用在基本部分上时,只在基础部分上引起内力和反力,而对附属部分不会产生影响。总之,作用在附属部分上的荷载将使基本部分产生反力和内力,而作用在基本部分上的荷载则对附属部分没有影响。据此,计算多跨静定梁时,应先从附属部分开始,按组成顺序的逆过程进行计算。

由层叠图可得到多跨静定梁的受力特点为:力作用在基本部分时附属部分不受力,力作用在附属部分时附属部分和基本部分都受力。

## ▶ 3.2.2 多跨静定梁的内力计算及内力图绘制

由多跨静定梁的构造层次图可知,作用于基本部分上的荷载并不影响附属部分,而作用于附属部分上的荷载会以支座反力的形式影响基本部分。因此,多跨静定梁可由平衡条件求出全部反力和内力,但为了避免解联立方程,应先算附属部分,再算基本部分。该计算原则也适用于由基本部分和附属部分组成的其他类型的结构。

根据多跨静定梁的受力特点和计算原则,分析多跨静定梁的步骤可归纳为:

①按照附属部分支承于基本部分的原则,绘出层叠图。

②根据所绘层叠图,先从最上层的附属部分开始,依次计算各梁的支座反力和铰接处的约束力。

③按照绘制单跨梁内力图的方法,分别作出各根梁的内力图,然后将其连在一起。

④校核。

下面举例说明多跨静定梁的计算方法。

【例 3.8】 画出图 3.16(a)所示多跨静定梁的剪力图和弯矩图。

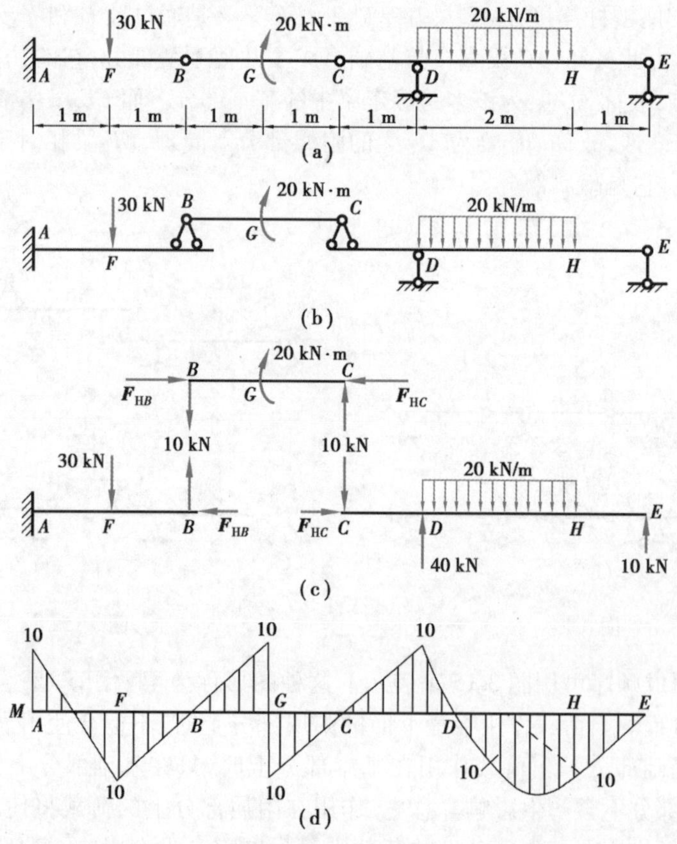

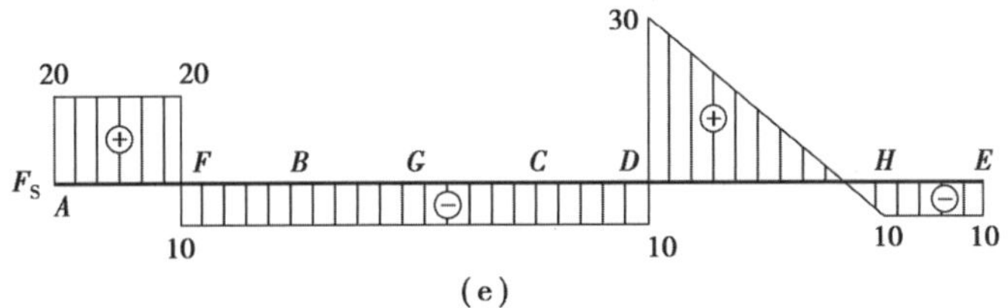


图 3.16

【解】 ①作层叠图。图 3.16(a)所示多跨静定梁,由于仅受竖向荷载作用,故 $AB$ 和 $CE$ 都为基本部分,其层叠图如图 3.16(b)所示。各根梁的隔离体示于图 3.16(c)中。

②求反力和约束力。从附属部分 $BC$ 开始,依次求出各根梁上的竖向约束力和支座反力。铰 $C$ 处的水平约束力为零,并由此得知铰 $B$ 处的水平约束力也等于零。计算出的反力和约束力如图 3.16(c)所示。

③绘制内力图。将各根梁的内。力图置于同一基线上,则得出该多跨静定梁的内力图如图 3.16(d)、(e)所示。

在 $FG$、$GD$ 两上区段剪力 $F_S$ 是同一常数,由微分关系 $\frac{\mathrm{d}M}{\mathrm{d}x}=F_S$ 可知,这两区段内的弯矩图形有相同的斜率。所以,弯矩图中 $FG$ 与 $GD$ 两段斜直线相互平行。同样的理由,因为在 $H$ 左、右相邻的截面的剪力 $F_S$ 相等,所以弯矩图中 $HE$ 区段内的直线与 $DH$ 区段内的曲线在 $H$ 点相切。

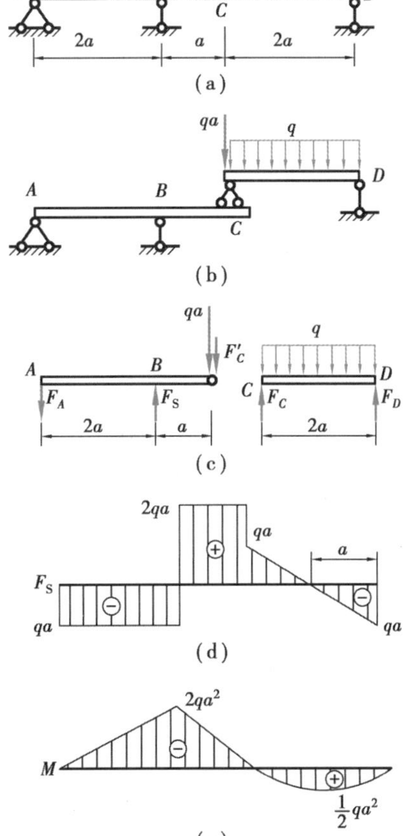


图 3.17

【例 3.9】 计算如图 3.17(a)所示多跨静定梁的支座反力,并绘制内力图。

【解】 ①作层叠图。如图 3.17(b)所示,$ABC$ 梁为基本部分,$CD$ 梁为附属部分。

②计算支座反力。从层叠图看出,应先从附属部分 $CD$ 梁开始取分离体,如图 3.17(c)所示。对 $CD$:

$$F_C = F_D = \frac{2qa}{2} = qa(\uparrow)$$

对 $ABC$:

$$F'_C = qa(\downarrow)$$

$$F_B = \frac{2qa \cdot 3a}{2a} = 3qa(\uparrow)$$

$$F_A = 3qa - 2qa = qa(\uparrow)$$

③作内力图,如图 3.17(d)、(e)所示。

## 3.3 静定平面刚架

进入"结构力学"课程→静定刚架→综述及悬臂刚架计算,学习刚架概述、受力特征及正负号编码规定

### ▶ 3.3.1 刚架主要的结构特征

刚架是由若干梁、柱等直杆组成的具有刚结点的结构。刚架在土木建筑工程中应用十分广泛,如单层厂房、工业和民用建筑(教学楼、图书馆、住宅)等。6~15 层房屋建筑承重结构体系的骨架主要就是刚架,其形式有悬臂刚架、简支刚架、三铰刚架和组合刚架等,如图 3.18 所示。

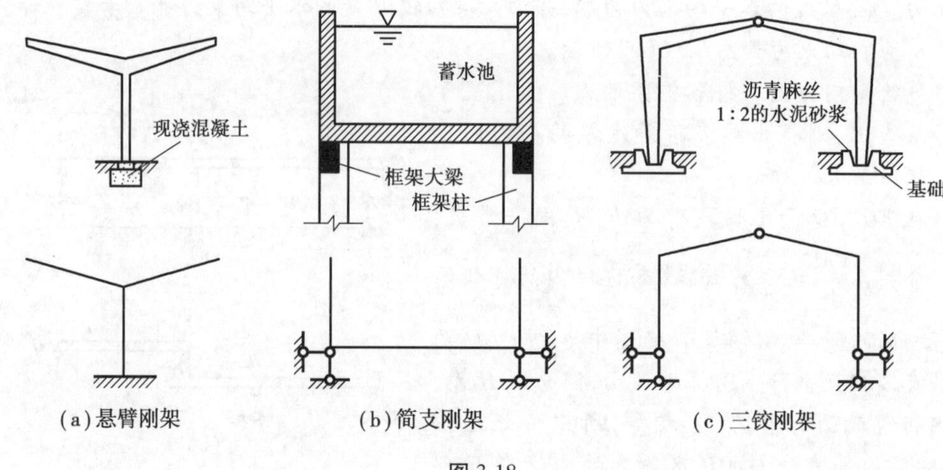


图 3.18

刚架中的刚结点是指在刚架受力后,刚结点所连接的各杆的角度保持不变,如图 3.19 所示。刚结点的特性是在荷载作用下,各杆端不仅不能发生相对移动,而且也不能发生相对转动。因为刚结点具有约束杆端相对转动的作用,所以它能承受和传递弯矩。

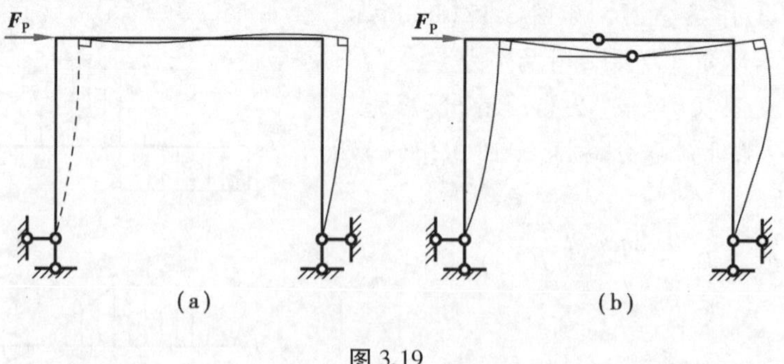


图 3.19

由于在刚架结构中,梁和柱由于刚结点相连,能够成为一个整体共同承担外荷载的作用。因此,刚架结构整体性好,刚度大,内力分布较均匀。刚架中杆件数量较少,结点连接简单,内部空间较大,在大跨度、重荷载的情况下是一种较好的承重结构。刚架结构在土木建筑工程中被广泛地使用。

### ▶ 3.3.2　静定平面刚架的内力分析

刚架结构受力分析，本质上与单跨静定梁的受力分析是相同的，前述内力求解的截面法及内力图绘制方法同样适用于刚架结构。

在绘制内力图时，剪力图和弯矩图可绘制在杆件的任意一侧，但需标明正负；弯矩图绘制在杆件截面纤维的受拉侧，不需标注正负号。

刚架结构内力计算仍然采用截面法，内力图绘制采用分段绘制的方式，静定平面刚架内力图绘制的一般步骤如下：

① 求支座反力：

a.悬臂刚架无需求解支座反力；

b.简支刚架可由 3 个平衡方程求解，与简支梁完全相同；

c.三铰刚架支座反力求解有标准四步流程，见具体例题；

d.多跨、多层刚架类似前述多跨梁，分为基本结构和附属结构两部分，遵循先附属再基本的原则。

②结构拆分：

a.在控制截面处将各杆件截开，将刚架结构离散为若干隔离体，包括：单杆（横杆、竖杆、斜杆）和结点，每个杆件为一单独绘图区段。

b.控制截面一般选在支承点、结点、集中荷载作用点、分布荷载不连续点。

c.杆件截面有弯矩、剪力和轴力 3 个内力，内力符号表达引入双下标表示法，如图 3.20(b)中 $M_{CB}$ 为 $BC$ 杆 $C$ 端的弯矩，$F_{SCA}$ 为 $AC$ 杆 $C$ 端剪力；

d.刚架结构截面内力的正负号规则同 3.1.2 节。

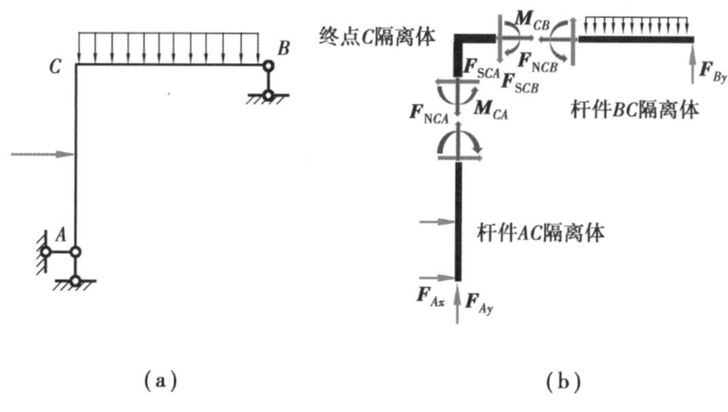


图 3.20

③内力求解及单杆内力图绘制：

a.运用截面法逐杆依次建立隔离体静力平衡方程，并逐步求出杆件内力；

b.利用求解的杆件截面内力，绘制单杆的内力图；

c.绘制内力图时，应特别注意绘制位置和正负号的标注；

④刚架结构内力图绘制。将单杆内力图拼接组合在一起，就形成了原刚架结构的内力图。

⑤内力图校核：

a.可选择未使用过的隔离体，建立平衡方程，进行验算；

b.刚结点是刚架中连接两个杆件的结点，一般情况下也是刚架拆分结点，如图 3. 20(b)中，结点 $C$ 隔离体也是保持平衡状态的，因此有 3 个平衡式：

$$M_{CA}=M_{CB}$$

$$F_{SCB}=F_{NCA}$$

$$F_{SCA}=F_{NCB}$$

**特别注意：**以上是利用截面法求解刚架结构内力图的基本方法，3.1.4 节中所阐述的内力图与荷载的关系，在刚架结构中也同样有此关系。也就是说，在绘制刚架内力图时，利用表 3.1 中的荷载与内力对应关系进行快速绘制内力图也是可行的。

1)悬臂刚架

**【例 3.10】** 试作图 3.21(a)所示悬臂刚架的内力图。

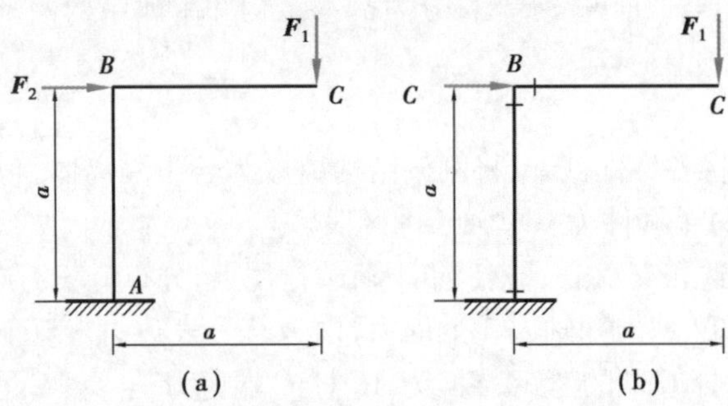


图 3.21

**【解】** 按照刚架结构求解步骤分步进行求解。

①悬臂刚架可不求支座反力。

②将刚架结构在控制截面处将结构拆分，并绘制相应内力，如图 3.22 所示。控制截面分别如图 3.21(b)所示。

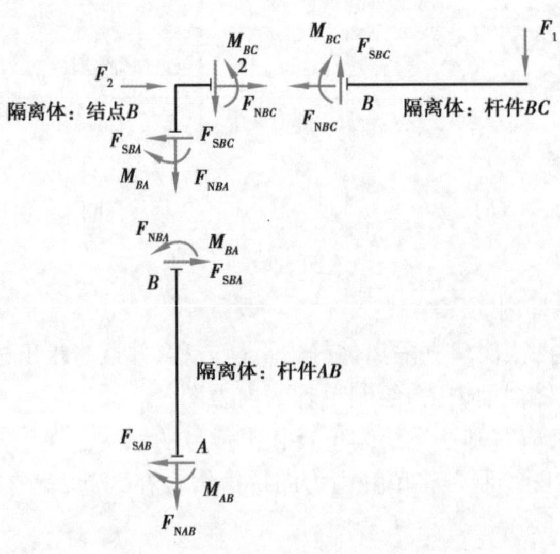


图 3.22

③列内力方程:依次对隔离体杆 $BC$、结点 $B$、杆 $AB$ 建立静力平衡方程,逐步求得相应的内力。

隔离体:杆件 $BC$

$$\sum X = 0, F_{NBC} = 0$$

$$\sum Y = 0, F_{SBC} = F_1$$

$$\sum M_B = 0, M_{BC} = F_1 a$$

隔离体:结点 $B$

$$\sum X = 0, F_{SBA} = F_{NBC} + F_2 = F_2$$

$$\sum Y = 0, F_{NBA} = - F_{SBC} = - F_1$$

$$\sum M = 0, M_{BA} = M_{BC} = F_1 a$$

隔离体:杆件 $AB$

$$\sum X = 0, F_{SAB} = F_{SBA} = F_2$$

$$\sum Y = 0, F_{NAB} = F_{NBA} = - F_1$$

$$\sum M_A = 0, M_{AB} = M_{BA} + F_{SBA} \cdot a = F_1 a + F_2 a$$

④根据控制结点内力,做单杆内力图,并组合成结构内力图,如图 3.23 所示。

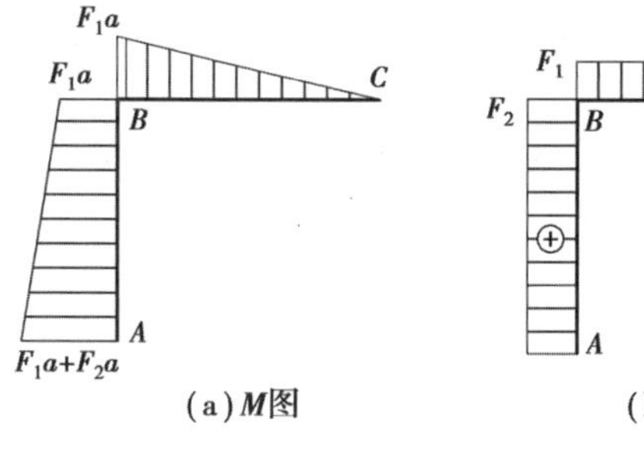


(a) $M$图　　(b) $F_S$图

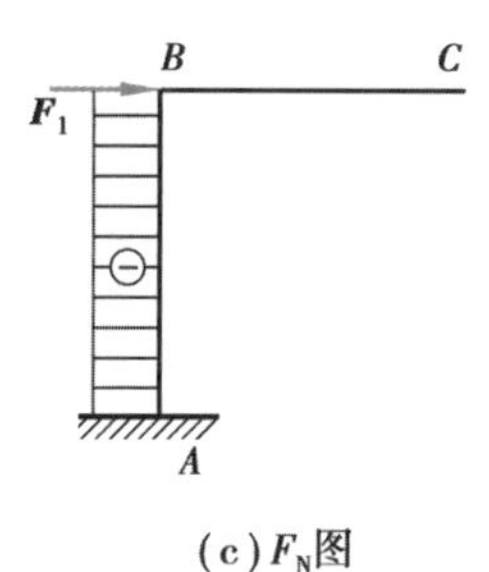


(c) $F_N$图

图 3.23

2)简支刚架

**【例 3.11】** 试作图 3.24(a)所示简支刚架的内力图。

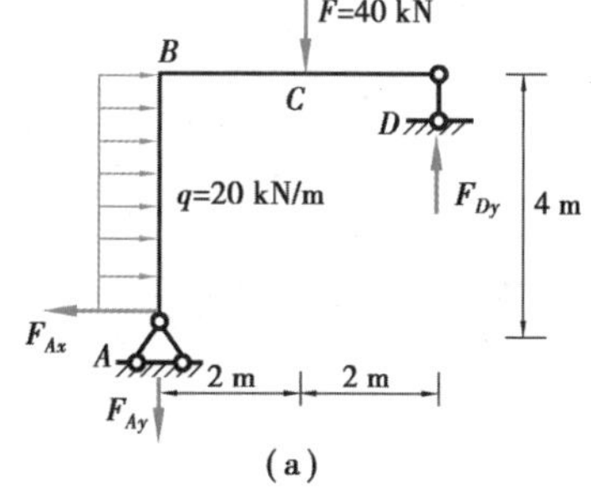


(a)

图 3.24

**【解】** ①求支座反力。

由整体平衡:

$\sum M_A = 0, F_{Dy} \times 4 - 40 \times 2 - 20 \times 4 \times 2 = 0$, $F_{Dy} = 60$ kN(↑)

$$\sum F_y = 0, F_{Ay} + 60 - 40 = 0, F_{Ay} = 20 \text{ kN}(\downarrow)$$

$$\sum F_x = 0, F_{Ax} - 20 \times 4 = 0, F_{Ax} = 80 \text{ kN}(\leftarrow)$$

②将刚架结构在控制截面处将结构拆分,并绘制相应内力,如图 3.25 所示。控制截面分别为 $B$ 结点的两侧。

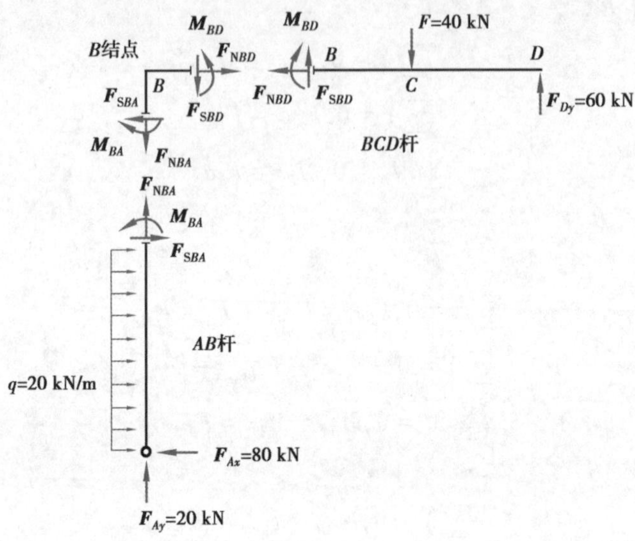


图 3.25

③列内力方程:依次对隔离体杆 $BCD$ 和结点 $B$ 建立静力平衡方程,即可求得控制截面的内力。

隔离体:$BCD$ 杆

$$\sum X = 0, F_{NBD} = 0$$

$$\sum Y = 0, F_{SBD} = 40 - 60 = -20(\text{kN})$$

$$\sum M_B = 0, M_{BD} = 60 \times 4 - 40 \times 2 = 160(\text{kN} \cdot \text{m})$$

隔离体:结点 $B$

$$\sum X = 0, F_{SBA} = F_{NBD} = 0$$

$$\sum Y = 0, F_{NBA} = -F_{SBD} = -20(\text{kN})$$

$$\sum M = 0, M_{BA} = M_{BD} = 160(\text{kN} \cdot \text{m})$$

④根据控制结点内力,做单杆内力图,并组合成结构内力图,如图 3.26 所示。

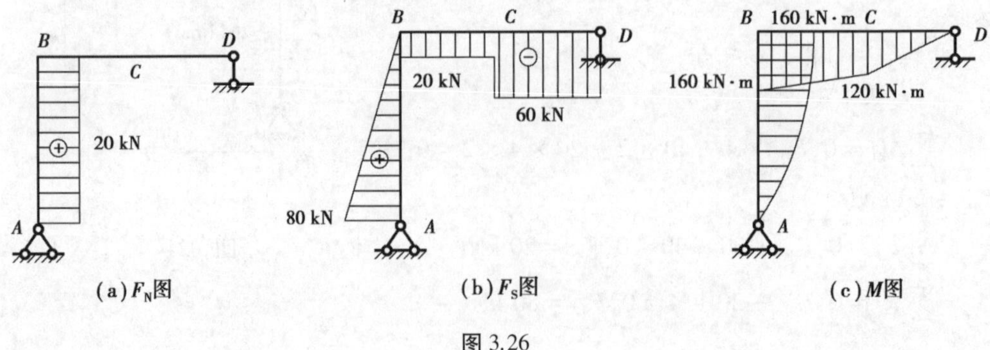


图 3.26

3)三铰刚架

【例 3.12】 试作图 3.27(a)所示三铰刚架的内力图。

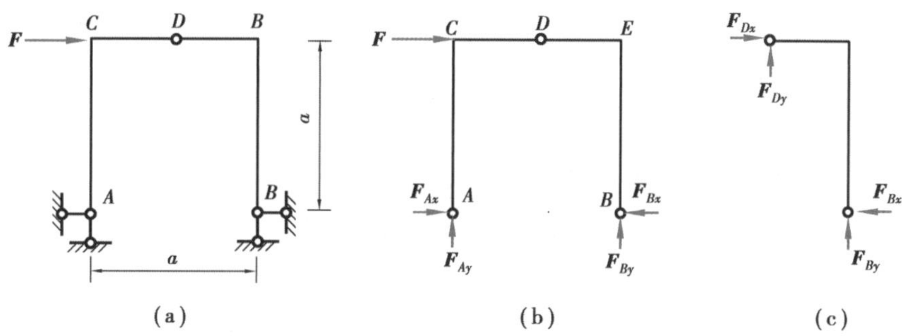


图 3.27

【解】 ①求支座反力。

a. $\sum M_A = 0, F_{By} \cdot a - Fa = 0, F_{By} = F$

b. $\sum Y = 0, F_{Ay} + F_{By} = 0, F_{Ay} = -F$

c.如图 3.27(c)所示:

$$\sum M_D = 0, F_{By} \cdot a - F_{By} \cdot \frac{a}{2} = 0, F_{Bx} = \frac{F}{2}$$

d.如图 3.27(b)所示:

$$\sum X = 0, F_{Ax} - F_{Bx} + F = 0, F_{Ax} = -\frac{F}{2}$$

②将刚架结构在控制截面处将结构拆分,并绘制相应的外力、内力、支座反力,如图 3.28 所示。控制截面分别为结点 $C$ 和 $E$ 的两侧。

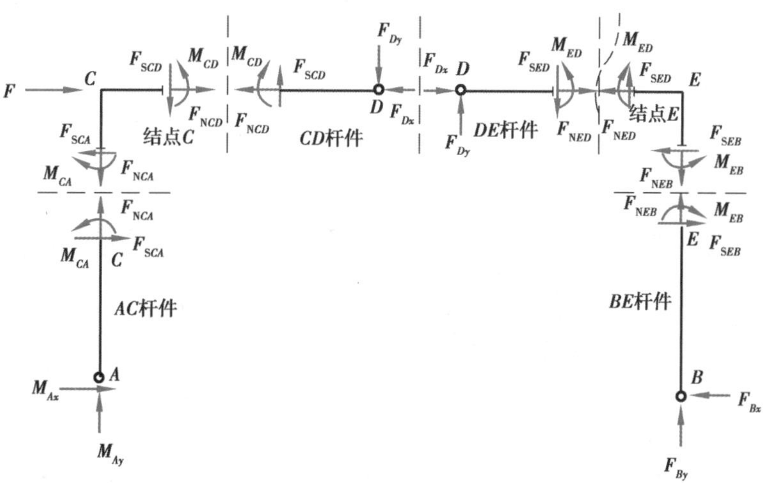


图 3.28

③列内力方程:依次对隔离体杆件 $AC$、杆件 $BE$、结点 $C$ 和结点 $E$ 建立静力平衡方

程,即可求得控制截面的内力。

隔离体:杆件 $AC$

$$\sum X = 0, F_{SCA} = -F_{Ax} = \frac{F}{2}$$

$$\sum Y = 0, F_{NCA} = -F_{Ay} = F$$

$$\sum M_C = 0, M_{CA} = -F_{Ax} \cdot a = \frac{Fa}{2}$$

隔离体:结点 $C$

$$\sum X = 0, F_{NCD} = -F_{SCA} - F = -\frac{F}{2}$$

$$\sum Y = 0, F_{SCD} = -F_{NCA} = -F$$

$$\sum M = 0, M_{CD} = M_{CA} = \frac{Fa}{2}$$

隔离体:杆件 $BE$

$$\sum X = 0, F_{SEB} = F_{Bx} = \frac{F}{2}$$

$$\sum Y = 0, F_{NEB} = -F_{By} = -F$$

$$\sum M_E = 0, M_{EB} = -F_{Bx} \cdot a = -\frac{Fa}{2}$$

隔离体:结点 $E$

$$\sum X = 0, F_{NED} = -F_{SEB} = -\frac{F}{2}$$

$$\sum Y = 0, F_{SED} = F_{NEB} = -F$$

$$\sum M = 0, M_{ED} = M_{EB} = \frac{Fa}{2}$$

④根据控制结点内力,做单杆内力图,并组合成结构内力图,如图 3.29 所示。

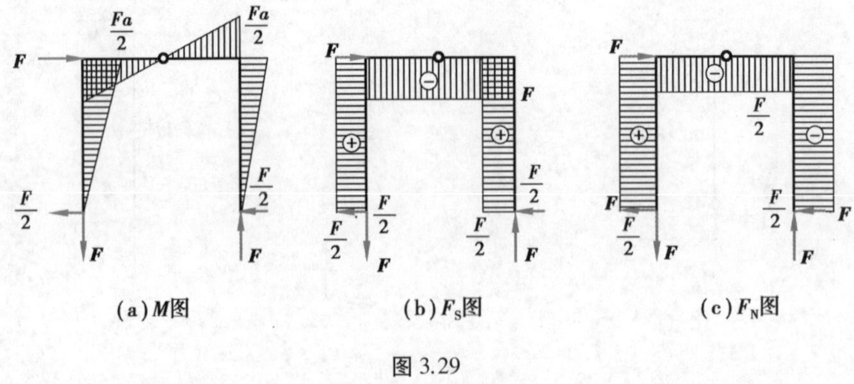


图 3.29

三铰刚架支座反力求解标准流程如图 3.30 所示。

① $\sum M_A = 0$ 或 $\sum M_B = 0$，可求一个竖向支座反力；

② $\sum Y = 0$，可求另一个竖向支座反力；

③将三铰刚架中间铰拆开，取左边或右边为隔离体，通过 $\sum M_C = 0$，可以求得一个水平支座反力；

④整体为研究对象，$\sum X = 0$，可求另一个水平支座反力。

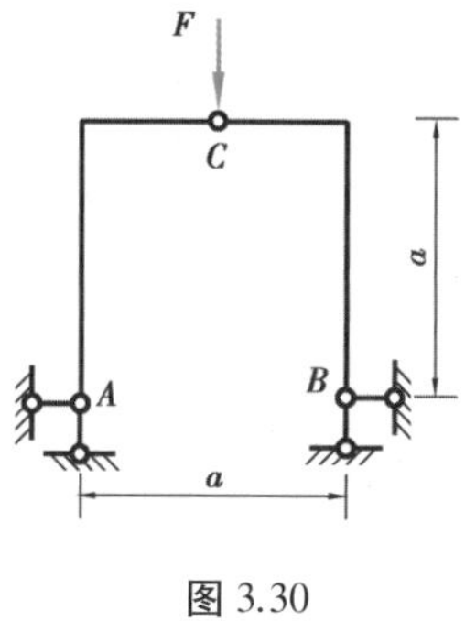


图 3.30

4）其他刚架

【例 3.13】 试作图 3.31(a)所示悬臂刚架的内力图。

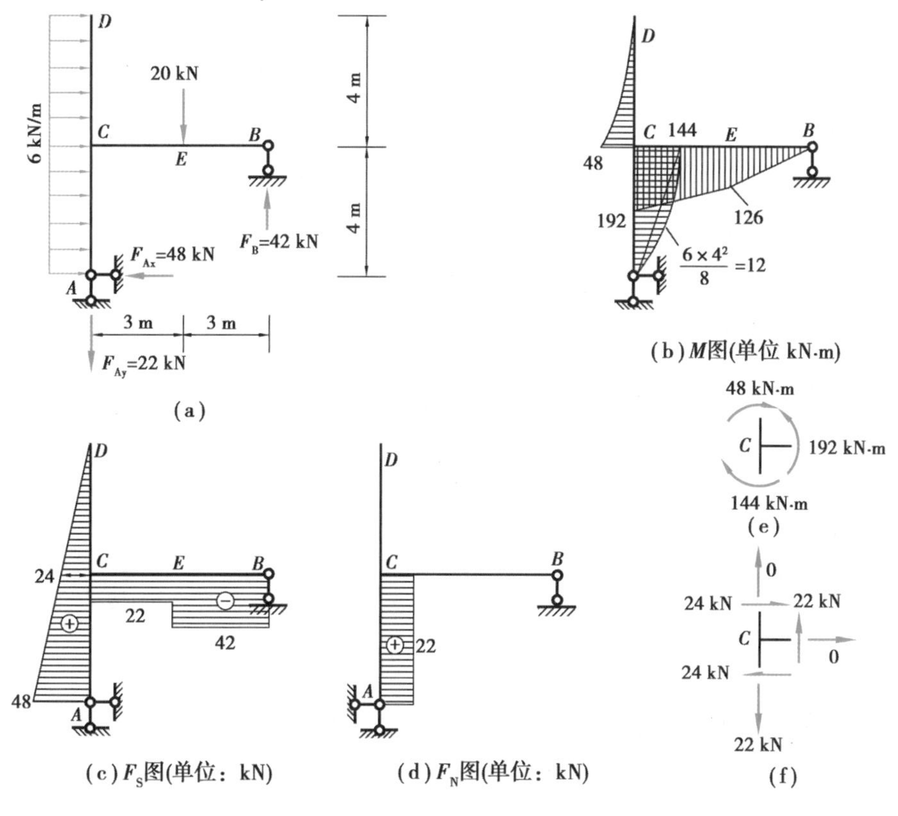


图 3.31

【解】 ①计算支座反力。此为一简支刚架，反力只有 3 个，考虑刚架的整体平衡，由 $\sum F_x = 0$ 可得

$$F_{Ax} = 6\ \text{kN/m} \times 8\ \text{m} = 48\ \text{kN}\ (\leftarrow)$$

由 $\sum M_A = 0$ 可得

$$F_B = -\frac{6\ \text{kN/m} \times 8\ \text{m} \times 4\ \text{m} + 20\ \text{kN} \times 3\ \text{m}}{6\ \text{m}} = 42\ \text{kN}(\uparrow)$$

由 $\sum F_y = 0$ 可得

$$F_{Ay} = 42\ \text{kN} - 20\ \text{kN} = 22\ \text{kN}(\downarrow)$$

②绘制弯矩图。作弯矩图时应逐杆考虑。首先，考虑 $CD$ 杆，该杆为一悬臂梁，故其弯矩图可直接绘出。其 $C$ 端弯矩为

$$M_{CD} = \frac{6\ \text{kN/m} \times (4\ \text{m})^2}{2} = 48\ \text{kN}\cdot\text{m}(\text{左侧受拉})$$

其次，考虑 $CB$ 杆。该杆上作用一集中荷载，可分为 $CE$ 和 $EB$ 两无荷区段，用截面法求出下列控制截面的弯矩：

$$M_{BE} = 0$$

$$M_{EB} = M_{EC} = 42\ \text{kN} \times 3\ \text{m} = 126\ \text{kN}\cdot\text{m}(\text{下侧受拉})$$

$$M_{CB} = 42\ \text{kN} \times 6\ \text{m} - 20\ \text{kN} \times 3\ \text{m} = 192\ \text{kN}\cdot\text{m}(\text{下侧受拉})$$

然后便可绘出该杆弯矩图。

最后，考虑 $AC$ 杆。该杆受均布荷载作用，可用叠加法来绘其弯矩图。为此，先求出该杆两端弯矩：

$$M_{AC} = 0$$

$$M_{CA} = 48\ \text{kN} \times 4\ \text{m} - 6\ \text{kN/m} \times 4\ \text{m} \times 2\ \text{m} = 144\ \text{kN}\cdot\text{m}(\text{右侧受拉})$$

这里，$M_{CA}$ 是取截面 $C$ 下边部分为隔离体算得的。将两端弯矩绘出并连以直线，再于此直线上叠加相应简支梁在均布荷载作用下的弯矩图即成。

由上所得刚架的弯矩图，如图 3.31(b)所示。

③绘制剪力图和轴力图。作剪力图时同样逐杆考虑。根据荷载和已求出的反力，用截面法不难求得各控制截面的剪力值如下：

$CD$ 杆：$F_{SDC} = 0, F_{SDC} = 6\ \text{kN/m} \times 4\ \text{m} = 24\ \text{kN}$

$CB$ 杆：$F_{SBE} = -42\ \text{kN}, F_{SCE} = -42\ \text{kN} + 20\ \text{kN} = -22\ \text{kN}$

$AC$ 杆：$F_{SAC} = 48\ \text{kN}, F_{SCA} = 48\ \text{kN} - 6 - \text{kN/m} \times 4\ \text{m} = 24\ \text{kN}$

由此可以绘制出剪力图，如图 3.31(c)所示。同样采用截面的方法，可以绘制出轴力图，如图 3.31(d)图所示。

④校核。内力图绘制出后，对于弯矩图，通常会检查刚结点处是否弯矩平衡；对于剪力图和轴力图，通常会取任何部位作为隔离体进行检查，如图 3.31(e)、(f)所示。

$$\sum M_C = (48 - 192 + 144)\ \text{kN}\cdot\text{m} = 0$$

$$\sum F_x = 24\ \text{kN} - 24\ \text{kN} = 0$$

$$\sum F_y = 22\ \text{kN} - 22\ \text{kN} = 0$$

故可验证所绘制的内力图是正确的。

### ▶ 3.3.3 刚架结构内力图绘制总结及思考

**1)刚架结构内力图绘制的一些规律及注意事项**

①刚架结构内力图仍符合 3.1.4 节内力图与荷载的关系，因此，不论绘制横杆或竖

杆内力图,均可利用表 3.1 快速绘制弯矩图和剪力图。

②全铰结点处,弯矩一定为 0。

③刚结点处存在弯矩平衡,因此,对于无结点弯矩荷载的刚结点,当结点连接两根杆件时,两杆杆端弯矩一定相同,且一定是两杆同时内侧受拉或同时外侧受拉,如图 3.32 所示。

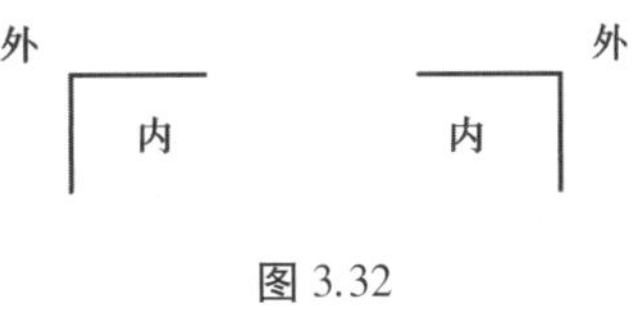


图 3.32

2)结构的对称性

①对称结构受到对称荷载作用,弯矩图和轴力图是对称的,剪力图是反对称的。

②对称结构受到反对称荷载作用,弯矩图和轴力图是反对称的,剪力图是对称的。

## 小　结

1.结构、构件某一截面的内力,是以该截面为界、构件两部分之间的相互作用力。一般情况下,当构件所受的外力作用在结构、构件轴线同一平面内时,横截面上的内力有轴力、剪力、和弯矩。

2.求内力的基本方法是截面法。用截面法求解内力的步骤为:以假想截面把构件断开为两部分,取任一部分为研究对象,用内力代替两部分的相互作用,最后用平衡方程求出截面上的内力。

为使计算方便,对内力的正负号作出了规定。在计算内力时,应首先假设内力为正。

3.计算多跨静定梁时,可以将其分成若干单跨梁分别计算,应首先计算附属部分,再计算基础部分,最后将各单跨梁的内力图连在一起,即可得到多跨静定梁的内力图。

4.作刚架内力图的基本方法是将刚架拆成单个杆件,求各杆件的杆端内力,分别作出各杆件的内力图,然后将各杆的内力图合并在一起即得到刚架的内力图。在求解各杆的杆端内力时,应注意结点的平衡。

## 思考题

3.1　什么是截面法? 截面内力(轴力、剪力和弯矩)的正负是如何假定的?

3.2　如何根据荷载、剪力和弯矩的微分关系对内力图进行校核?

3.3　分别说明多跨静定梁中基本部分与附属部分的几何组成和受力特点。

3.4　当荷载作用在多跨静定梁的基本部分上时,附属部分为什么不受力?

3.5　简述静定刚架杆件截面内力计算的特点,和静定梁的截面内力计算有何异同?

3.6　静定刚架在变形内和受力方面有何特点? 刚架的刚结点处内力图有何特点?

# 习　题

3.1　求下列各梁指定截面上的剪力 $F_S$ 和弯矩 $M$。各截面无限趋近于梁上 $A$、$B$、$C$ 等各点。

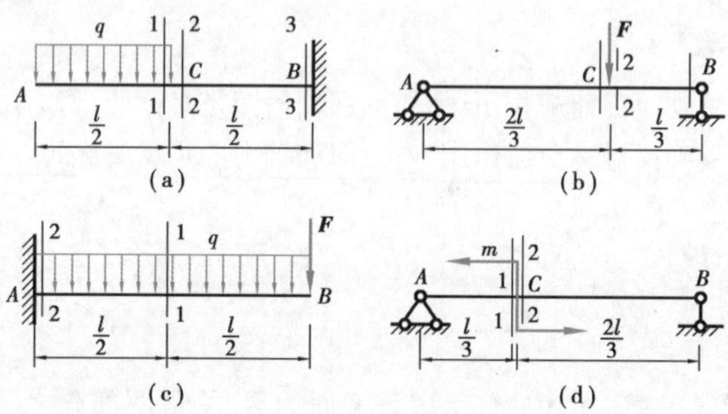


习题 3.1 图

3.2　作下列各梁的剪力图和弯矩图。

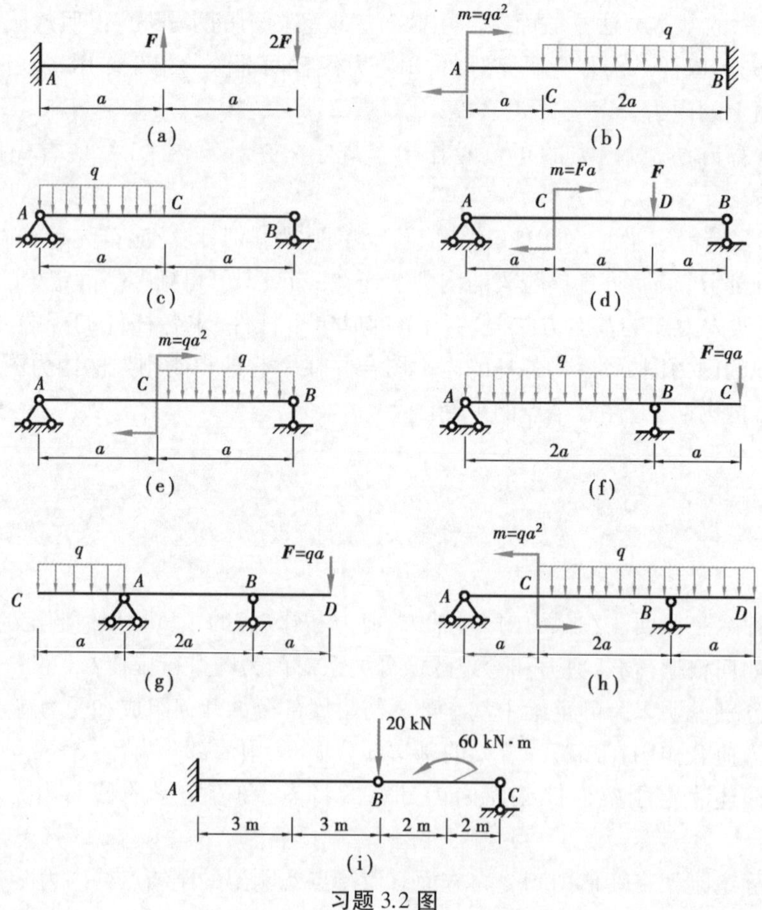


习题 3.2 图

3.3 作图示静定多跨梁的剪力图和弯矩图。

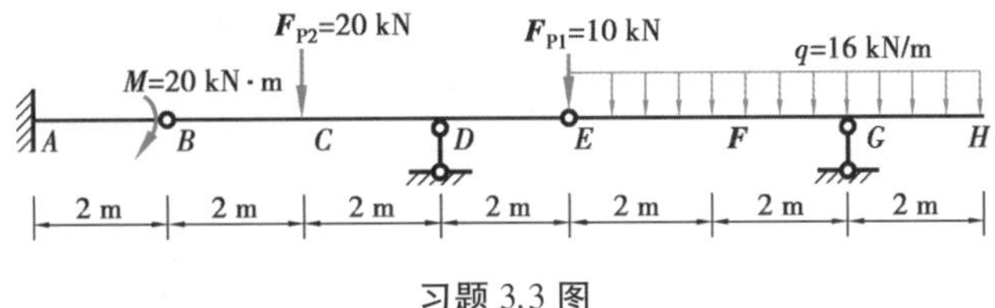


习题 3.3 图

3.4 检查 $M$ 图的正误，并加以改正。

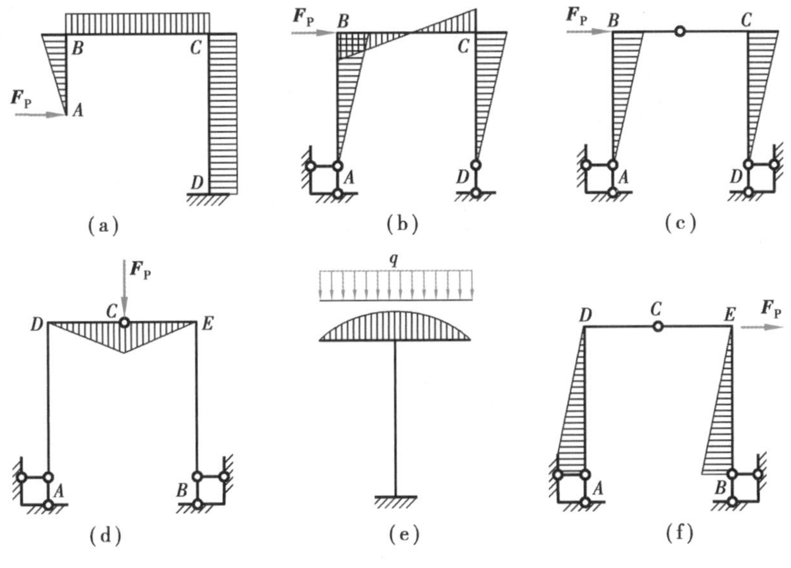


习题 3.4 图

静定刚架
（习题 3.4）

3.5 速画弯矩示意图。

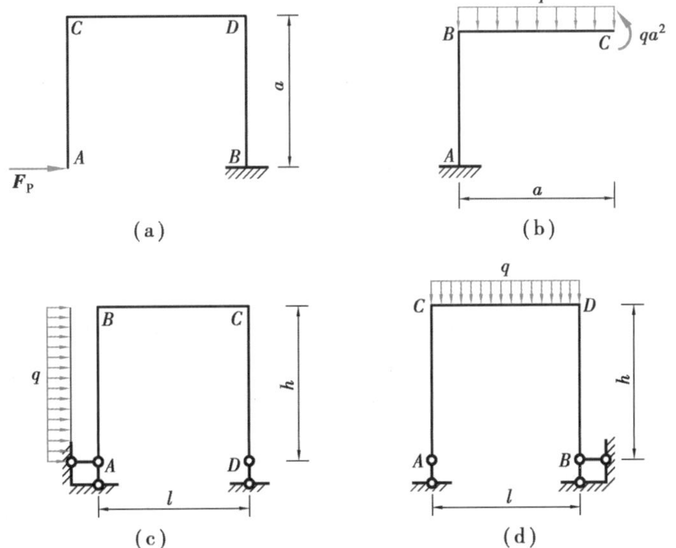


习题 3.5 图

进入“结构力学”课程→静定刚架→简支刚架及三角刚架求解

3.6　作图示静定刚架的内力图。

静定刚架［习题3.8(d)］

静定刚架［习题3.6(e)］

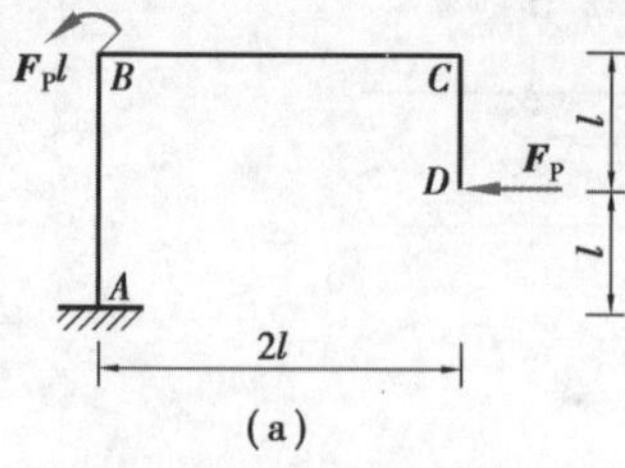


(a)

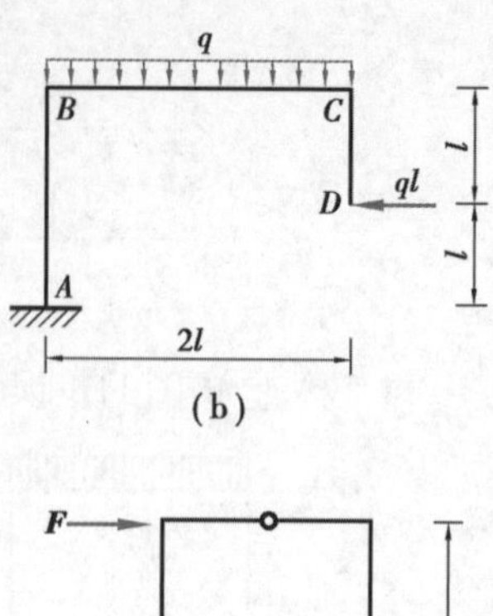


(b)

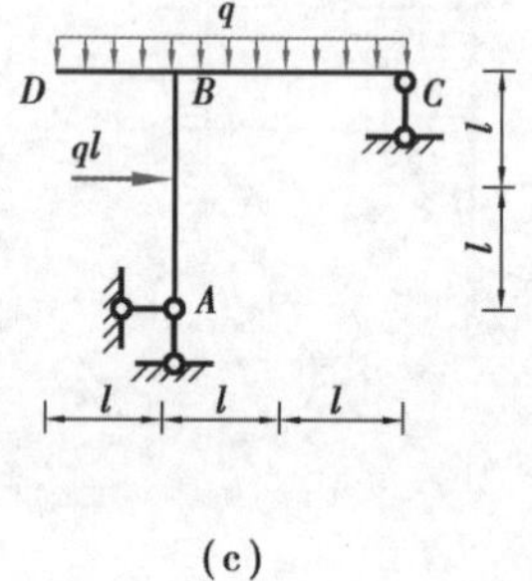


(c)

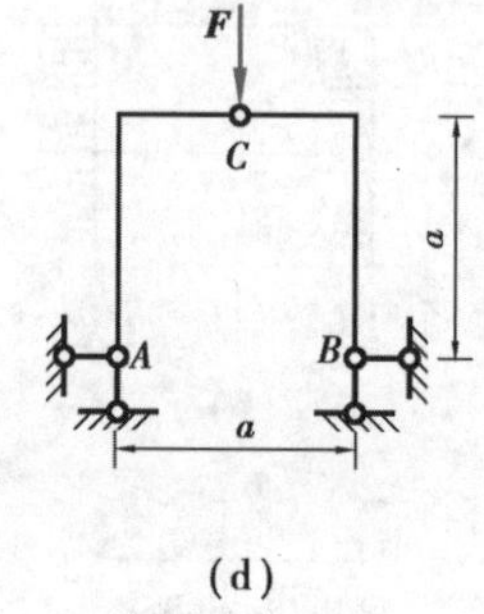


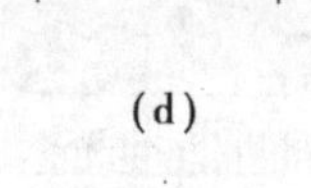

(d)

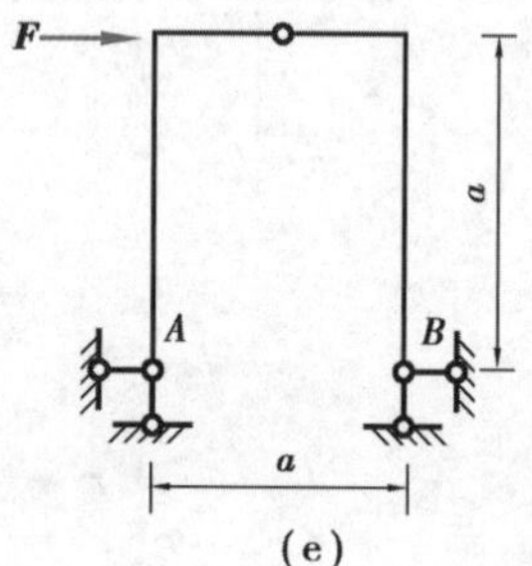


(e)

习题 3.6 图

# 4

# 三铰拱

[教学目标]

- 了解三铰拱的受力特点
- 掌握三铰拱的内力计算方法
- 理解合理拱轴线的概念和几种常见的合理拱轴线

进入"结构力学"课程→静定拱→拱综述及支座反力、拱内力及合理拱轴线

## 4.1 概　述

拱是轴线(截面形心的连线)为曲线且在竖向荷载下会产生水平反力的结构。拱结构是应用比较广泛的结构形式之一。在房屋和桥梁建筑中,经常用到拱结构。

拱结构通常有 3 种常见的形式,其计算简图如图 4.1 所示。图 4.1(a)、(b)所示的无铰拱和两铰拱是超静定结构。图 4.1(c)所示的三铰拱为静定结构。在本章中,将只讨论三铰拱的计算。

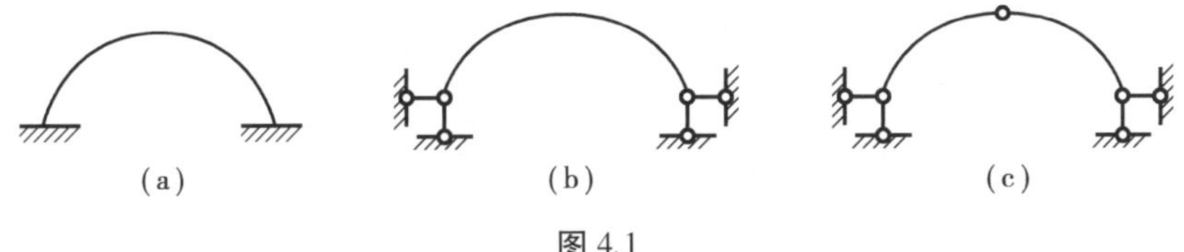


图 4.1

拱结构的特点是:杆轴为曲线,而且在竖向荷载作用下支座将产生水平力。这种水平反力又称为水平推力,或简称为推力。拱结构与梁结构的区别,不仅在于外形不同,更重要的还在于竖向荷载作用下是否产生水平推力。如图 4.2 所示的两个结构,虽

然它们的杆轴线都是曲线，但图 4.2(a)所示结构在竖向荷载作用下不产生水平推力，其弯矩与相应简支梁(同跨度、同荷载的梁)的弯矩相同，所以这种结构不是拱结构而是一根曲梁。但图 4.2(b)所示结构，由于其两端都有水平支座链杆，在竖向荷载作用下将产生水平推力，所以属于拱结构。由于水平推力的存在，拱中各截面的弯矩将比相应的曲梁或简支梁的弯矩要小，这就会使整个拱体主要承受压力。因此，拱结构可用抗压强度较高而抗拉强度较低的砖、石、混凝土等建筑材料来建造。

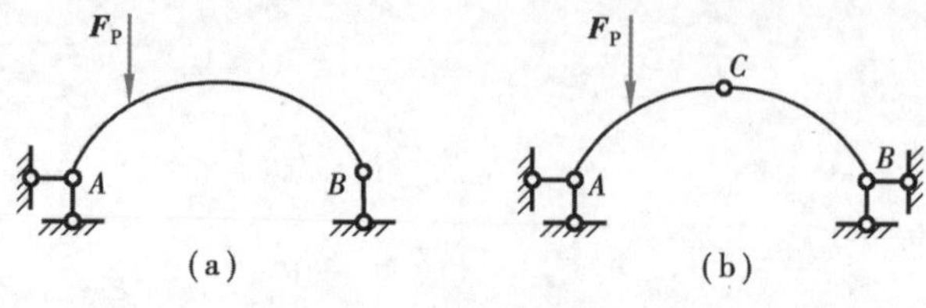


图 4.2

拱结构最高的一点称为拱顶，三铰拱的中间铰通常是安置在拱顶处。拱的两端与支座连接处称为拱趾，或称拱脚。两个拱趾间的水平距离 $l$ 称为跨度。拱顶到两拱趾连线的竖向距离 $f$ 称为拱高，或称为拱矢，如图 4.3(a)所示。拱高与跨度之比 $f/l$ 称为高跨比或矢跨比。由后面章节可知，拱的主要力学性能与高跨比有关。

用作屋面承重结构的三铰拱，常在两支座铰之间设水平拉杆，如图 4.3(b)所示。这样，拉杆内所产生的拉力平衡了支座推力作用，在竖向荷载作用下，使支座只产生竖向反力。但是这种结构的内部受力情况与三铰拱完全相同，故称为具有拉杆的拱，或简称拉杆拱。它的优点在于消除了推力对支承结构(如砖墙、柱等)的影响。拉杆拱的计算简图如图 4.3(b)所示。

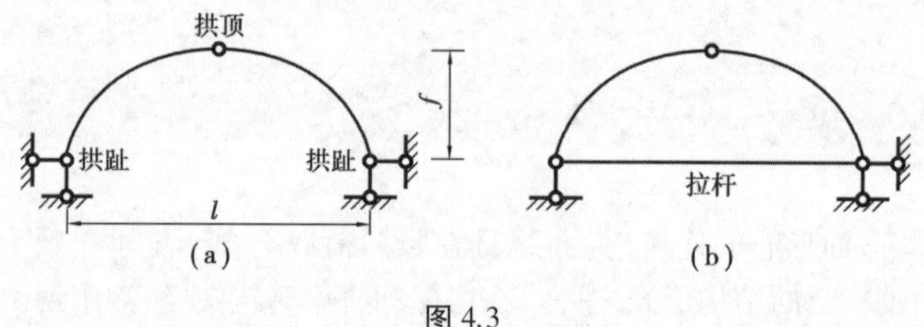


图 4.3

## 4.2 三铰拱的内力计算

三铰拱为静定结构，其全部反力和内力都可由静力平衡方程求出。为了说明三铰拱的计算方法，现以图 4.4(a)为例，导出其计算公式。

### 4.2.1 支座反力的计算公式

三铰拱的两端都是铰支座，因此有 4 个未知反力，故需列 4 个平衡方程进行解算。除了三铰拱整体平衡的 3 个方程之外，还可利用中间铰处不能抵抗弯矩的特性(即弯矩 $M_C=0$)来建立一个补充方程。

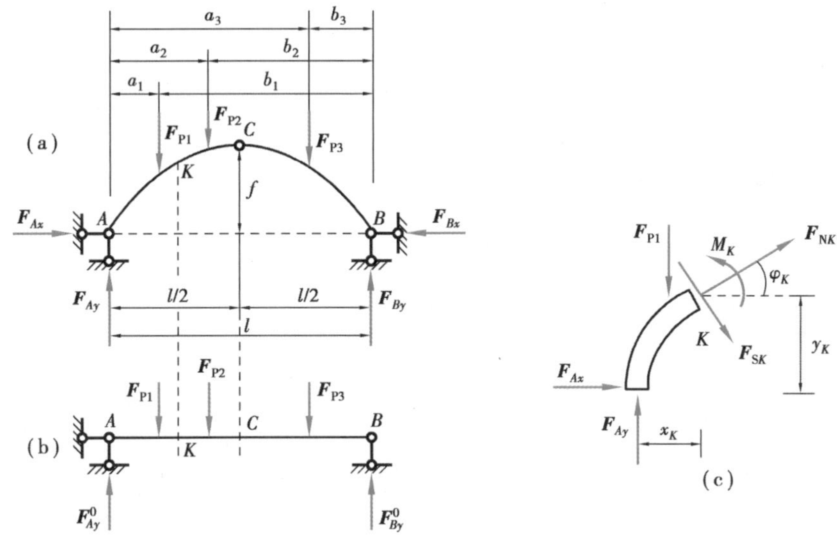


图 4.4

首先考虑三铰拱的整体平衡，由

$$\sum M_B = F_{Ay}l - F_{P1}b_1 - F_{P2}b_2 - F_{P3}b_3 = 0 \tag{4.1}$$

可得左支座竖向反力

$$F_{Ay} = \frac{F_{P1}b_1 + F_{P2}b_2 + F_{P3}b_3}{l} \tag{a}$$

同理，由 $\sum M_A = 0$ 可得右支座竖向反力

$$F_{By} = \frac{F_{P1}a_1 + F_{P2}a_2 + F_{P3}a_3}{l} \tag{b}$$

由 $\sum Fx = 0$，可知

$$F_{Ax} = F_{Bx} = F_X$$

再考虑 $M_C=0$ 的条件，取左半拱上所有外力对 $C$ 点的力矩来计算，则有

$$M_C = F_{Ay}\frac{l}{2} - F_{P1}\left(\frac{l}{2} - a_1\right) - F_{P2}\left(\frac{l}{2} - a_2\right) - F_{Ax}f = 0$$

所以

$$F_X = F_{Ax} = F_{Bx} = \frac{F_{Ay}\dfrac{l}{2} - F_{P1}\left(\dfrac{l}{2} - a_1\right) - F_{P2}\left(\dfrac{l}{2} - a_2\right)}{f} \tag{c}$$

式(a)和式(b)右边的值，恰好等于图 4.4(b)所示相应简支梁的支座反力 $F^0_{Ay}$ 和 $F^0_{By}$。式(c)右边的分子，等于相应简支梁上与拱的中间铰位置相对应的截面 $C$ 的弯矩 $M^0_C$。由此可得

$$F_{Ay} = F^0_{Ay} \tag{4.2}$$

$$F_{By} = F^0_{By} \tag{4.3}$$

$$F_X = F_{Ax} = F_{Bx} = \frac{M_C^0}{f} \tag{4.4}$$

由式(4.4)可知,推力 $F_X$ 等于相应简支梁截面 $C$ 的弯矩 $M_C^0$ 除以拱高 $f$。其值只与 3 个铰的位置有关,而与各铰间的拱轴形状无关。换句话说,即只与拱的高跨比 $f/l$ 有关。当荷载和拱的跨度不变时,推力 $F_X$ 将与拱高 $f$ 反比,即 $f$ 越大则 $F_X$ 越小;反之,$f$ 越小则 $F_X$ 越大。

### ▶ 4.2.2 内力的计算公式

计算内力时,应注意到拱轴为曲线这一特点,所取截面与拱轴正交,即与拱轴的切线相垂直,任意 $K$ 点处拱轴线切线的倾角为 $\varphi_K$。截面 $K$ 的内力可以分解为弯矩 $M_K$、剪力 $F_{SK}$ 和轴力 $F_{NK}$,其中 $F_{SK}$ 沿截面方向,即沿拱轴法线方向作用,轴力 $F_{NK}$ 沿垂直于截面的方向,即沿拱轴切线方向作用。下面分别研究这 3 种内力的计算。

1)弯矩的计算公式

弯矩的符号,规定以使拱内侧纤维受拉的为正,反之为负。取 $AK$ 段为隔离体,如图4.4(c)所示。由

$$\sum M_K = F_{Ay}x_K - F_{P1}(x_K - a_1) - F_X y_K - M_K = 0$$

得截面 $K$ 的弯矩

$$M_K = F_{Ay}x_K - F_{P1}(x_K - a_1) - F_X y_K$$

根据 $F_{Ay} = F_{Ay}^0$,可见等式右端前两项代数和等于相应简支梁 $K$ 截面的弯矩 $M_K^0$,所以上式可改写为

$$M_K = M_K^0 - F_X y_K \tag{4.5}$$

即拱内任一截面的弯矩,等于相应简支梁对应截面的弯矩减去由于拱的推力 $F_X$ 所引起的弯矩 $F_X y_K$。由此可知,因推力的存在,三铰拱中的弯矩比相应简支梁的弯矩小。

2)剪力的计算公式

剪力的符号,通常规定以使截面两侧的隔离体有顺时针方向转动趋势的为正,反之为负。以 $AK$ 段为隔离体,如图 4.4(c)所示,由平衡条件得

$$F_{SK} + F_{P1}\cos\varphi_K + F_X\sin\varphi_K - F_{Ay}\cos\varphi_K = 0$$

$$F_{SK} = (F_{Ay} - F_{P1})\cos\varphi_K - F_X\sin\varphi_K$$

式中,$F_{Ay} - F_{P1}$ 等于相应简支梁在截面 $K$ 的剪力 $F_{SK}^0$,于是上式可改写为

$$F_{SK} = F_{SK}^0\cos\varphi_K - F_X\sin\varphi_K \tag{4.6}$$

式中,$\varphi_K$ 为截面 $K$ 处拱轴线的倾角。

3)轴力的计算公式

因拱轴通常为受压,所以规定使截面受压的轴力为正,反之为负。取 $AK$ 段为隔离体,如图 4.4(c)所示,由平衡条件

$$F_{NK} + F_{P1}\sin\varphi_K - F_{Ay}\sin\varphi_K - F_X\cos\varphi_K = 0$$

得

$$F_{NK}=(F_{Ay}-F_{P1})\sin\varphi_K+F_X\cos\varphi_K$$

即

$$F_{NK}=F_{SK}^{0}\sin\varphi_K+F_X\cos\varphi_K \tag{4.7}$$

有了上述公式,就可以求得任一截面的内力,从而作出三铰拱的内力图。

**【例 4.1】** 图 4.5(a)所示为一三铰拱,其拱轴为一抛物线,当坐标原点选在左支座时,拱轴方程为:$y=\dfrac{4f}{l^2}x(l-x)$,试绘制其内力图。

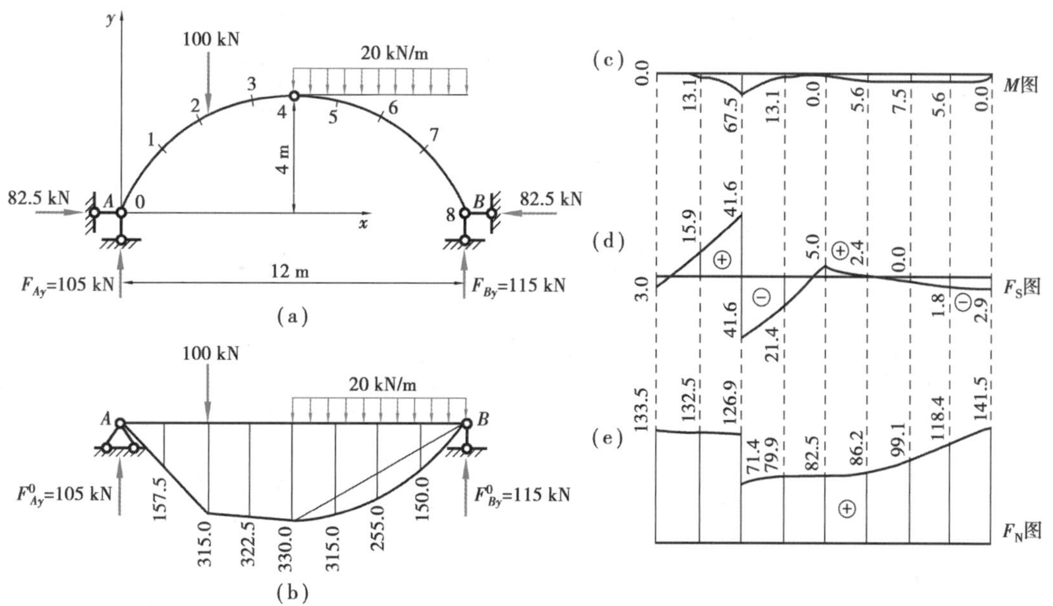


图 4.5

**【解】** 先求支座反力,根据式(4.2)、(4.3)、(4.4)可得

$$F_{Ay}=F_{Ay}^{0}=\frac{100\times9+20\times6\times3}{12}=105(\text{kN})$$

$$F_{By}=F_{By}^{0}=\frac{100\times3+20\times6\times9}{12}=115(\text{kN})$$

$$F_X=\frac{M_C^0}{f}=\frac{105\times6-100\times3}{4}=82.5(\text{kN})$$

反力求出后,即可根据式(4.5)、式(4.6)、式(4.7)绘制内力图。为此,将拱跨分成 8 等分,列表算出各截面上的 $M$、$F_S$、$F_N$ 值(表 4.1),然后根据表中所得数值绘制 $M$、$F_S$、$F_N$ 图,如图 4.5(c)、(d)、(e)所示。这些内力图是以水平线为基线绘制的。图 4.5(b)为相应简支梁的弯矩图。

表4.1　三铰拱的内力计算

| 拱轴分点 | 纵坐标/m | $\tan\varphi_K$ | $\sin\varphi_K$ | $\cos\varphi_K$ | $F_{SK}^0$ |
|---|---|---|---|---|---|
| 0 | 0 | 1.333 | 0.800 | 0.599 | 105.0 |
| 1 | 1.75 | 1.000 | 0.707 | 0.707 | 105.0 |
| 2(左、右) | 3 | 0.667 | 0.555 | 0.832 | 105.0,5.0 |
| 3 | 3.75 | 0.333 | 0.316 | 0.948 | 5.0 |
| 4 | 4 | 0.000 | 0.000 | 1.000 | 5.0 |
| 5 | 3.75 | −0.333 | −0.316 | 0.948 | −25.0 |
| 6 | 3 | −0.667 | −0.555 | 0.832 | −55.0 |
| 7 | 1.75 | −1.000 | −0.707 | 0.707 | −85.0 |
| 8 | 0 | −1.333 | −0.800 | 0.599 | −115.0 |

| $M$/kN·m | | | $F_S$/kN | | | $F_N$/kN | | |
|---|---|---|---|---|---|---|---|---|
| $M_K^0$ | $-F_Xy_K$ | $M_K$ | $F_{SK}^0\cos\varphi_K$ | $-F_X\sin\varphi_K$ | $F_{SK}$ | $F_{SK}^0\sin\varphi_K$ | $F_X\cos\varphi_K$ | $F_{NK}$ |
| 0.00 | 0.00 | 0.00 | 63.0 | −66.0 | −3.0 | 84.0 | 49.5 | 133.5 |
| 157.5 | −144.4 | 13.1 | 74.2 | −58.3 | 15.9 | 74.2 | 58.3 | 132.5 |
| 315.0 | −247.5 | 67.5 | 87.4,4.2 | −45.8 | 41.6,−41.6 | 58.3,2.8 | 68.6 | 126.9,71.4 |
| 322.5 | −309.4 | 13.1 | 4.7 | −26.1 | −21.4 | 1.6 | 78.3 | 79.9 |
| 330.0 | −330.0 | 0.00 | 5.0 | 0.00 | 5.0 | 0.00 | 82.5 | 82.5 |
| 315.0 | −309.4 | 5.6 | −23.7 | 26.1 | 2.4 | 7.9 | 78.2 | 86.2 |
| 255.0 | −247.5 | 7.5 | −45.8 | 45.8 | 0.00 | 30.5 | 68.6 | 99.1 |
| 150.0 | −144.4 | 5.6 | −60.1 | 58.3 | −1.8 | 60.1 | 58.3 | 118.4 |
| 0.00 | 0.00 | 0.00 | −68.9 | 66.0 | −2.9 | 92.0 | 49.5 | 141.5 |

以截面1(距左支座1.5 m处)和截面2(距左支座3.0 m)的内力计算为例,对表4.1说明如下。在截面1,有$x$=1.5 m,由拱轴方程求得

$$y=\frac{4f}{l^2}x_1(l-x_1)=\frac{4\times4}{12^2}\times1.5\times(12-1.5)=1.75(\text{m})$$

截面1处切线斜率为

$$\tan\varphi_1=\left(\frac{\mathrm{d}y}{\mathrm{d}x}\right)_1=\frac{4f}{l^2}(l-2x_1)=\frac{4\times4}{12^2}(12-2\times1.5)=1$$

于是

$$\sin\varphi_1=\frac{\tan\varphi_1}{\sqrt{1+\tan^2\varphi_1}}=\frac{1}{\sqrt{2}}=0.707$$

$$\cos\varphi_1 = \frac{1}{\sqrt{1+\tan^2\varphi_1}} = \frac{1}{\sqrt{2}} = 0.707$$

根据式(4.5)、式(4.6)、式(4.7)求得该截面的弯矩、剪力和轴力分别为:

$$M_1 = M_1^0 - F_X y_1 = 105 \times 1.5 - 82.5 \times 1.75 = 157.5 - 144.4 = 13.1(\text{kN}\cdot\text{m})$$

$$F_{S1} = F_{S1}^0 \cos\varphi_1 - F_X \sin\varphi_1 = 105 \times 0.707 - 82.5 \times 0.707 = 74.2 - 58.3 = 15.9(\text{kN})$$

$$F_{N1} = F_{SK}^0 \sin\varphi_1 + F_X \cos\varphi_1 = 105 \times 0.707 + 82.5 \times 0.707 = 74.2 + 58.3 = 132.5(\text{kN})$$

在截面 2 因有集中荷载作用,该截面两边的剪力和轴力不相等,此处 $F_S$、$F_N$ 图将发生突变。现计算该截面内力如下:

$$M_2 = M_2^0 - F_X y_2 = 105 \times 3 - 82.5 \times 3 = 315 - 247.5 = 67.5(\text{kN}\cdot\text{m})$$

$$F_{S2左} = F_{S2左}^0 \cos\varphi_2 - F_X \sin\varphi_2 = 105 \times 0.832 - 82.5 \times 0.555 = 87.4 - 45.8 = 41.6(\text{kN})$$

$$F_{S2右} = F_{S2右}^0 \cos\varphi_2 - F_X \sin\varphi_2 = 5.0 \times 0.832 - 82.5 \times 0.555 = 4.2 - 45.8 = -41.6(\text{kN})$$

$$F_{N2左} = F_{N2左}^0 \sin\varphi_2 + F_X \cos\varphi_2 = 105 \times 0.555 + 82.5 \times 0.832 = 58.3 + 68.6 = 126.9(\text{kN})$$

$$F_{N2右} = F_{N2右}^0 \sin\varphi_2 + F_X \cos\varphi_2 = 5.0 \times 0.555 + 82.5 \times 0.832 = 2.8 + 68.6 = 71.4(\text{kN})$$

其他各截面内力的计算与以上相同。为了清楚起见,计算应列表进行。

## 4.3 三铰拱的压力线与合理拱轴线

### 4.3.1 拱的压力线

三铰拱任一截面上一般有弯矩、剪力和轴力 3 个内力,它们可以合成为作用于该截面的一个合力。因为拱截面上的轴力通常为压力,所以合力称为该截面的总压力。三铰拱各截面总压力作用点的连线,称为三铰拱的压力线。

压力线表示拱截面合力偏离开心的程度,偏心距越小,则作用于截面上的弯矩越小。由于左、右两个支座及拱顶处的弯矩为零,因此压力线必定通过 3 个铰的中心。对于砖、石及混凝土材料的拱,若要求截面不出现拉应力,则压力线不应超出截面核心的范围。

### 4.3.2 拱的合理轴线

一般情况下,三铰拱截面上有弯矩、剪力和轴力,处于偏心受压状态,其正应力分布不均匀。但是,可以选取一根适当的拱轴线,使得在给定荷载作用下,拱上各截面只承受轴力,而弯矩为零,这样的拱轴线称为合理拱轴线。

由式(4.5)知,任意截面 $K$ 的弯矩为

$$M_K = M_K^0 - F_X y_K$$

上式说明,三铰拱的弯矩 $M_K$ 是由相应简支梁的弯矩 $M_K^0$ 与 $-F_H y_K$ 叠加而得。当拱的跨度和荷载为已知时,$M_K^0$ 不随拱轴线改变而改变,而 $-F_X y_K$ 则与拱轴线有关。因此,可以在 3 个铰之间恰当地选择拱的轴线形式,使拱中各截面的弯矩 $M$ 都为零。为

了求出合理拱轴线方程,由式(4.5),根据各截面弯矩都为零的条件应有

$$M = M^0 - F_X y = 0$$

所以得

$$y = \frac{M^0}{F_X} \tag{4.8}$$

由式(4.8)可知:合理拱轴线的竖标 $y$ 与相应简支梁的弯矩竖标成正比,$\frac{1}{F_X}$是这两个竖标之间比例系数。当拱上所受荷载为已知时,只需求出相应简支梁的弯矩方程,然后除以推力 $F_X$,便可得到拱的合理轴线方程。

【例 4.2】 试求图 4.6(a)所示的对称三铰拱在均匀荷载 $q$ 作用下的合理拱轴线。

【解】 作出相应简支梁如图 4.6(b)所示,其弯矩方程为

$$M^0 = \frac{1}{2}qlx - \frac{1}{2}qx^2 = \frac{1}{2}qx(l - x)$$

由式(4.4)求得

$$F_X = \frac{M_C^0}{f} = \frac{\frac{ql^2}{8}}{f} = \frac{ql^2}{8f}$$

所以,由式(4.8)得到合理拱轴线方程为

$$y = \frac{M_0}{F_X} = \frac{\frac{1}{2}qx(l - x)}{\frac{ql^2}{8f}} = \frac{4f}{l^2}x(l - x)$$

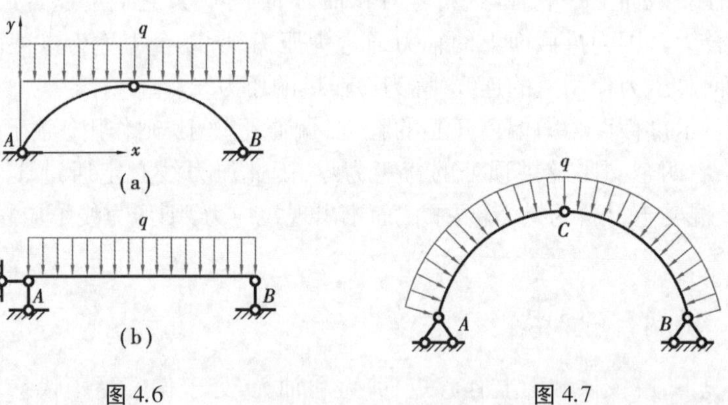


图 4.6　　图 4.7

由此可见,在满跨的竖向均布荷载作用下,三铰拱的合理拱轴线是一根抛物线。因此,房屋建筑中拱的轴线常采用抛物线。

需要指出,三铰拱的合理拱轴线只是对于一种给定荷载而言的,在不同的荷载作用下有不同的合理拱轴线。例如,对称三铰拱在径向均布荷载作用下的合理拱轴线为一条圆弧线(图 4.7)。

## 小　结

1.静定拱主要有三铰拱和带拉杆的三铰拱。它们是由曲杆组成,在竖向荷载作用下,支座处有水平反力的结构。水平推力使拱上的弯矩比同情况下的梁的弯矩小得多,因而材料可以得到充分利用。又由于拱主要是受压,这样可以利用抗压性能好而抗拉性能差的砖、石和混凝土等建筑材料。

2.本章的重点是三铰拱的内力计算,核心就是静定拱的平衡方程,必须熟练掌握。

3.了解三铰拱的压力线、合理拱轴线,这些与拱的受力特性是相关的。

## 思考题

4.1　拱的受力情况和内力计算,与梁和刚架有何异同?

4.2　在非竖向荷载下,如何计算三铰拱的反力和内力?能否使用式(4.4)~式(4.7)?

4.3　什么是压力线?什么是合理拱轴线?

## 习　题

4.1　求图示三铰拱 $K$ 截面上的内力,已知 $y=\frac{4f}{l^2}(l-x)x$。

4.2　试求带拉杆的半圆三铰拱截面 $K$ 的内力。

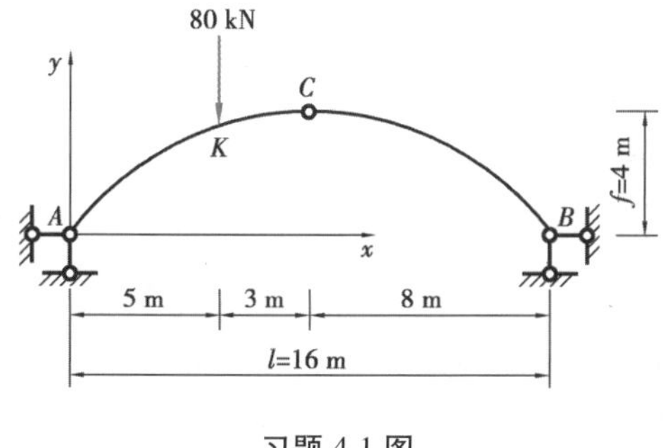

习题 4.1 图

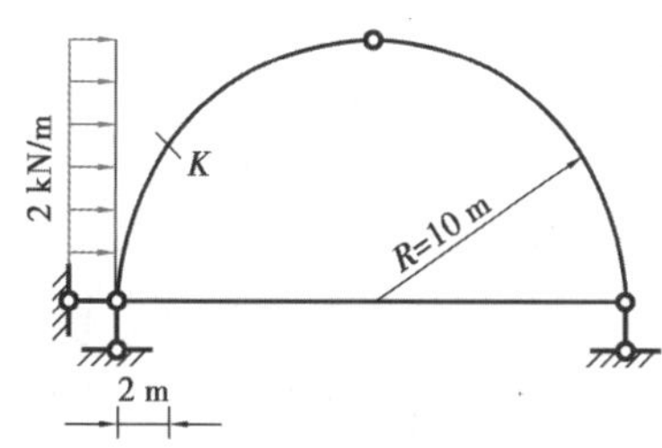

习题 4.2 图

# 5

# 静定平面桁架

［教学目标］

- 了解平面桁架的组成、特点及分类
- 掌握结点法和截面法的计算原理，熟练掌握桁架零杆的确定方法
- 了解结点法和截面法的联合应用，理解平面桁架外形与受力特点

进入“结构力学”课程→静定桁架→综述及节点法，学习桁架综述及结点法例题

## 5.1 概 述

梁和刚架承受荷载之后，主要产生弯曲内力，杆件横截面中轴线附近的应力很小，因而不能充分地利用中轴线区域的材料。随着跨度的增加，梁和刚架结构自重在其承受荷载的占比将会增加，不能充分利用的材料对结构承载不利。桁架结构则是由直杆件组成的结构形式，各杆主要内力为轴力，截面上的应力较为均匀，材料能够同时达到允许值，能够充分地利用材料，因此在土木工程中有很广泛的应用，尤其在大跨度结构，如屋架、桥梁、井架、起重机架和高压线塔等。例如，图 5.1(a)、(b)所示的钢筋混凝土屋架和钢木屋架就属于桁架；武汉长江大桥和南京长江大桥的主体结构是桁架结构，图 5.2 为武汉长江大桥的主桁架。

桁架是由若干直杆相互在两端连接组成的几何不变结构，各杆之间在端部的连接点称为结点，也称为节点。如果各杆件的轴线位于同一平面，则称为平面桁架结构；如果各杆件的轴线在空间分布，则称为空间桁架结构，本书只限于讲述平面桁架。

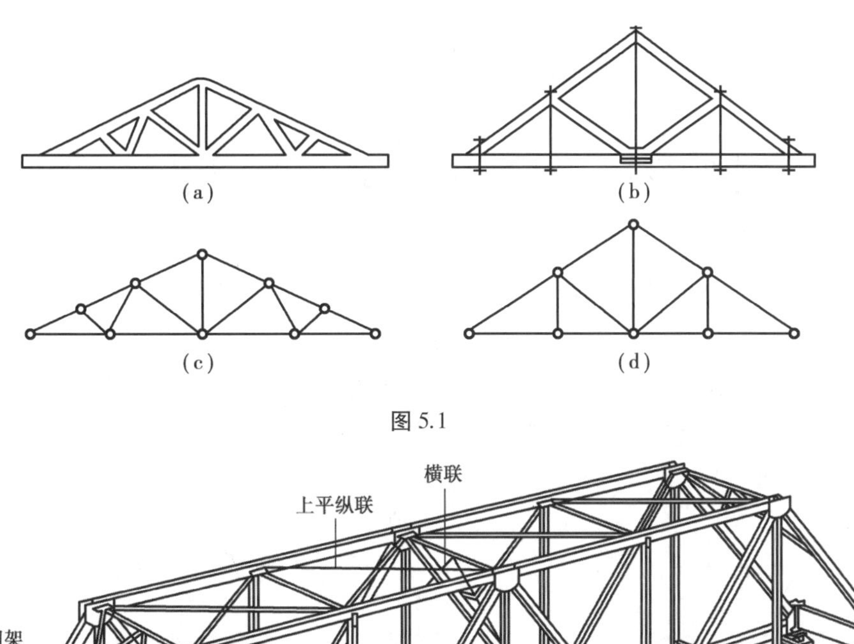


图 5.1

图 5.2

## ▶ 5.1.1 桁架的基本假定

平面桁架实际的受力比较复杂,主要内力为轴力,但也很小的弯矩和剪力,所以要抓住主要矛盾,对实际桁架的进行简化,选取既能反映这种结构的本质又便于计算的计算简图。通常在平面桁架的计算中引入如下假定:

①各杆在两端用绝对光滑而无摩擦的铰链相互连接。

②各杆的轴线都是绝对平直的,且处于同一平面内,并通过铰的中心。

③荷载和支座反力都作用在结点上,并且都位于桁架平面内。

符合上述假定的桁架称为理想平面桁架。图 5.3 是根据前述假定画出的一个平面桁架的计算简图。在前述假定下,桁架各杆均为两端铰接的直杆,仅在两端受约束力作用,故只产生轴力。这类杆件也称为二力杆。这样可以使得计算大大简化,同时也接近实际受力情况。

实际的桁架与前述假定是有区别的,如实际桁架杆件之间的连接方式是多种多样

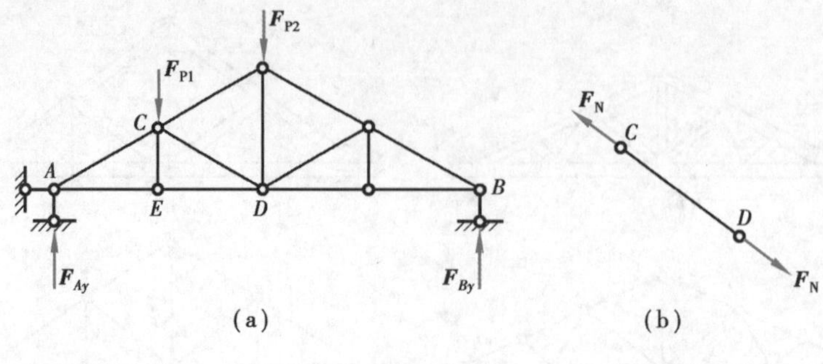


图 5.3

的,可以是榫接、焊接、铆接和螺栓连接等,如图 5.4 所示为钢结构结点板的螺栓连接示意图。不同的连接方式与绝对光滑而无摩擦的铰是有区别的。实际桁架与前述假定区别主要表现以下几个方面:

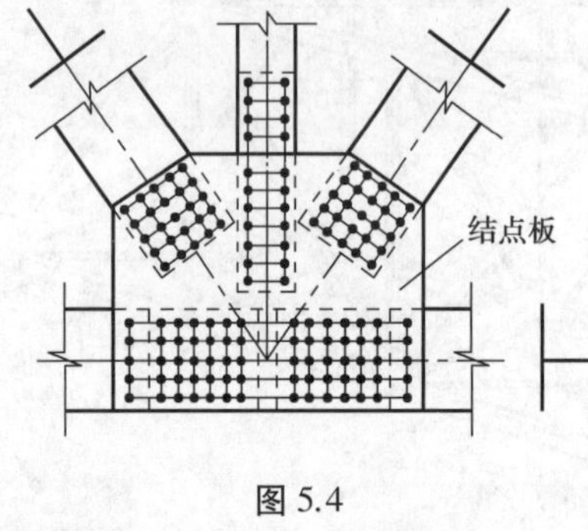


图 5.4

①结点的刚性。

②各杆轴不可能绝对平直,在结点处也不可能准确交于一点。

③非结点荷载(自重、风荷载等)。

④结构的空间作用等。

通常把理想平面桁架计算出来的内力称为主内力,把前述情况得到的内力称为次内力,平面桁架的计算图式只有在次内力影响很小的情况下才使用。如果次内力较大,则不能采用理想桁架的计算图示。所以,在实际工程中要考虑前述实际与理想桁架假定的区别,来判定能够利用理想桁架的计算图示。本章只讲平面桁架的主内力计算。

## ▶ 5.1.2 桁架的组成与分类

桁架的杆件根据其所处的不同位置,将杆件分为腹杆和弦杆,腹杆有斜杆和竖杆两种,弦杆一般可分为上弦杆和下弦杆,弦杆相邻结点间距为节间长度,支座中心间的水平距离称为跨度,桁架最高点到支座连线的距离称为桁高。图 5.5 所示为桁架的基本组成。

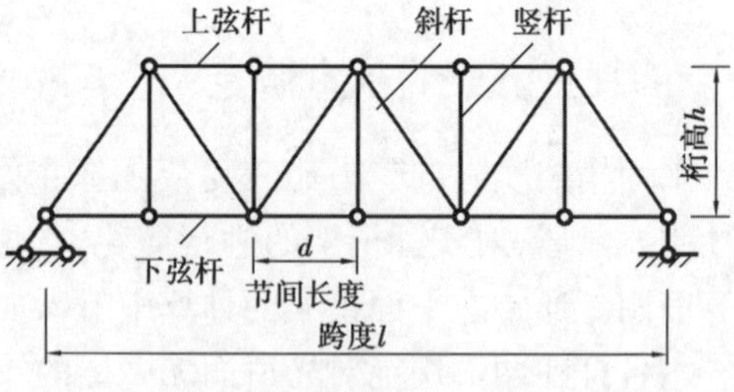

图 5.5

根据不同的分类标准对桁架进行分类。

**1)根据桁架的外形标准划分**

桁架可分为平行弦桁架、折弦形桁架、抛物线形桁架和三角形桁架等,如图 5.6 所示。

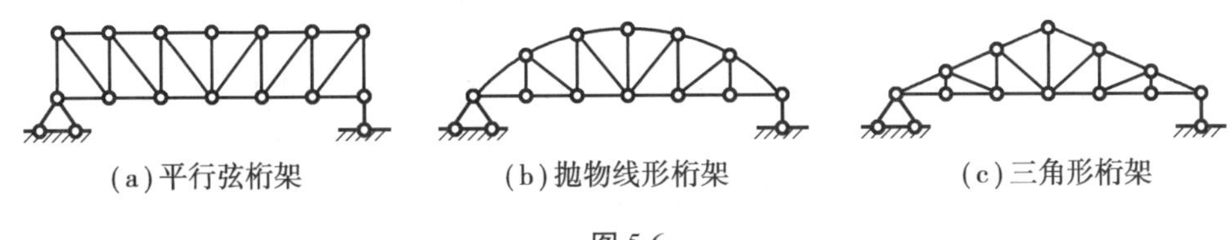


图 5.6

2)根据几何组成方式分

①由基础或由一个基本铰接三角形开始,依次增加二元体,组成一个桁架,这样的桁架称为简单桁架,如图 5.7(a)所示。。

②几个简单桁架按照几何不变体系的简单组成规则联成一个桁架,这样的桁架称为联合桁架,如图 5.7(b)所示。

③凡是不属于上述两种桁架的,都称为复杂桁架,如图 5.7(c)所示。

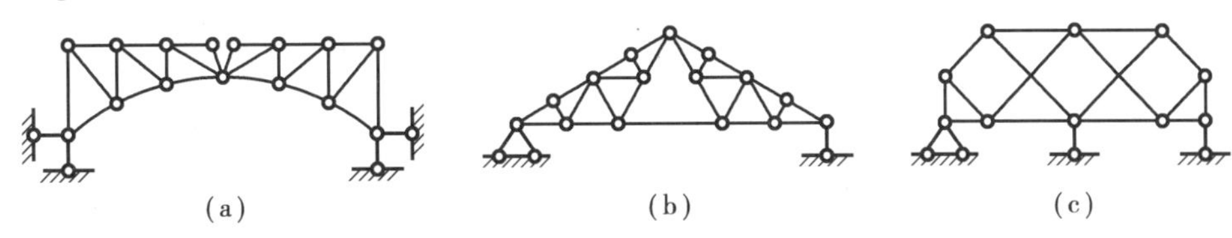


图 5.7

根据假定,理想平面桁架的受力有如下两个特点:

①桁架中的杆件都是二力杆件。因为杆的自重可以不计或可将其分配到结点上去,各种荷载均作用在结点上,杆端为光滑铰链,只产生通过铰链中心的反力,不产生力偶。

②桁架上所受的力组成平面力系。理想静定平面桁架的内力计算,可以化为平面任意力系的平衡问题,由平衡方程解出。

根据桁架的两个受力特点,为了求得桁架各杆的内力,可以截取桁架的一部分为隔离体,由隔离体的平衡条件来计算所求内力,假如所取隔离体只包含一个结点,此方法就是结点法。如果所取隔离体包含多于一个结点,则此方法为截面法。静定平面桁架内力计算采用这两种基本方法。这两种方法,对于静定平面桁架都能单独求解出其全部内力,为使计算简单化,往往这两种联合使用。所以,桁架的计算可以采用结点法、截面法及结点法和截面法联合应用。下面分别讨论这 3 种不同的计算方法。

## 5.2 结点法

所谓结点法,就是取桁架的结点为隔离体,利用结点的静力平衡条件来计算相关杆件的内力或支座反力。因为桁架的各杆只承受轴力,作用于任一结点的各力组成一个平面汇交力系,所以可就每一个结点列出两个平衡方程:$\sum F_x = 0$, $\sum F_y = 0$。

静定平面桁架的未知力数目和方程数目相等,通过方程联立可以求解出全部杆的内力。

但实际的计算过程中,联立方程进行求解,计算比较麻烦,所以只有一个结点上不超过两个未知力,才能够不联立方程就能求解出杆的内力,这样计算才方便。

结点法最适用于计算简单桁架。因为简单桁架是由基础或一个基本铰接三角形开始,依次增加二元体所组成的桁架,其最后一个结点只包含两根杆件。分析这类桁架时,可先由整体平衡条件求出它的反力,然后再从最后一个结点开始,依次考虑各结点的平衡,即可使每个结点出现的未知内力不超过两个,可顺利地求出各杆的内力。

下面用例题说明结点法的详细计算步骤。注意在计算过程中,通常先假设杆的未知轴力为拉力,轴力的方向沿轴线背离结点。如果计算结果是正值,表示轴力确是拉力;如果计算结果是负值,说明轴力的方向指向结点,轴力是压力,压力为负号。

【例 5.1】 试用结点法计算图 5.8(a)所示桁架中各杆的内力。

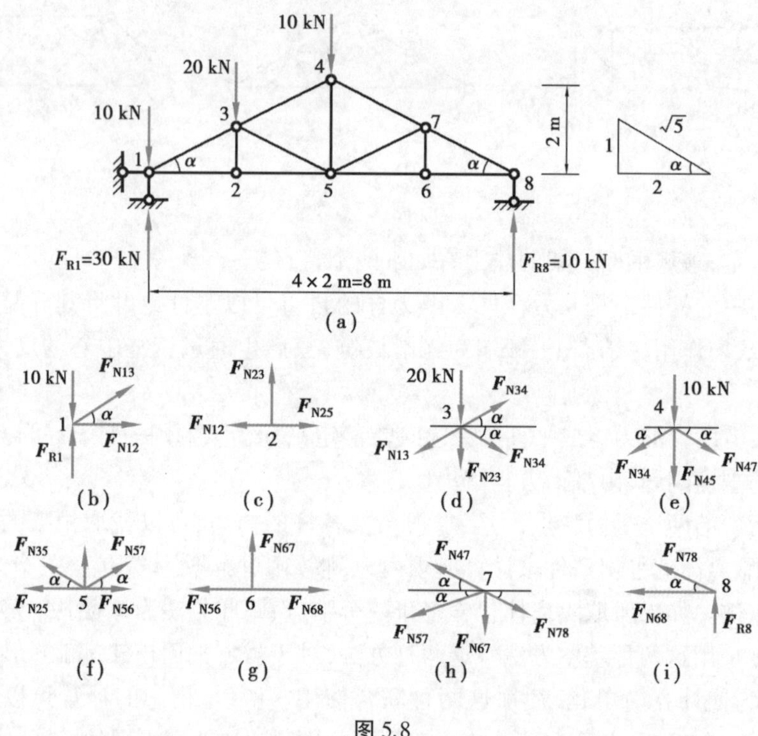


图 5.8

【解】 首先求出支座反力,以整个桁架为隔离体。由 $\sum M_8 = 0, 8 \times (F_{R1} - 10) - 20 \times 6 - 10 \times 4 = 0$ 得

$$F_{R1} = 30 \text{ kN}$$

由 $\sum F_y = 0, 30 - 10 - 20 - 10 + F_{R8} = 0$ 得

$$F_{R8} = 10 \text{ kN}$$

反力求出后,可选取结点求解各杆的内力。最初选取只包含两个未知力的结点有 1 和 8 两个结点,现在从结点 1 开始,然后依 2,3,4…,次序进行解算。

现用结点法计算各杆内力如下:

①取结点 1 为隔离体,如图 5.8(b)所示。

由 $\sum F_y = 0, \frac{1}{\sqrt{5}} F_{N13} - 10 + 30 = 0$ 得

$$F_{N13} = -44.72 \text{ kN}$$

由 $\sum F_x = 0, \frac{2}{\sqrt{5}} F_{N13} + F_{N12} = 0$ 得

$$F_{N12} = \frac{2}{\sqrt{5}} F_{N13} = 40 \text{ kN}$$

②取结点 2 为隔离体,如图 5.8(c)所示。

由 $\sum F_y = 0, F_{N23} = 0, \sum F_x = 0, F_{N25} - F_{N12} = 0$ 得

$$F_{N25} = F_{N12} = 40 \text{ kN}$$

③取结点 3 为隔离体,如图 5.8(d)所示。

由 $\sum F_x = 0, -\frac{2}{\sqrt{5}} F_{N13} + \frac{2}{\sqrt{5}} F_{N34} + \frac{2}{\sqrt{5}} F_{N35} = 0$

$\sum F_y = 0, -20 + \frac{1}{\sqrt{5}} F_{N34} - \frac{1}{\sqrt{5}} F_{N35} - \frac{1}{\sqrt{5}} F_{N13} = 0$ 得

$$F_{N34} = -22.36 \text{ kN}, F_{N35} = -22.36 \text{ kN}$$

④取结点 4 为隔离体,如图 5.8(e)所示。

由 $\sum F_x = 0$ 得

$$F_{N34} = -22.36 \text{ kN}$$

由 $\sum F_y = 0$ 得

$$F_{N45} = 10 \text{ kN}$$

⑤取结点 5 为隔离体,如图 5.8(f)所示。

由 $\sum F_y = 0$ 得

$$F_{N57} = 0$$

由 $\sum F_x = 0$ 得

$$F_{N56} = 20 \text{ kN}$$

⑥取结点 6 为隔离体,如图 5.8(g)所示。

由 $\sum F_y = 0$ 得

$$F_{N67} = 0 \text{ kN}$$

由 $\sum F_x = 0$ 得

$$F_{N68} = 20 \text{ kN}$$

⑦取结点 7 为隔离体,如图 5.8(h)所示。

由 $\sum F_x = 0$ 得

$$F_{N78} = -22.36\ \text{kN}$$

至此，桁架中各杆件的内力都已求得。最后，可根据结点 8 的隔离体是否满足平衡条件来进行校核，如图 5.8(i) 所示。

$$\sum F_x = 0,\ -(-22.36) \times \frac{2}{\sqrt{5}} - 20 = 0$$

$$\sum F_y = 0,\ -22.36 \times \frac{1}{\sqrt{5}} + 10 = 0$$

故知计算结果无误。

## 5.3 桁架结构 0 杆判定方法

通过例 5.1 可以得出，在桁架中一部分杆的轴力为零，轴力为零的杆件称为 0 杆。如 23、67、57 3 根杆件就是零杆，有些杆的轴力是相等，还在其他实例中有杆轴力大小相等、方向相反。所以值得指出的是，桁架中有些特殊形状的结点，掌握了这些特殊形状的结点利用对称性，给计算带来极大的方便。

①L 形结点：两杆结点上无荷载作用时，则该两杆的轴力都等于零。该结点称为 L 形结点，如图 5.9 所示。

②T 形结点：三杆结点上无荷载作用时，如果其中有两杆在一直线上，则另一杆必为零杆。此结点称为 T 形结点，如图 5.10 所示。

③X 形结点：四杆结点且两两共线，并且结点上无荷载时，则共线两杆轴力大小、相等方向相同，如图5.11所示。

④K 形结点：四杆结点，其中两杆共线，而另外两杆在此直线同侧且交角相等，并且结点上无荷载，则非共线两杆轴力大小相等、方向相反（一侧为拉力，则另一侧为压力），如图 5.12 所示。

四类结点形式

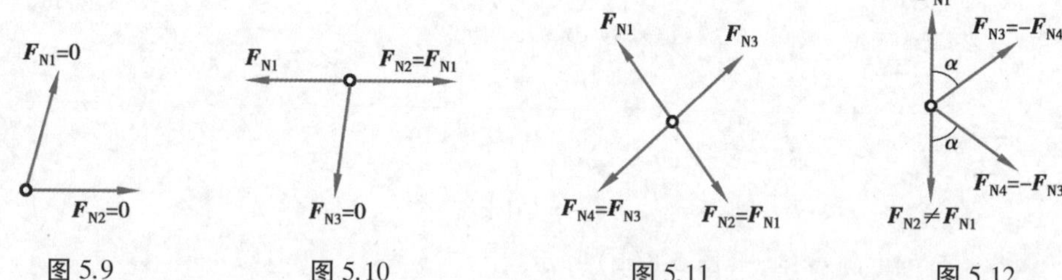


图 5.9　图 5.10　图 5.11　图 5.12

⑤对称性：首先是结构对称，结构的杆件以及支座对一个轴对称，则该结构称为对称结构。其次是荷载对称，荷载的大小、作用点、方向都关于一个轴对称，并且结构与荷载同一个对称轴，其内力和反力也基于该对称轴对称，如图 5.13 所示。

前述结论都不难由结点平衡条件得到证实。在分析桁架时，可先利用上述原则找出特殊结点，然后进行下一步的计算，使计算变得方便。

应用以上结论，不难判断出图 5.14 和图 5.15 桁架中虚线所示各杆为零杆，于是剩下的计算便大为简化。

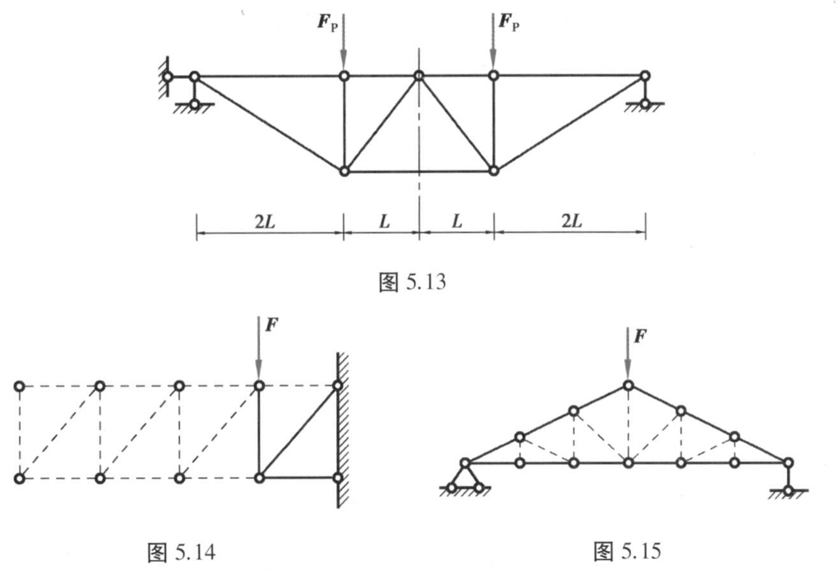


图 5.13

图 5.14

图 5.15

0 杆例题 01~02

对于 T 形和 L 形结点,在桁架中较容易发现和判断。对于 K 形结点,在桁架中,也经常会利用其特性来判断 0 杆,如图 5.16(a)所示。

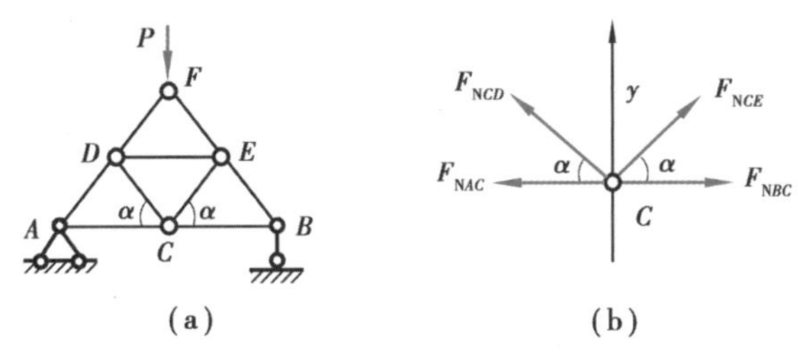


图 5.16

0 杆例题 05

图形为三角平面桁架,在顶端 $F$ 点受到向下集中力 $\boldsymbol{P}$,在这样的荷载作用下,支座 $A$ 和 $B$ 均会有支座反力,因此,$A$ 点和 $B$ 点不会是 L 形结点。顶端 $F$ 点,由于荷载 $P$ 作用,也不是 $L$ 形结点。结构中,$C$、$D$、$E$ 3 个点,由于 $C$ 点处 $\angle ACD=\angle ECB$,因此,$C$ 点是 $K$ 形结点,而 $D$ 和 $E$ 结点不是。

进入“结构力学”课程→静定桁架→0 杆判定,学习更多结构 0 杆判定例题

根据 $K$ 形结点特点,如图 5.16(b)所示,$F_{NCD}=-F_{NCE}$,但得到这个关系,并不能判定为 0 杆。此时,我们发现,结构杆件是对称的,且受到的荷载也是对称的。对称结构在对称荷载作用下,杆件的内力是对称的,因此有:$F_{NCD}=F_{NCE}$。

因此,两式分析,可得:$F_{NCD}=F_{NCE}=0$。

当 $CD$ 和 $CE$ 杆为 0 杆时,$D$ 结点和 $E$ 结点为 T 形结点,则 $DE$ 杆件为 0 杆。

## 5.4 截面法

如果只要求计算桁架内某几个杆件所受的内力,则可用截面法。这种方法是适当地选择一个截面,在需要求解其内力的杆件处假想地把桁架截开为两部分,然后考虑

其中任一部分的平衡,应用平面任意力系平衡方程求出这些被截断杆件的内力。每个隔离体上有3个独立平衡方程。一般表示为:

$$\sum F_x = 0,\ \sum F_y = 0(\text{投影法})$$

$$\sum M = 0(\text{力矩法})$$

因为是3个独立方程,一般要求选取的隔离体上未知力数目一般少于3个,这样可直接把截断的杆件的全部未知力求出。但要联立方程,计算比较复杂,所以一般情况下,尽量列一个方程解一个未知力,避免求解联立方程。所以在选取截面时,要选择截面单杆(不管其上有几个轴力,如果某杆的轴力可以通过列一个平衡方程求得,则此杆称为截面单杆,如图5.17中 $a$、$b$ 杆为截面单杆),能大大简化计算。

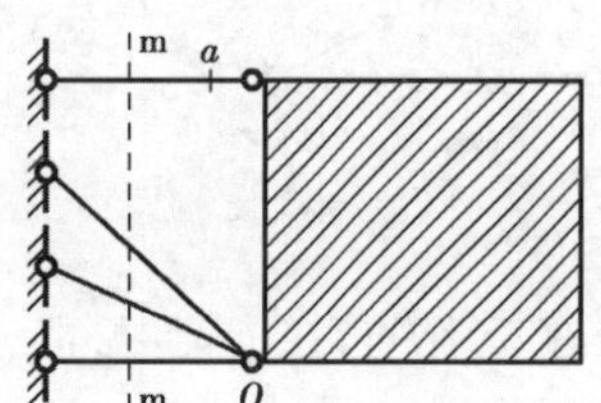


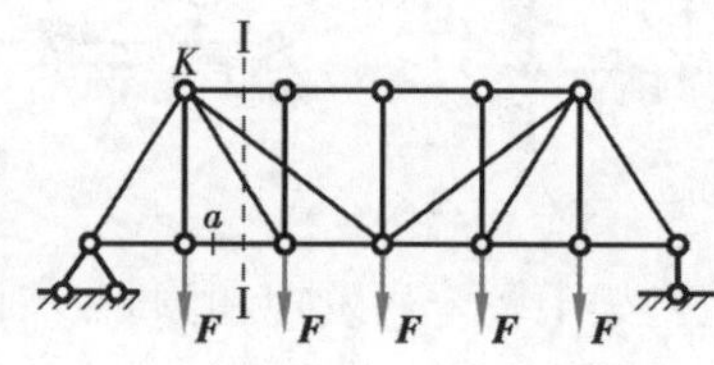


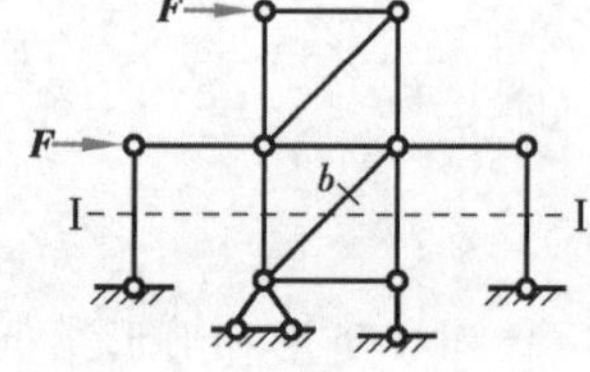


图5.17

【例5.2】 试求图5.18(a)所示桁架中25、34、35三杆的内力。

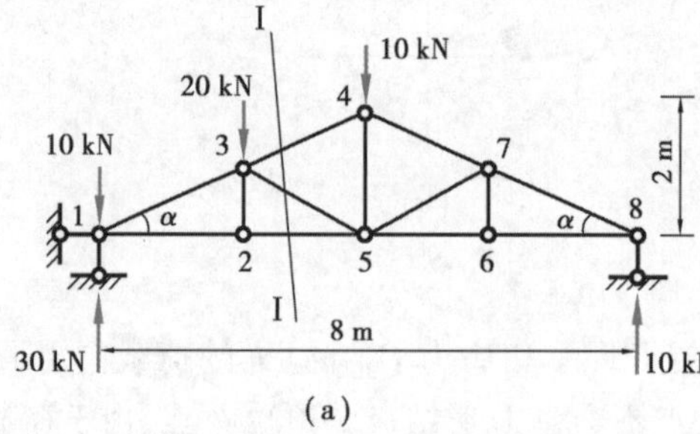


(a)

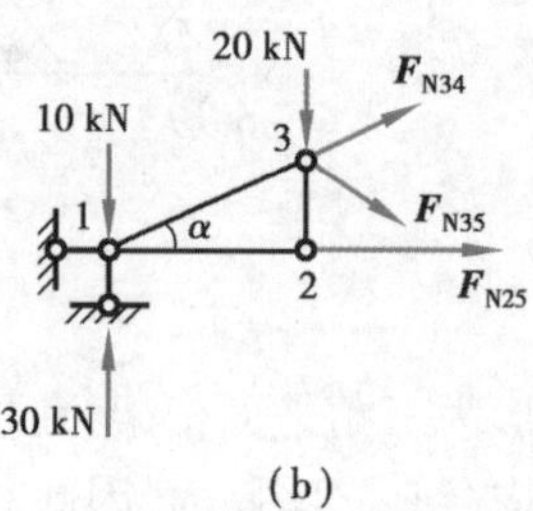


(b)

图5.18

【解】 首先求出支座反力。

$$F_{R1} = 30\ \text{kN}, F_{R2} = 10\ \text{kN}$$

然后设想用截面Ⅰ—Ⅰ将34、35、25三杆截断,取桁架左边部分为隔离体,如图5.18(b)所示。为求得 $F_{N25}$,可取 $F_{N34}$ 和 $F_{N35}$ 两个未知力的交点3为矩心:

由 $\sum M_3 = 0, (30 - 10) \times 2 - F_{N25} \times 1 = 0$ 得

$$F_{N25} = 40\ \text{kN}$$

为求得 $F_{N34}$,可取 $F_{N35}$ 和 $F_{N25}$ 两力的交点5为矩心:

由 $\sum M_5 = 0, (25 - 10) \times 4 - 20 \times 2 + F_{N34} \times \dfrac{2}{\sqrt{5}} \times 2 = 0$ 得

$$F_{N34} = -22.36\ \text{kN}$$

由 $\sum F_x = 0$,可求得 $F_{N35} = -22.36\ \text{kN}$。

【例 5.3】 如图 5.19(a)所示的平面桁架,各杆件的长度都等于 1.0 m,在结点 $E$ 上作用荷载 $F_1=21$ kN,在结点 $G$ 上作用荷载 $F_2=15$ kN,试计算杆 1、2 和 3 的内力。

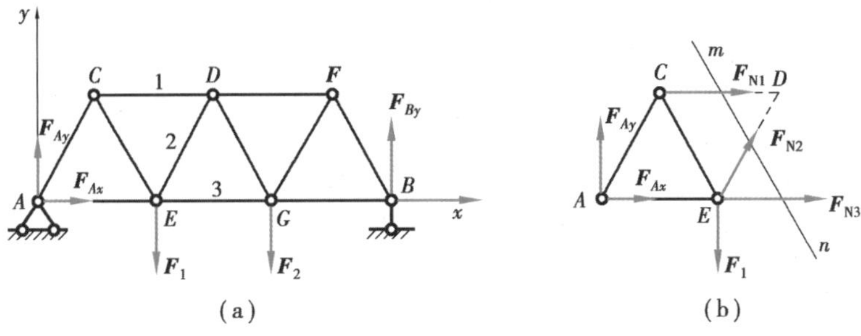


图 5.19

【解】 ①求支座反力。以整体桁架为研究对象,受力图如图 5.19(a)所示,先求支座反力。

$$F_{Ay}=19\ \text{kN},F_{By}=17\ \text{kN}$$

②求杆 1、2 和 3 的内力。作截面 $m$—$n$ 假想将此 3 杆截断,并取桁架的左半部分为研究对象,设所截 3 杆都受拉力,这部分桁架的受力如图 5.19(b)所示。列平衡方程

$$\sum M_D=0,5\sqrt{3}F_{N3}+5F_1-15F_{Ay}=0$$

$$\sum F_{Ay}=0,\frac{1}{2}\sqrt{3}F_{N2}-F_1+F_{Ay}=0$$

$$\sum F_{Ax}=0,\frac{1}{2}F_{N2}+F_{N3}+F_{N1}=0$$

解得

$$F_{N3}=20.8\ \text{kN},F_{N2}=2.3\ \text{kN},F_{N1}=-21.9\ \text{kN}$$

如果选取桁架的右半部分为研究对象,可得到相同的计算结果。

进入"结构力学"课程→静定桁架→截面法,学习更多"特殊一刀"截面法

## 5.5 结点法和截面法的联合应用

结点法更适用于简单桁架的计算,截面法一般较适用于简单桁架和联合桁架的计算,这两种方法各有所长,但对复杂桁架,单独用一种方法进行计算,往往计算比较麻烦。结点法和截面法计算各有所长,如果把它们联合使用,就会使桁架的计算变得更加简单方便,也能更好地解决复杂桁架的问题。下面用例题来讨论如何用联合法计算静定平面桁架。

截面法例题

【例 5.4】 试求图 5.20(a)所示 $K$ 式桁架中 $a$、$b$ 杆的内力。

【解】 作截面Ⅰ—Ⅰ,取其左侧为隔离体。由结点 $K$ 得

$$F_{Na}=-F_{NC},F_{ya}=-F_{yc}$$

由 $\sum F_y=0,F_{ya}=\dfrac{3F-F-F-\dfrac{F}{2}}{2}-=-\dfrac{F}{4}(\rightarrow)$ 得

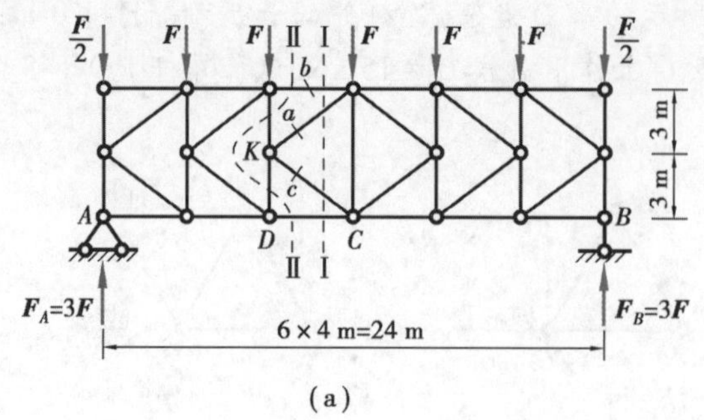


(a)

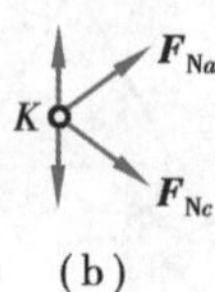


(b)

图 5.20

$$F_{Na}=-\frac{5F}{12}$$

由 $\sum M_C=0$ 得

$$F_{Nb}=-\frac{3F\times 8-F\times 4-\dfrac{F}{2}\times 8}{6}=-\frac{8}{3}F$$

**【例 5.5】** 试求 5.21 图示桁架 $HC$ 杆的内力。

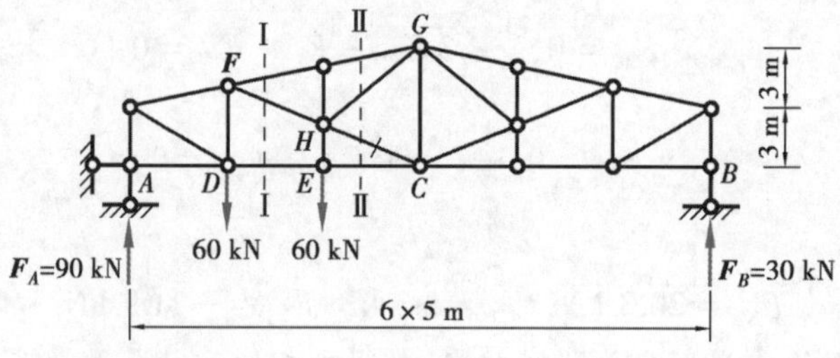


图 5.21

**【解】** 可由不同的途径求得 $HC$ 杆的内力。首先作截面Ⅰ—Ⅰ,取截面Ⅰ—Ⅰ左侧部分为隔离体,由 $\sum M_F=0$ 求得 $DE$ 杆内力;接着由结点 $E$ 求得 $EC$ 杆内力;再作截面 Ⅱ—Ⅱ,取截面 Ⅱ—Ⅱ 右侧部分为隔离体,由 $\sum M_G=0$ 求得 $HC$ 杆的内力。

①由桁架整体平衡求出支座反力,如图 5.21 所示。

②取截面Ⅰ—Ⅰ左侧部分为隔离体,由 $\sum M_F=0$ 可得

$$F_{NDE}=-\frac{90\times 5}{4}=112.5(\text{kN})$$

由结点 $E$ 的平衡可知

$$F_{NEC}=F_{NDE}=112.5\ \text{kN}$$

③取截面Ⅱ—Ⅱ右侧部分为隔离体,由 $\sum M_G=0$ 得 $F_{NHC}=-40.4\ \text{kN}$。

## 5.6 平面桁架外形与受力特点

在土木工程中,桁架一般用来代替梁,以使得结构跨越大空间。相同荷载作用下,桁架的外形不同,其受力特点也不同。桁架上侧的杆组成上弦杆,下侧杆组成下弦杆,上、下弦杆之间为腹杆。本节将比较平行弦、三角形以及抛物线形 3 种桁架的内力分布特点(图 5.22)。

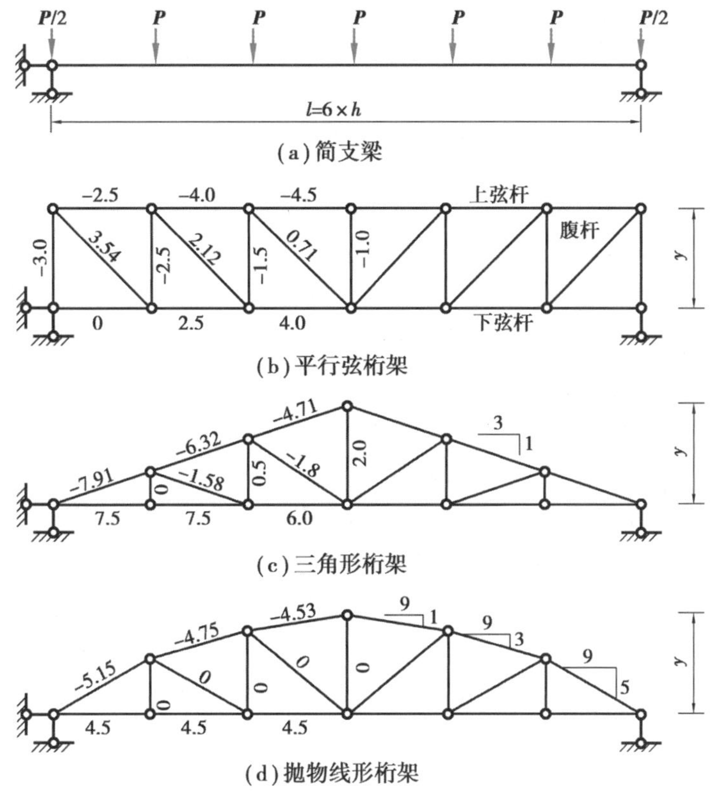


图 5.22

通常在竖直向下的荷载作用下,梁下边缘受拉,上边缘受压。因此,对应桁架的下弦杆受拉,上弦杆受压。腹杆内力随它们的不同布置而变化。

为对比说明问题,设图 5.22 所示的 3 种桁架的跨度均与对应简支梁的跨度相同,节间距相等。图 5.22(a)所示荷载分别作用在 4 种桁架的上弦结点上。按结点法及截面法计算出的轴力 $F_N$ 分别标在图 5.22(b)、(c)、(d)上。

### 1)平行弦桁架

由图 5.22(b)所示桁架,上、下弦杆受力两头小中间大,这与图 5.22(a)所示简支梁的上、下层受力相似,即与梁的弯矩分布相似。腹杆内力与简支梁的剪力分布规律一致,两头大、中间小。因此,静定平行弦桁架的受力相当于一个空腹梁。

为使得设计上的受力合理,应按杆轴力的大小选取截面大小。所以,平行弦桁架杆件的截面积变化较大,给施工带来不便。在实际工程中,常采用标准节间,逐段改变截面的大小,把材料的使用量减到最低限度。这类桁架常用于桥梁及厂房中的吊车梁,其经济跨度为 12~50 m。

2)三角形桁架

由图 5.22(c)可知,三角形桁架下弦杆受力较为均匀,而上弦杆的内力从端部到中间递减量较大。腹杆内力分布也不均匀,且比弦杆内力要小。

从构造上看,这种桁架的端结点处,上、下弦杆之间夹角较小,构造复杂,施工难度大。但由于其两面斜坡的外形符合屋顶构造的要求,所以,在跨度较小、坡度较大的屋盖结构中较多采用三角形桁架,其经济跨度在 10 m 以内。

3)抛物线形桁架

由图 5.22(d)可见,抛物线形桁架弦杆内力分布均匀,在等均结点荷载作用下腹杆内力为零,结构整体受力性能好。

但由于上弦杆的长度发生变化,杆件制作及结构施工费用较高。由于这种结构的造型效果好,具有跨越大空间的能力,常在桥梁以及公共结构中采用。桥梁的经济跨度为 100~150 m,屋盖结构中的经济跨度为 18~30 m。

在桁架结构设计中,上弦杆受压,部分腹杆受压,因此应注意压杆稳定性的问题。要合理布置杆件,以减少压杆的长度。

桁架外形的选取与实际工程的跨度和造价有关。设计时,既要考虑桁架外形与受力特点,又要控制造价,应避免部分杆件的强度过剩,尽量做到结构各构件同时到达设计强度。

## 5.7 静定结构的特性

静定结构有静定梁、静定刚架、三铰拱、静定桁架等类型。虽然这些结构形式各有不同,但它们有如下的共同特性:

①在几何组成方面,静定结构是没有多余联系的几何不变体系。在静力平衡方面,静定结构的全部反力可以由静力平衡方程求得,其解答是唯一的确定值。

②由于静定结构的反力和内力仅用静力平衡条件就可以确定,不需要考虑结构的变形条件,所以静定结构的反力和内力只与荷载、结构的几何形状和尺寸有关,而与构件所用的材料、截面的形状和尺寸无关。

③由于静定结构没有多余联系,因此在温度改变、支座产生位移和制造误差等因素的影响下,不会产生内力和反力,但能使结构产生位移,如图 5.23(a)所示。

④当平衡力系作用在静定结构的某一内部几何不变部分时,其余部分的内力和反

力不受其影响。如图 5.23(b)所示,受平衡力系作用的桁架,只有在粗线所示的杆件中产生内力。反力和其他杆件的内力不受影响。

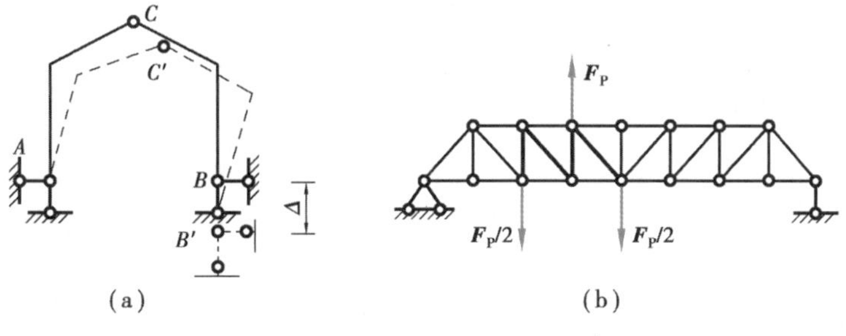


图 5.23

⑤当静定结构的某一内部几何不变部分上的荷载作等效变换时,只有该部分的内力发生变化,其余部分的内力和反力均保持不变。所谓等效变换是指将一种荷载变为另一种等效荷载。如图 5. 24(a)中所示,$AB$ 受到均布荷载 $q$ 作用与结点 $A$、$B$ 上的两个集中荷载 $ql/2$ 是等效的。若将图 5. 24(b)代之以图 5.23(a),只有 $AB$ 上的内力发生变化,其余各杆的内力不变。这也说明在求桁架其余杆的内力时,可以把非结点荷载等效为结点荷载。

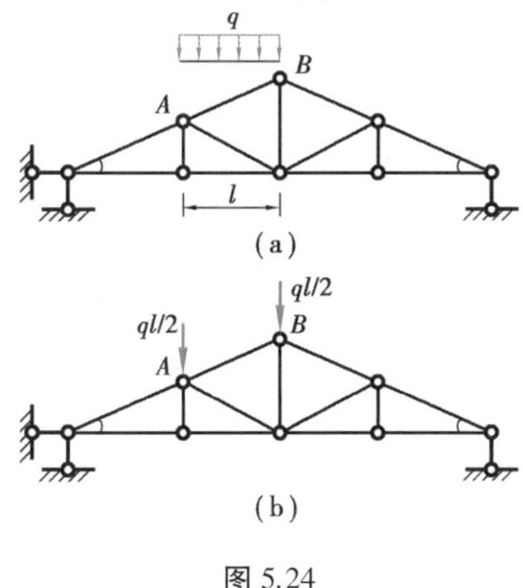


图 5.24

## 小 结

1.桁架各杆均为两端铰接的直杆,仅在两端受约束力作用,故只产生轴力。这类杆件也称为二力杆。这样可以使得计算大大简化,同时也接近实际受力情况。

2.桁架按照几何组成划分:

①由基础或由一个基本铰接三角形开始,依次增加二元体,组成一个桁架,这样的桁架称为简单桁架;

②几个简单桁架按照几何不变体系的简单组成规则联成一个桁架,这样的桁架称

为联合桁架；

③凡是不属于上述两种桁架的，都称为复杂桁架。

3.求解静定平面桁架的基本方法是结点法和截面法。

结点法：以结点为研究对象，用平面汇交力系的平衡方程求解内力，一般首先选取的结点未知内力的杆不超过两根。

截面法：用假想的截面把桁架断开，取一部分为研究对象，用平面任意力系的平衡方程求解内力，应注意假想的截面一定要把桁架断为两部分(即每一部分必须有一根完整的杆件)，一个截面一般不应超过截断3根未知内力的杆件。

结点法和截面法联合使用，不但能够简化求解复杂桁架，对简单桁架也能简化计算，同时，结点法注意特殊结点及结构对称性的利用，截面法注意截面单杆，对桁架结构计算进行简化，能够大大减少计算的工作量，特别是较为复杂的桁架。

4.常用的梁式桁架有平行弦桁架、三角形桁架、抛物线形桁架、折弦形桁架。

## 思考题

5.1　比较桁架与梁、刚架受力特点的异同点。

5.2　桁架是引入哪些假设得到其计算图示的？这些假设与实际的桁架有什么区别？

5.3　桁架的轴力的方向正负是怎么确定的？对于结点而言是怎么确定的？

5.4　根据桁架的几何构造特点来选择合适计算方法及计算顺序？

5.5　在结点法和截面法中，如何尽量避免联立方程？

5.6　零杆既然不受力，为何在实际结构中不把它去掉？

## 习　题

5.1　试用结点法计算图示平面桁架各杆的内力。

5.2　试判断图示桁架中的零杆。

5.3　试用结点法求图示桁架中的各杆轴力。

5.4　用截面法求图示桁架中指定杆的轴力。

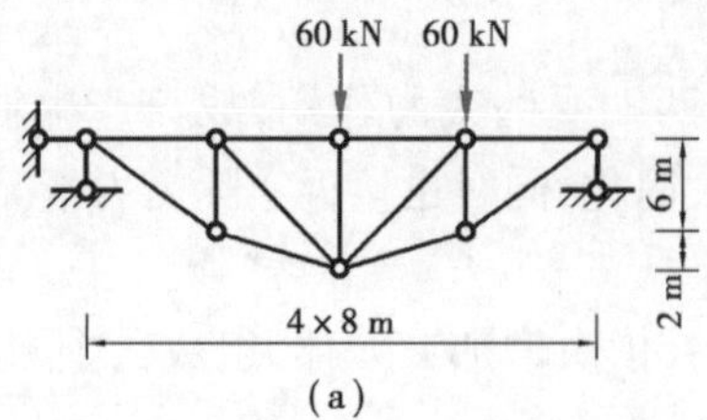

(a)

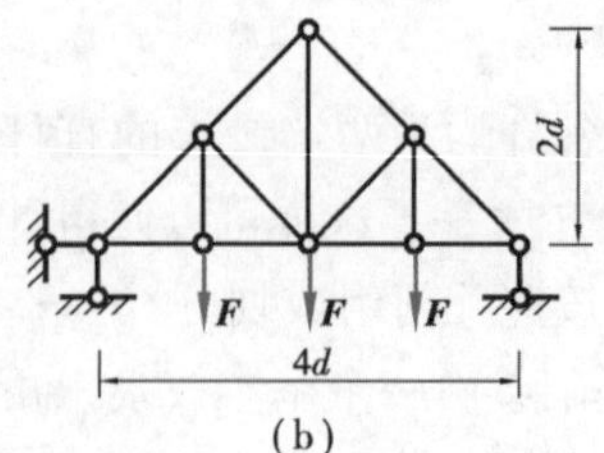

(b)

习题5.1图

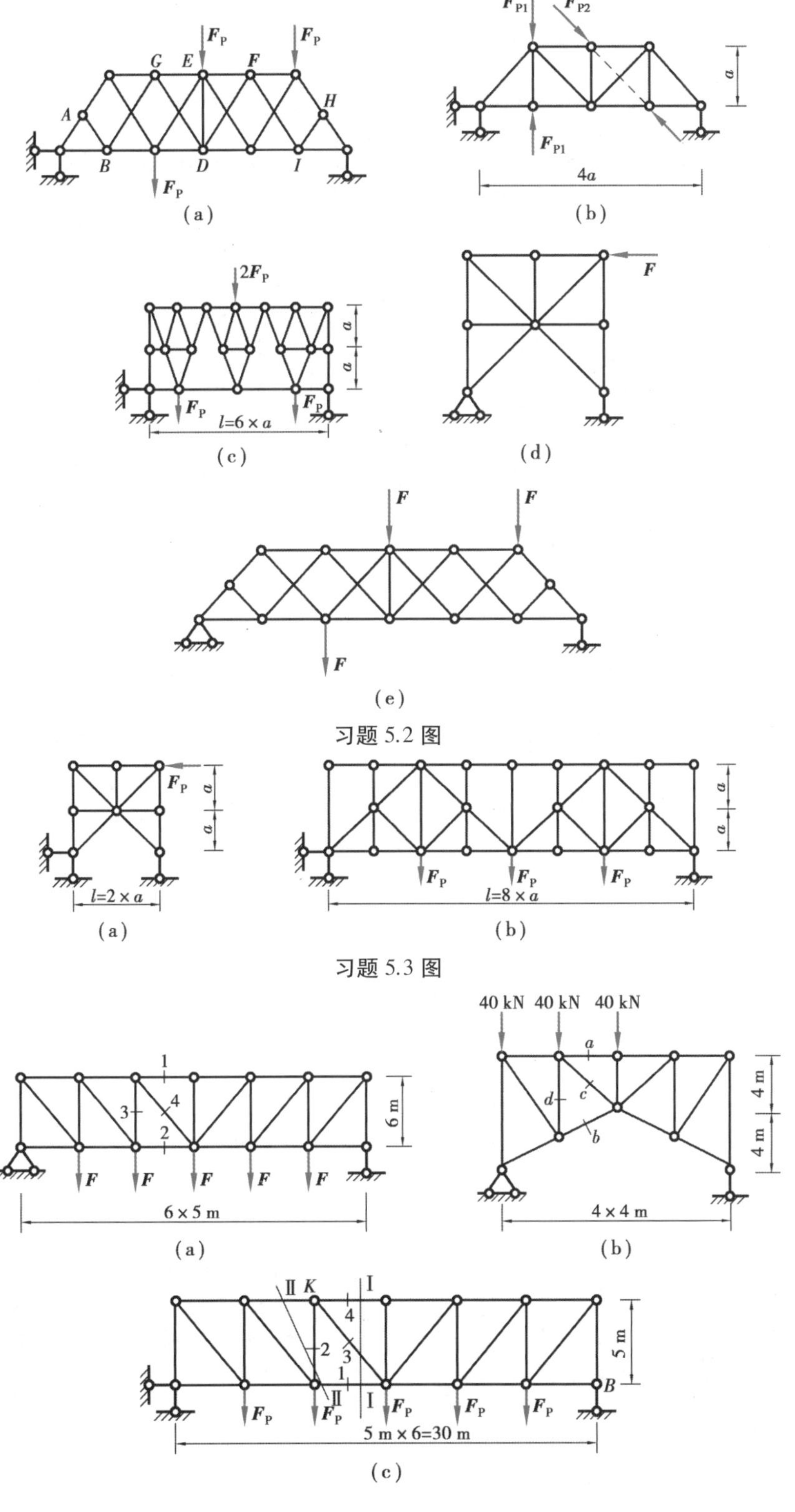


习题 5.2 图

习题 5.3 图

习题 5.4 图

5.5　求图示平面桁架指定杆 1、2、3、4 的内力。

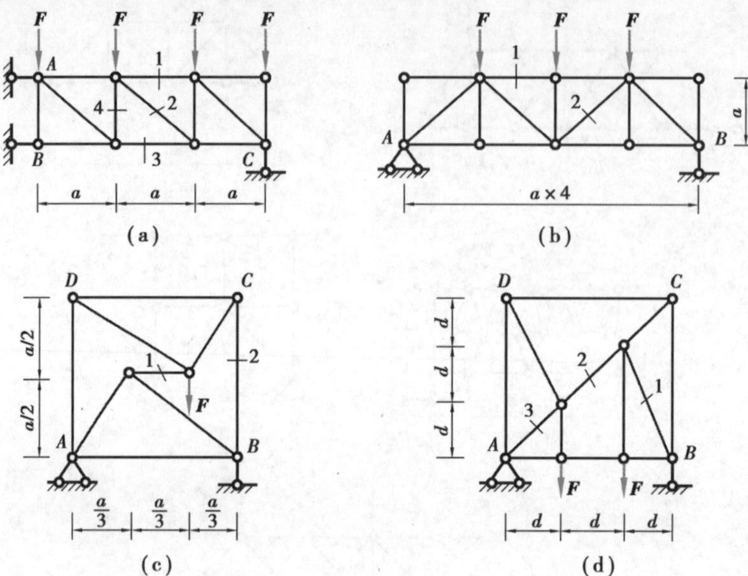


习题 5.5 图

5.6　试用简单的方法计算各杆的轴力。

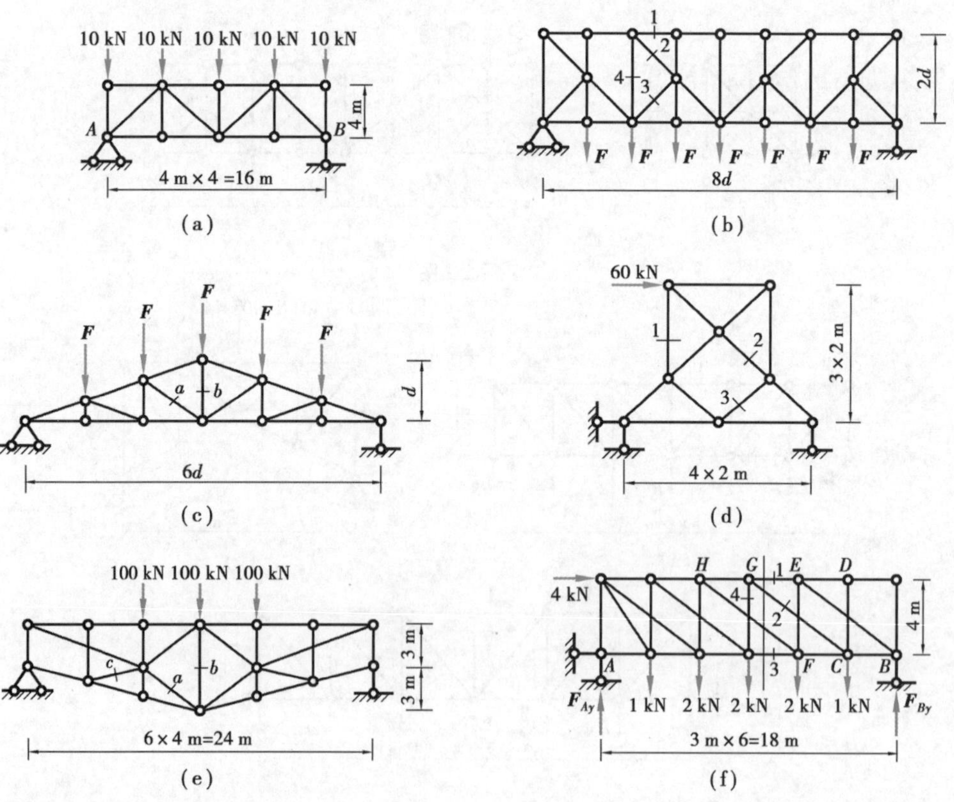

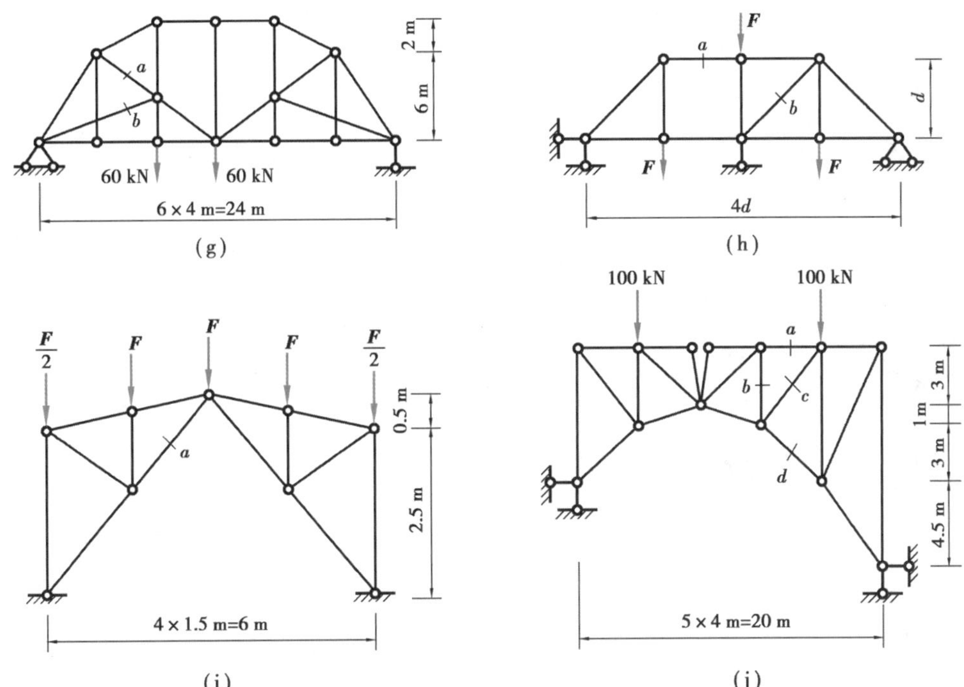
2 m
6 m
a
b
60 kN
60 kN
6×4 m=24 m
(g)
F
a
b
d
F
F
4d
(h)
F/2
F
F
F
F/2
0.5 m
2.5 m
a
4×1.5 m=6 m
(i)
100 kN
100 kN
a
b
c
d
3 m
1m
3 m
4.5 m
5×4 m=20 m
(j)

习题 5.6 图

# 静定结构的位移计算

[教学目标]

- 理解结构位移的概念,理解弹性结构的虚功原理
- 掌握单位荷载法计算静定结构在荷载作用下的位移
- 理解单位荷载法计算静定结构因温度改变、支座移动等引起的位移
- 熟练掌握图乘法计算静定梁和刚架的位移

概述

## 6.1 概　述

### ▶ 6.1.1 杆系结构的位移

结构都是由变形材料制成的,当结构受到外部因素的作用时,它将产生变形和伴随而来的位移。变形是指形状的改变,位移是指某点位置或某截面位置和方位的移动。结构力学研究的对象是不变体系,所以此处所讲的位移与结构原来的几何尺寸相比较都是微小位移。

如图 6.1(a)所示刚架,在荷载作用下发生如虚线所示的变形,使截面 $A$ 的形心从 $A$ 点移动到了 $A'$点,线段 $AA'$称为 $A$ 点的线位移,记为 $\Delta_A$,它也可以用水平线位移 $\Delta_{Ax}$ 和竖向线位移 $\Delta_{Ay}$ 两个分量来表示,如图 6.1(b)所示。同时截面 $A$ 还转动了一个角度,称为截面 $A$ 的角位移,用 $\varphi_A$ 表示。又如图 6.2 所示刚架,在荷载作用下发生虚线所示变形,截面 $A$ 发生了 $\varphi_A$ 的角位移。同时截面 $B$ 发生了 $\varphi_B$ 的角位移,这两个截面的方向相反的角位移之和称为截面 $A$、$B$ 的相对角位移,即 $\varphi_{AB}=\varphi_A+\varphi_B$。同理,$C$、$D$ 两点的水平线位移分别为 $\Delta_C$ 和 $\Delta_D$,这两个指向相反的水平位移之和称为 $C$、$D$ 两点的水平相对线位移，即 $\Delta_{CD}=\Delta_C+\Delta_D$。

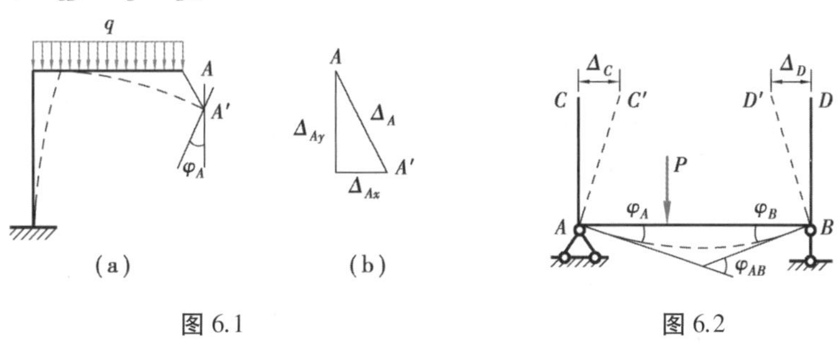


(a)　　(b)

图 6.1　　图 6.2

前述荷载作用下的结构会产生位移，同时，如果温度的变化，材料产生热胀冷缩，静定结构也会产生位移。荷载和温度的改变使结构产生位移，同时使结构的各杆产生内力，所以这种位移称为变形位移。如果静定结构由于支座沉降等因素作用，亦可使结构或杆件产生位移，但结构的各杆件并不产生内力，也不产生变形，故把这种位移称为刚体位移。

除荷载、温度改变、支座移动外，材料收缩、制造误差等因素也将会引起位移，如图 6.3 所示。

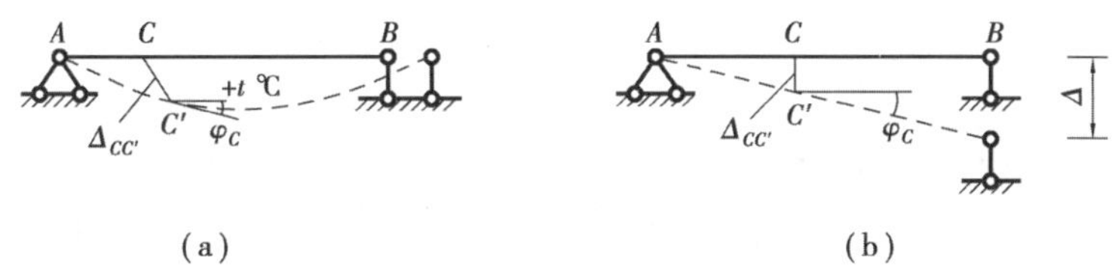


(a)　　(b)

图 6.3

## ▶ 6.1.2 位移计算的目的

在工程设计和施工过程中，结构的位移计算很重要。概括地说，计算位移的目的有以下 4 个方面：

(1)验算结构的刚度

结构在荷载作用下如果变形太大，即使不破坏也不能正常使用。结构设计时，要计算结构的位移，控制结构不能发生过大的变形。使得结构位移不超过允许的限值，这一计算过程称为刚度验算。如钢筋混凝土高层建筑的水平位移不能过大，不然可能导致混凝土开裂和装饰等次要结构的破坏，同时位移过大也会使人感觉不舒服，所以在风力等荷载作用下，水平位移和结构高度之比不宜大于 1/1 000~1/500(和结构类型高度有关)；又如桥梁的挠度不能太大，不然车辆通行不平顺，引起过大的冲击振动，影响行车安全，所以铁路公路桥梁相关规范也规定了桥梁的刚度范围。

(2)解算超静定

计算超静定结构的反力和内力时，由于静力平衡方程数目不够，考虑变形协调条件，需建立位移条件的补充方程，因此需计算结构的位移。

(3)保证施工

在结构的制作、架设等过程中，常须预先知道结构位移后的位置，以便采取一定的施工措施,也常常需要知道结构的位移,以确保测量出精确的位置,保证施工安全和拼装就位。

(4)研究振动和稳定

在结构的动力计算和稳定计算中,也需要计算结构的位移,本书不作详细介绍。

可见,结构的位移计算在工程上具有重要意义。

### 6.1.3 位移计算的有关假设

在求结构的位移时,为使计算简化,常采用如下假定:

①结构的材料服从胡克定律,即应力与应变呈线性关系。

②结构的变形很小,不致影响荷载的作用。在建立平衡方程时,仍然用结构原有几何尺寸进行计算;由于变形微小,应力、应变与位移呈线性关系。

③结构各部分之间为理想连接,不需要考虑摩擦阻力等影响。

对于实际的大多数工程结构,按照前述假定计算的结果具有足够的精确度。满足上述条件的理想化的体系,其位移与荷载之间为线性关系,常称为线性变形体系。当荷载全部去掉后,位移即全部消失。对于此种体系,计算其位移可以应用叠加原理。

位移与荷载之间呈非线性关系的体系称为非线性变形体系。线性变形体系和非线性变形体系统称为变形体系。本书只讨论线性变形体系的位移计算。

刚体虚功原理

## 6.2 虚功原理和单位荷载法

### 6.2.1 虚功原理

变形体虚功原理

在物理学中,功的定义是:一个不变的集中力所做的功等于该力的大小与其作用点沿力作用线方向所发生的分位移的乘积。

图 6.4 所示的简支梁上,集中荷载 $F_{P1}$ 的作用点 1 沿力方向的线位移用 $\Delta_{11}$ 表示。荷载 $F_{P1}$ 为静力荷载,即由零逐渐增加至 $F_{P1}$。与此相应,位移也由零逐渐增加至 $\Delta_{11}$。力在加载的过程中力做了功。作用在弹性体系上的力在自身引起的位移上所做的功称为实功。力 $F_{P1}$ 在位移 $\Delta_{11}$ 上做的实功 $W_{11}$ 的大小等于图 6.4 中的三角形面积。

$$W_{11}=\frac{1}{2}F_{P1}\Delta_{11}$$

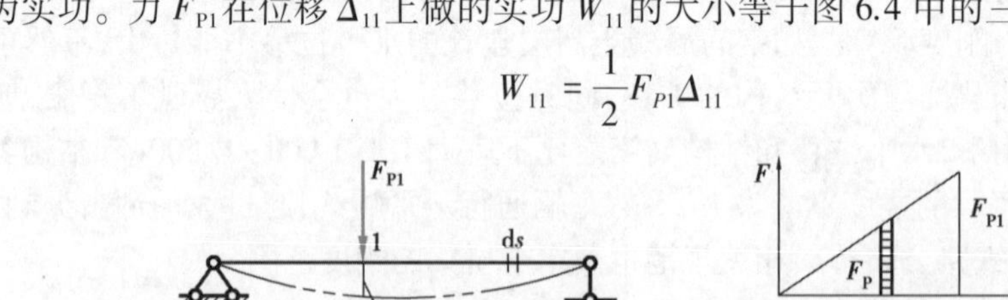


图 6.4

由前式可以看出,功包含两个要素——力和位移。如果功的力与其相应的位移彼此独立无关时(也即是力并不是位移引起的或者位移不是力引起的,如图 6.5(a)、(b)

两个状态无相关性)，就把这种功称为虚功。既然力和位移没有关系，那么力和位移其中的一个是可以任意假设的，所以虚功体现两个方面：一是力或者位移其中一个可以随意虚设的，另一个是实际的，即虚力或者虚位移；二是力和位移都可以是实际的，但两者无关系。为了实际的计算简便，利用的虚功往往是前者的两个方面，虚力或者虚位移。

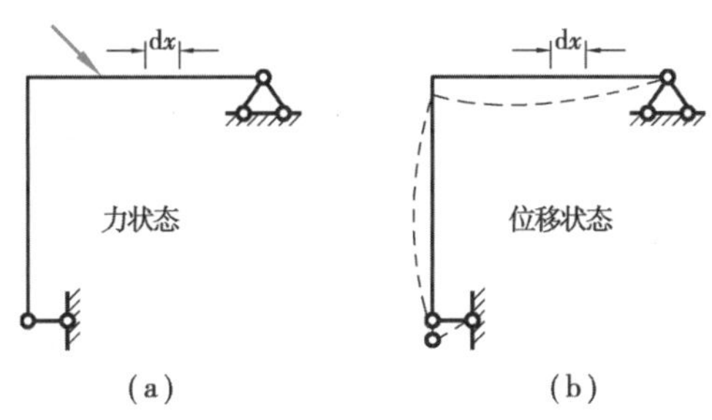


图 6.5

在理论力学中已经讨论过质点系的虚功原理，它表述为：具有理想约束的质点系在某一位置处于平衡的必要充分条件是对于任何虚位移(或虚力)，作用于质点系的主动力(和质点系主位移)所作的虚功总和为零。

虚功原理应用于刚体时，刚体系处于平衡的充分必要条件是：对于任何虚位移，所有外力所做虚功总和为零(或者对于实际的位移，虚力所做虚功总和为零)，此时称为刚体系虚功原理。

虚功原理应用于变形体系时，变形体处于平衡的充分必要条件是：对任何虚位移，外力在此虚位移上所做虚功总和等于各微段上内力在微段虚变形位移上所做虚功的总和。此微段内力所做虚功总和在此称为变形虚功(其他书也称为内力虚功或虚应变能)。用 $W_{外}=W_{变}$ 或 $W=W_v$ 表示。

着重从物理概念上论证变形体系虚功原理的成立。

做虚功需要两个状态：一个是力状态，另一个是与力状态无关的位移状态。如图 6.6(a)所示，一个平面杆件结构在力系作用下处于平衡状态，称此状态为力状态。如图 6.6(b)所示为该结构由于其他原因而产生了位移，称此状态为位移状态。这里的位移可以是与力状态无关的其他任何原因(如另一组力系、温度变化、支座移动等)引起的，也可以是假想的。但位移必须是微小的，并为支座约束条件(如变形连续条件)所允许，即应是所谓协调的位移。

现从如图 6.6(a)所示力状态任取出一微段来作用在微段上的力既有外力又有内力，这些力将在如图 6.6(b)所示位移状态中的对应微段由 $ABCD$ 移到了 $A'B'C'D'$ 的位移上做虚功。把所有微段的虚功总和起来，便得到整个结构的虚功。

1)按外力虚功和内力虚功计算结构总虚功

设作用于微段上所有各力所做虚功总和为 $dw$，它可分为两部分：一部分是微段表面上外力所做的功 $dw_e$，另一部分是微段截面上的内力所做的功 $dw_i$，即

$$dw = dw_e + dw_i$$

沿杆段积分求和，得整个结构的虚功为

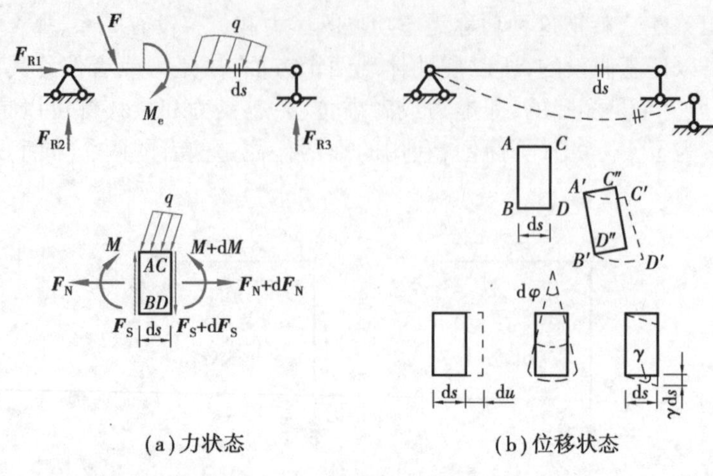

(a)力状态　　(b)位移状态

图 6.6

$$\sum \int \mathrm{d}w = \sum \int \mathrm{d}w_e + \sum \int \mathrm{d}w_i$$

简写为

$$w = w_e + w_i$$

$w_e$ 是整个结构的所有外力(包括荷载和支座反力)所做虚功总和,简称外力虚功;$w_i$ 是所有微段截面上的内力所做虚功总和。

由于任何相邻截面上的内力互为作用力与反作用力,它们大小相等、方向相反,且具有相同的位移,因此每一对相邻截面上的内力虚功总是互相抵消。

由此有

$$w_i = 0$$

于是,整个结构的总虚功便等于外力虚功,即

$$w = w_e \tag{a}$$

2)按刚体虚功与变形虚功计算结构总虚功

把如图 6.6(b)所示位移状态中微段的虚位移分解为两部分,第一部分仅发生刚体位移(由 $ABCD$ 移到 $A'B'C''D''$),然后再发生第二部分变形位移($A'B'C''D''$移到 $A'B'C'D'$)。

作用在微段上的所有力在微段刚体位移上所做虚功为 $\mathrm{d}w_s$,由于微段上的所有力含微段表面的外力及截面上的内力,构成一平衡力系。其在刚体位移上所做虚功 $\mathrm{d}w_s = 0$。

作用在微段上的所有力在微段变形位移上所做虚功为 $\mathrm{d}w_v$,由于当微段发生变形位移时,仅其两侧面有相对位移,故只有作用在两侧面上的内力做功,而外力不做功。

$\mathrm{d}w_v$ 实质是内力在变形位移上所做虚功,即

$$\mathrm{d}w = \mathrm{d}w_s + \mathrm{d}w_v$$

沿杆段积分求和,得整个结构的虚功为

$$\sum \int \mathrm{d}w = \sum \int \mathrm{d}w_s + \sum \int \mathrm{d}w_v$$

简写为

$$w = w_s + w_v$$

由于

$$\mathrm{d}w_s = 0, w_s = 0$$

所以有 $$w = w_v \tag{b}$$

结构力状态上的力在结构位移状态上的虚位移所做虚功只有一个确定值，比较(a)、(b)式可得

$$w = w_e = w_v$$

这就是要证明的结论。

$w_v$ 的计算如下：

对平面杆系结构，微段的变形如图6.6(b)所示。可以分解为轴向变形 $\mathrm{d}u$、弯曲变形 $\mathrm{d}\varphi$ 和剪切变形为 $\gamma\mathrm{d}s$。

微段上的外力无对应的位移因而不做功，而微段上的轴力、弯矩和剪力的增量 $\mathrm{d}F_N$、$\mathrm{d}M$ 和 $\mathrm{d}F_S$ 在变形位移所做虚功为高阶微量，可略去。

因此，微段上各内力在其对应的变形位移上所做虚功为

$$\mathrm{d}w_v = F_N\mathrm{d}u + M\mathrm{d}\varphi + F_S\gamma\mathrm{d}s$$

对于整个结构有

$$w_v = \sum\int\mathrm{d}w_v = \sum\int F_N\mathrm{d}u + \sum\int M\mathrm{d}\varphi + \sum\int F_S\gamma\mathrm{d}s$$

为书写简便，将外力虚功 $w_e$ 改用 $w$ 表示，变形体虚功方程为

$$w = w_v \tag{6.1}$$

对于平面杆件结构有

$$w_v = \sum\int F_N\mathrm{d}u + \sum\int M\mathrm{d}\varphi + \sum\int F_S\gamma\mathrm{d}s \tag{6.2}$$

故虚功方程为

$$w = \sum\int F_N\mathrm{d}u + \sum\int M\mathrm{d}\varphi + \sum\int F_S\gamma\mathrm{d}s \tag{6.3}$$

前述讨论中，没有涉及材料的物理性质，因此对于弹性、非弹性、线性、非线性的变形体系，虚功原理都适用。

刚体系虚功原理是变形体系虚功原理的一个特例，即刚体发生位移时各微段不产生变形，故变形虚功 $w_v = 0$。

此时，(6.1)式成为

$$w = 0 \tag{6.4}$$

### ▶ 6.2.2 虚功原理的两个应用

(1)虚位移原理

对于给定的力状态，另外虚设一个位移状态，利用虚功方程来求解力状态中的未知力，这样应用的虚功原理可称为虚位移原理。在超静定结构虚位移法计算中体现。

(2)虚力原理

对于给定的位移状态,另外虚设一个力状态,利用虚功方程来求解位移状态中的未知位移,这样应用的虚功原理称为虚力原理。在超静定结构力法计算中体现。

单位荷载法——刚架位移例题

单位荷载的加载及桁架的计算

### ▶ 6.2.3 结构位移计算的一般公式——单位荷载法

1)单位荷载法的概念

由前述虚功原理的两个应用可以得出,要想计算结构的位移,此时位移是实际位移,所以要利用虚力原理,虚设一个力的状态,利用虚功方程求实际的位移。其方法是:将结构所处的平衡状态(实际状态)作为位移状态,另外虚拟结构的一种状态(虚拟状态)为力状态,虚设的力越简单越能简化计算,所以在虚拟状态上只作用一个单位力,力的作用点、方位与欲求位移 $\Delta_K$ 的位置、方位相同,大小为"1",即该力为单位荷载 $\overline{F}=1$,如图 6.7 所示。这样,力状态的外力(包括支座反力)在位移状态的位移(包括支座位移)上所做外力虚功的总和,等于力状态的内力在位移状态微段的相应变形上所做内力虚功的总和。此种计算位移的方法称为单位荷载法。

2)结构位移计算的一般公式

如图 6.7(a)所示,刚架在荷载支座移动及温度变化等因素影响下,产生了如虚线所示的实际变形,此状态为位移状态。为求此状态的位移需按所求位移相对应的虚设一个力状态。若求 6.7(a)所示刚架 $K$ 点沿 $k—k$ 方向的位移 $\Delta_K$,现虚设如图 6.7(b)所示刚架的力状态。即在刚架 $K$ 点沿拟求位移 $\Delta_K$ 的 $k—k$ 方向虚加一个集中力 $F_K=1$。

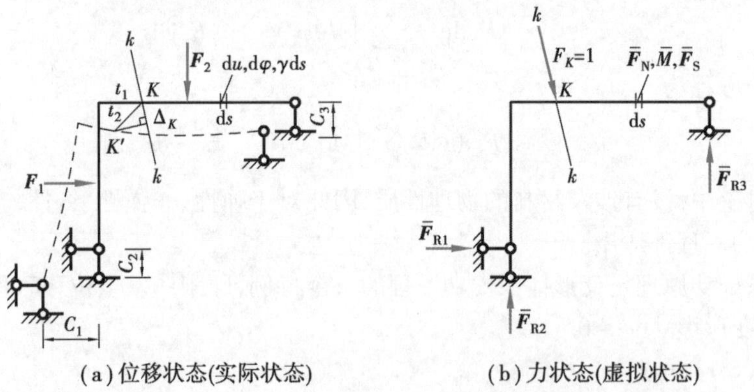


(a)位移状态(实际状态)　　(b)力状态(虚拟状态)

图 6.7

为求外力虚功 $w$,在位移状态中给出了实际位移 $\Delta_K$、$C_1$、$C_2$ 和 $C_3$,在力状态中可根据$F_K=1$的作用求出$\overline{F}_{R1}$、$\overline{F}_{R2}$、$\overline{F}_{R3}$支座反力。力状态上的外力在位移状态上的相应位移做虚功为

$$w = F_K\Delta_K + \overline{F}_{R1}C_1 + \overline{F}_{R2}C_2 + \overline{F}_{R3}C_3$$

$$= 1 \times \Delta_K + \sum \overline{F}_R C$$

为求变形虚功,在位移状态中任取一 ds 微段,微段上的变形位移分别为 $du$、$d\varphi$ 和 $\gamma ds$。

在力状态中,可在与位移状态相对应的相同位置取 ds 微段,并根据 $F_K = 1$ 的作用可求出微段上的内力。$\overline{F}_N$、$\overline{M}$和$\overline{F}_S$ 这些力状态微段上的内力,在位移状态微段上的变形位移所做虚功为

$$dw_v = \overline{F}_N du + \overline{M} d\varphi + \overline{F}_S \gamma ds$$

而整个结构的变形虚功为

$$w_v = \sum \int \overline{F}_N du + \sum \int \overline{M} d\varphi + \sum \int \overline{F}_S \gamma ds$$

由虚功原理 $w = w_v$ 有

$$1 \times \Delta_K + \sum \int \overline{F}_R C = \sum \int \overline{F}_N du + \sum \int \overline{M} d\varphi + \sum \int \overline{F}_S \gamma ds$$

可得

$$\Delta_K = - \sum \overline{F}_R C + \sum \int \overline{F}_N du + \sum \int \overline{M} d\varphi + \sum \int \overline{F}_S \gamma ds \tag{6.5}$$

式(6.5)就是平面杆件结构位移计算的一般公式。

如果确定了虚拟力状态,其反力$\overline{F}_R$ 和微段上的内力$\overline{F}_N$、$\overline{M}_1$ 和$\overline{F}_S$ 可求,同时若已知实际位移状态支座的位移 $C$,并可求解微段的变形 $du$、$d\varphi$、$\gamma ds$,则位移 $\Delta_K$ 可求。若计算结果为正,表示单位荷载所做虚功为正,即所求位移 $\Delta_K$ 的指向与单位荷载 $F_K = 1$ 的指向相同,为负则相反。

**3)单位荷载的虚设**

单位荷载法很关键的是虚设恰当的力状态,而方法的巧妙之处在于虚设的单位荷载一定在所求位移点沿所求位移方向设置,这样虚功恰等于位移。在实际问题中,除了计算线位移外,还要计算角位移、相对位移等。因集中力是在其相应的线位移上做功,力偶是在其相应的角位移上做功,则若拟求绝对线位移,则应在拟求位移处沿拟求线位移方向虚设相应的单位集中力;若拟求绝对角位移,则应在拟求角位移处沿拟求角位移方向虚设相应的单位集中力偶;若拟求相对位移,则应在拟求相对位移处沿拟求位移方向虚设相应的一对平衡单位力或力偶。

如图 6.8 所示分别为在拟求 $\Delta_{Ax}$、$\varphi_A$、$\Delta_{AB}$和 $\varphi_{AB}$的单位荷载设置。

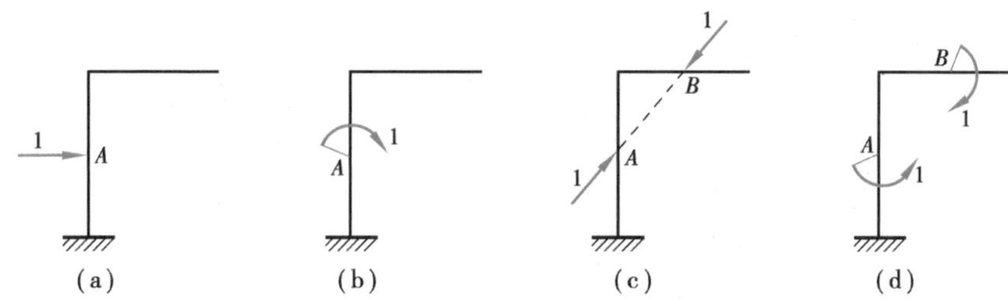


图 6.8

为研究问题的方便,在位移计算中,引入广义位移和广义力的概念。线位移、角位移、相对线位移、相对角位移以及某一组位移等,可统称为广义位移;而集中力、力偶、一对集中力、一对力偶以及某一力系等,则统称为广义力。

这样在求任何广义位移时,虚拟状态所加的荷载就应是与所求广义位移相应的单位广义力。这里的"相应"是指力与位移在做功关系上的对应,如集中力与线位移对应、力偶与角位移对应等。

## 6.3 静定结构在荷载作用下的位移计算

在结构的位移公式(6.5)中,等号右边后 3 项是由荷载引起的位移,第一项是由支座移动引起的刚体位移。如果结构只有荷载作用,位移公式则为

$$\Delta_{\mathrm{P}} = \sum\int \overline{M}\mathrm{d}\varphi_{\mathrm{P}} + \sum\int \overline{F}_{\mathrm{N}}\mathrm{d}u_{\mathrm{P}} + \sum\int \overline{F}_{\mathrm{S}}\gamma_{\mathrm{P}}\mathrm{d}s \tag{a}$$

$\mathrm{d}\varphi_{\mathrm{P}}$、$\mathrm{d}u_{\mathrm{P}}$、$\gamma_{\mathrm{P}}\mathrm{d}s$ 是实际位移状态中微段发生的变形位移。若引起实际位移的原因是荷载,即结构在荷载作用下微段上的变形位移,由荷载在微段上引起的内力通过材料力学相关公式可求。

设荷载作用下微段上的内力为 $M_{\mathrm{P}}$、$F_{\mathrm{NP}}$ 和 $F_{\mathrm{SP}}$,如图 6.6(a)所示,分别引起的变形位移为

$$\mathrm{d}\varphi_{\mathrm{P}} = \frac{M_{\mathrm{P}}\mathrm{d}s}{EI} \tag{b}$$

$$\mathrm{d}u_{\mathrm{P}} = \frac{F_{\mathrm{NP}}\mathrm{d}s}{EA} \tag{c}$$

$$\gamma_{\mathrm{P}}\mathrm{d}s = \frac{kF_{\mathrm{SP}}\mathrm{d}s}{GA} \tag{d}$$

式中 $E$——材料的弹性模量;

$I,A$——杆件截面的惯性矩和面积;

$G$——材料的切变模量;

$k$——切应力沿截面分布不均匀而引用的修正系数。其值与截面形状有关,矩形截面$k=\dfrac{6}{5}$,圆形截面$k=\dfrac{10}{9}$,薄壁圆环截面 $k=2$,工字形截面 $k=\dfrac{A}{A'}$,$A'$为腹板截面面积。

应该指出:前述关于微段变形位移的计算,对于直杆是正确的,而对于曲杆还需考虑曲率对变形的影响。不过,对于工程中常用的曲杆结构,由于其截面高度与曲率半径相比很小(称为小曲率杆),曲率的影响不大,仍可按直杆公式计算。

将前述的式(b)、式(c)、式(d)代入式(a)得

$$\Delta_{K\mathrm{P}} = \sum\int \frac{\overline{M}M_{\mathrm{P}}}{EI}\mathrm{d}s + \sum\int \frac{\overline{F}_{\mathrm{N}}F_{\mathrm{NP}}}{EA}\mathrm{d}s + \sum\int \frac{k\overline{F}_{\mathrm{S}}\,F_{\mathrm{SP}}}{GA}\mathrm{d}s \tag{6.6}$$

式(6.6)为平面杆系结构在荷载作用下的位移计算公式。

在式(6.6)中,右边3项分别代表结构的弯曲变形、轴向变形和剪切变形对所求位移的影响。在荷载作用下的实际结构中,不同的结构形式其受力特点不同,各内力项对位移的影响也不同。为简化计算,对不同结构常忽略对位移影响较小的内力项,这样既满足于工程精度求,又使计算简化。下面讨论不同杆件结构的位移计算公式。

### ▶ 6.3.1 梁和刚架

梁式杆的位移中弯矩的影响是主要的。根据相关计算结果表明,曲杆半径与截面高度之比 $r/h=10$ 时,弯曲变形引起的位移占总位移的99.5%;如果曲杆半径与截面高度之比 $r/h=5$ 时,弯曲变形引起的位移占总位移的98.0%。因此,梁和刚架的位移计算公式只选式(6.6)中的第一项便具有足够的工程精度。

$$\Delta_{KP}=\sum\int\frac{\overline{M}M_{P}}{EI}\mathrm{d}s \tag{6.7}$$

**【例6.1】** 试求图6.9(a)所示等截面简支梁中点 $C$ 的竖向位移 $\Delta_{Cy}$。已知 $EI$=常数。

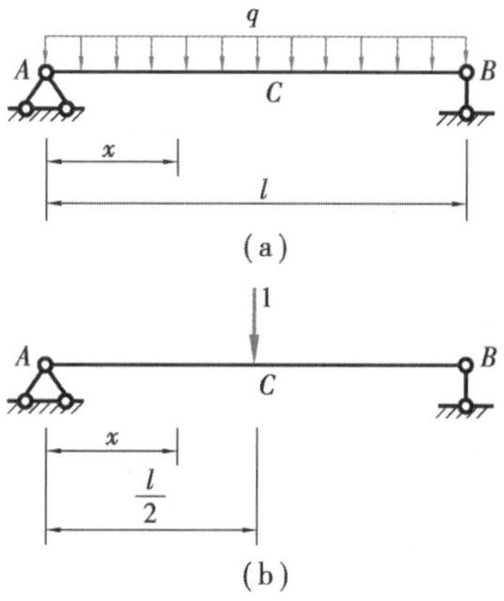

**【解】** 在 $C$ 点加一竖向单位荷载作为虚拟状态,分别求出实际荷载和单位荷载作用下梁的弯矩[图6.9(b)]。设以 $A$ 为坐标原点,则当 $0\leqslant x\leqslant\dfrac{l}{2}$ 时,有

$$\overline{M}=\frac{1}{2}x,M_{P}=\frac{q}{2}(lx-x^{2})$$

因为结构对称,所以由式(6.7)得

$$\Delta_{Cy}=2\int_{0}^{\frac{l}{2}}\frac{1}{EI}\times\frac{x}{2}\times\frac{q}{2}(lx-x^{2})\mathrm{d}x$$

$$=\frac{q}{2EI}\int_{0}^{\frac{l}{2}}(lx^{2}-x^{3})\mathrm{d}x=\frac{5ql^{4}}{384EI}(\downarrow)$$



图6.9

计算结果为正,说明 $C$ 点竖向位移的方向与虚拟单位荷载的方向相同,即向下。

**【例6.2】** 如图6.10(a)所示刚架,各杆段抗弯刚度均为 $EI$,试求 $B$ 截面水平位移 $\Delta_{Bx}$。

**【解】** 已知实际位移状态如图6.10(a)所示,设立虚拟单位力状态如图6.10(b)所示。刚架弯矩以内侧受拉为正,有

$BA$ 杆:

$$M_{P}(x)=-Fa-\frac{qx^{2}}{2},\overline{M}(x)=-1\times x$$

$BC$ 杆:

$$M_{P}(x)=-Fx,\overline{M}(x)=0$$

将内力及 $\mathrm{d}s=\mathrm{d}x$ 代入式(6.7)有

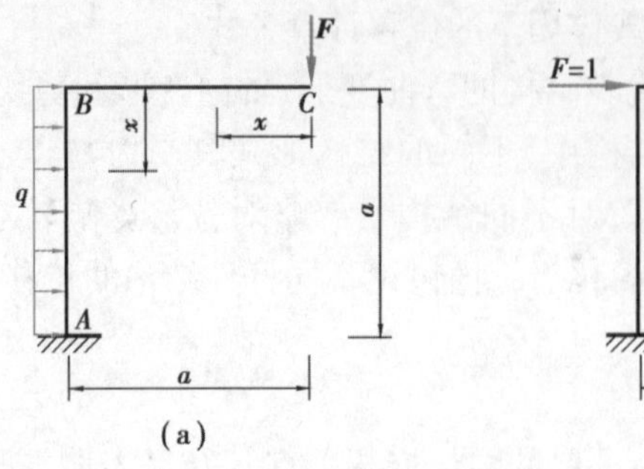

(a)

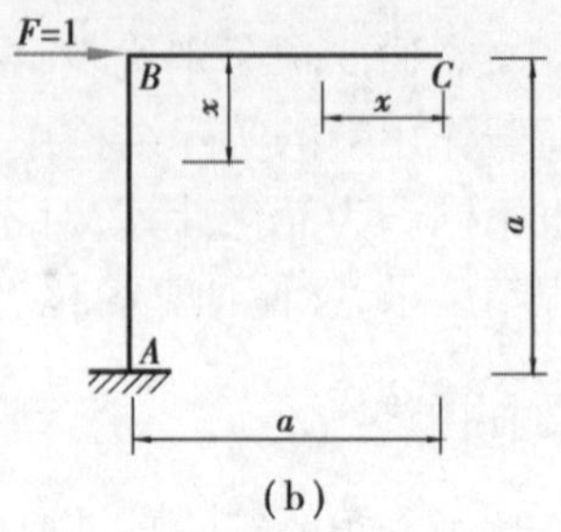

(b)

图 6.10

$$\Delta_{Bx} = \int_0^a \frac{-x}{EI}\left(-Fa - \frac{qx^2}{2}\right)\mathrm{d}x + \int_0^a \frac{1}{EI}(-Fx)\,\mathrm{d}x$$

$$= \frac{1}{EI}\left(\frac{Fa^3}{2} + \frac{qa^4}{8}\right)(\rightarrow)$$

## ▶ 6.3.2 桁架

各杆为链杆,而且是同材料的等直杆。杆内只有轴力,且处处相等。因而,只取式(6.6)中的第二项并简化后得位移公式为

$$\Delta_{KP} = \sum \int \frac{\overline{F}_{\mathrm{N}} F_{\mathrm{NP}}}{EA}\mathrm{d}s = \sum \frac{\overline{F}_{\mathrm{N}} F_{\mathrm{NP}}}{EA}\int \mathrm{d}s$$

$$\Delta_{KP} = \sum \frac{\overline{F}_{\mathrm{N}} F_{\mathrm{NP}} l}{EA} \tag{6.8}$$

式中 $l$——杆长。

【例 6.3】 图 6.11 所示桁架各杆的 $EA$ 相等,求 $C$ 结点的竖向位移 $\Delta_{Cy}$。

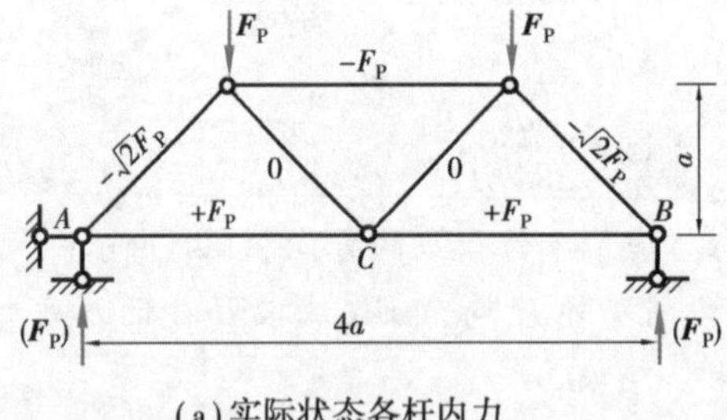

(a)实际状态各杆内力

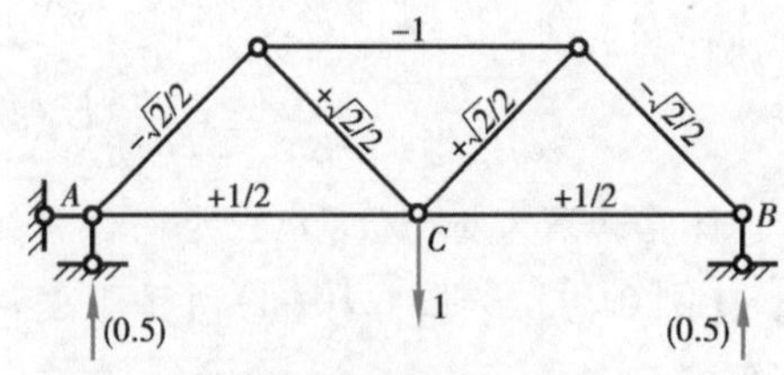

(b)虚拟状态各杆内力

图 6.11

【解】 ①设虚拟状态,如图 6.11(b)所示。

②计算 $\overline{F}_{\mathrm{N}}$ 和 $F_{\mathrm{NP}}$,如图 6.11 所示。

③代公式求 $C$ 点的竖向位移。

$$\Delta_{Cy} = \sum \frac{F_{\mathrm{N}}\overline{F}_{\mathrm{N}} l}{EA} = \frac{1}{EA}\left[2 \times \left(-\frac{\sqrt{2}}{2}\right)\left(-\sqrt{2}F_{\mathrm{P}}\right) \times \sqrt{2a} + (-1)(-F_{\mathrm{P}})2a + 2 \times \frac{1}{2}F_{\mathrm{P}}2a\right]$$

$$= (4 + 2\sqrt{2}) \frac{F_P a}{EA}$$

**【例 6.4】** 图 6.12(a)所示钢桁架,图中括号内数值为杆件横截面面积(单位:$cm^2$)。许可挠度与跨长的比值 $\left[\frac{w}{l}\right]=\frac{1}{800}$,试校核桁架的刚度。

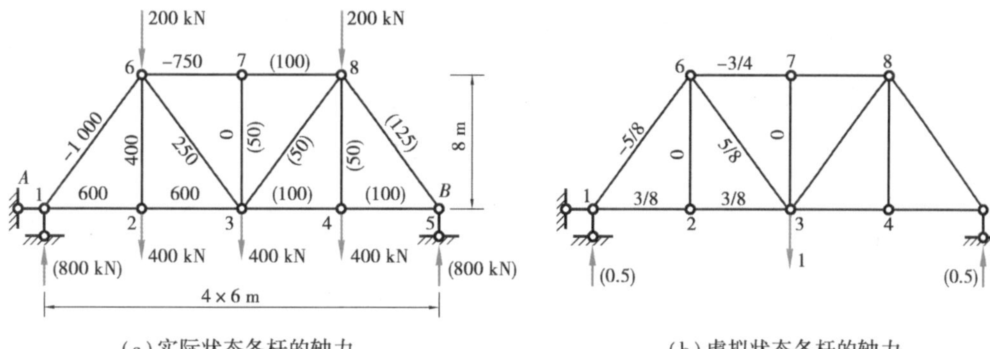


图 6.12

**【解】** 对称简支桁架在对称荷载作用下,最大挠度发生在桁架的对称面处。须计算结点 3 的竖向位移,然后进行刚度校核。

①建立虚拟状态,如图 6.12(b)所示。

②计算$\overline{F}_N$ 和 $F_{NP}$,并标于图 6.12(b)、(a)上。

③求 3 点的竖向位移,进行刚度校核。

$\Delta_{3P} = \sum \frac{\overline{F}_N F_{NP} l}{EA} = \frac{1}{E} \sum \overline{F}_N F_{NP} \frac{l}{A}$,计算半个桁架的 $\sum \overline{F}_N F_{NP} \frac{l}{A}$,如表 6.1 所示。

表 6.1 桁架位移计算

| 杆件 | 编号 | $l$/mm | $A/mm^2$ | $\frac{l}{A}/mm^{-1}$ | $F_{NP}$/N | $\overline{F}_N$ | $\frac{F_{NP}\overline{F}_N l}{A}/(N \cdot mm^{-1})$ |
|---|---|---|---|---|---|---|---|
| 上弦杆 | 6-7 | 6 000 | 10 000 | 0.6 | -750 000 | -0.75 | 337 500 |
| 下弦杆 | 1-3 | 12 000 | 10 000 | 1.2 | +600 000 | +0.375 | 270 000 |
| 斜杆 | 1-6 | 10 000 | 12 500 | 0.8 | -100 0000 | -0.625 | 500 000 |
| 斜杆 | 3-6 | 10 000 | 5 000 | 2 | 250 000 | +0.625 | 312 500 |
| 竖杆 | 2-6 | | | | | 0 | 0 |
| 竖杆 | 3-7 | | | | 0 | | 0 |
| $\sum$ | | | | | | | 1 420 000 |

$$w_{max} = \Delta_{3P} = \frac{1}{E} \sum \overline{F}_N F_{NP} \frac{l}{A} = \left[\frac{2 \times 1\ 420\ 000}{210\ 000}\right] \text{mm} = 13.5 \text{ mm}$$

$$\frac{w_{\max}}{l}=\frac{13.5}{24\ 000}=\frac{1}{1\ 775}<\left[\frac{w}{l}\right]=\frac{1}{800}$$

所以,桁架满足刚度条件。

### ▶ 6.3.3 拱

对于拱,当其轴力与压力线相近(两者的距离与拱截面高度为同一数量级)或者为扁平拱$\left(\frac{f}{l}<\frac{1}{5}\right)$时,要考虑弯矩和轴力对位移的影响。

$$\Delta_{KP}=\sum\int\frac{\overline{M}M_{P}}{EI}\mathrm{d}s+\sum\int\frac{\overline{F}_{N}F_{NP}}{EA}\mathrm{d}s \tag{6.9}$$

其他情况下,一般只考虑弯矩对位移的影响。

$$\Delta_{KP}=\sum\int\frac{\overline{M}M_{P}}{EI}\mathrm{d}s$$

**【例 6.5】** 求如图6.13(a)所示等截面圆弧形曲杆$\left(\frac{1}{4}\text{圆周}\right)$$B$点的竖向位移$\Delta_{By}$。考虑弯曲、轴向、剪切变形,并设杆的截面高度与其曲率半径之比很小(小曲率杆)。

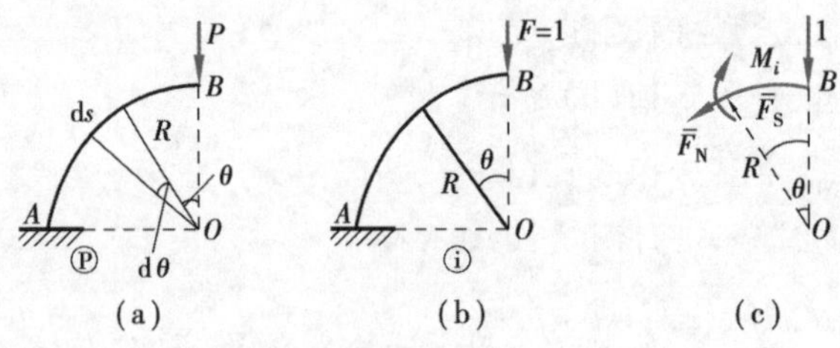


图 6.13

**【解】** 已知实际位移状态如图 6.13(a)所示,设立虚拟单位力状态如图 6.13(b)所示,取圆心 $O$ 为极坐标原点,角 $\theta$ 为自变量,则

$$M_{P}=-FR\sin\theta,\overline{M}=-R\sin\theta$$

$$F_{NP}=-F\sin\theta,\overline{F}_{N}=-\sin\theta$$

$$F_{SP}=F\cos\theta,\overline{F}_{S}=\cos\theta$$

内力$\overline{M}$、$\overline{F}_S$和$\overline{F}_N$ 正向如图 6.13(c)所示,将以上内力和 d$s$=$R$d$\theta$ 代入式(6.9)有

$$\Delta_{By}=\int_{0}^{\frac{\pi}{2}}(-R\sin\theta)\frac{(-FR\sin\theta)}{EI}R\mathrm{d}\theta+\int_{0}^{\frac{\pi}{2}}(-\sin\theta)\frac{(-F\sin\theta)}{EA}R\mathrm{d}\theta$$

$$+\int_{0}^{\frac{\pi}{2}}k(\cos\theta)\frac{(F\cos\theta)}{GA}R\mathrm{d}\theta$$

积分得

$$\Delta_{By}=\frac{\pi}{4}\cdot\frac{FR^{3}}{EI}+\frac{\pi}{4}\cdot\frac{FR}{EA}+k\frac{\pi}{4}\cdot\frac{FR}{GA}$$

以 $\Delta_M$、$\Delta_N$ 和 $\Delta_S$ 分别表示弯曲变形、轴向变形和剪切变形引起的位移,则有

$$\Delta_M = \frac{\pi}{4} \cdot \frac{FR^3}{EI}, \Delta_N = \frac{\pi}{4} \cdot \frac{FR}{EA}, \Delta_S = k\frac{\pi}{4} \cdot \frac{FR}{GA}$$

例如,对于钢筋混凝土结构,$G \approx 0.4E$,若截面为矩形

$$k = 1.2, \frac{I}{A} = \frac{bh^3}{12} \cdot \frac{1}{bh} = \frac{h^2}{12}$$

此时

$$\frac{\Delta_S}{\Delta_M} = k\frac{EI}{GAR^2} = \frac{1}{4}\left(\frac{h}{R}\right)^2$$

$$\frac{\Delta_N}{\Delta_M} = \frac{I}{AR^2} = \frac{1}{12}\left(\frac{h}{R}\right)^3$$

通常$\frac{h}{R} < \frac{1}{10}$,则有

$$\frac{\Delta_S}{\Delta_M} < \frac{1}{400}, \frac{\Delta_N}{\Delta_M} < \frac{1}{1\ 200}$$

可见,在竖向荷载作用下,对于一般曲杆,剪切变形、轴向变形与弯曲变形引起的位移相比很小,可以略去。

### ▶ 6.3.4 组合结构

既有梁式杆,又有链杆,取用式(6.6)中的前两项得位移公式为

$$\Delta_{KP} = \sum \int \frac{\overline{M}M_P}{EI}\mathrm{d}s + \sum \frac{\overline{F}_N F_{NP} l}{EA} \tag{6.10}$$

## 6.4 图乘法

图乘法原理

### ▶ 6.4.1 图乘法原理

如果用式(6.7)计算梁和刚架的位移,须先列弯矩方程 $M_P(x)$ 和 $\overline{M}(x)$,再代公式进行积分运算。当杆件数目较多或荷载较为复杂时,积分计算位移相当麻烦。需要用一种简便实用的方法替代积分运算,图乘法应运而生。

图乘法的应用

**1)图乘法的适用条件及公式推导**

图乘法适用条件如下:

①杆轴线为直线。

②$EI$ 为常数。

③$\overline{M}$和 $M_P$ 两个弯矩图至少有一个为直线图形。

若符合上述条件,则可用下述图乘法来代替积分运算,使计算工作简化。

如图 6.14 所示为等截面直杆 $AB$ 段上的两个弯矩图,$\overline{M}$图为一段直线,$M_P$ 图为任

意形状对于图示坐标，$\overline{M}=x\tan\alpha$，于是有

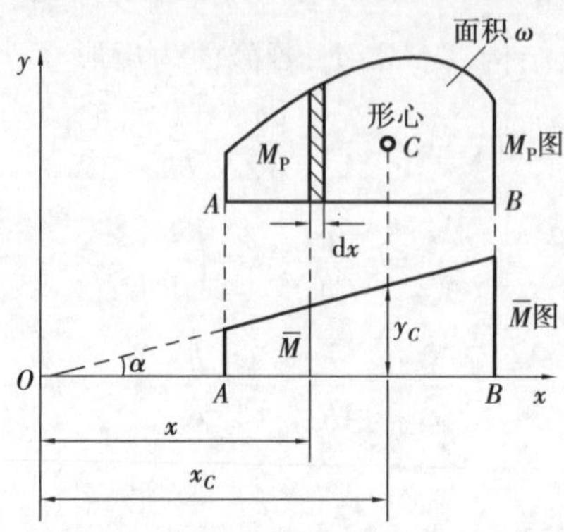


图 6.14

$$\begin{aligned}\int_A^B \frac{\overline{M}M_P}{EI}ds &= \frac{1}{EI}\int_A^B \overline{M}M_P ds = \frac{1}{EI}\int_A^B x\tan\alpha\, M_P dx\\ &= \frac{1}{EI}\tan\alpha\int_A^B xM_P dx\\ &= \frac{1}{EI}\tan\alpha\int_A^B x d\omega \qquad \text{(a)}\end{aligned}$$

式中，$d\omega = M_P dx$ 表示 $M_P$ 图的微面积，因而积分 $\int_A^B x\, d\omega$ 就是 $M_P$ 图形面积 $\omega$ 对 $y$ 轴的静矩。

这个静矩可以写为

$$\int_A^B x\, d\omega = \omega x_C \qquad \text{(b)}$$

其中，$x_C$ 为 $M_P$ 图形心到 $y$ 轴的距离。将式(b)代入式(a)，得 $\int_A^B \frac{\overline{M}M_P}{EI}ds = \frac{1}{EI}\omega x_C \tan\alpha$。

而 $x_C\tan\alpha = y_C$，$y_C$ 为$\overline{M}$图中与 $M_P$ 图形心相对应的竖标。于是式(a)可写为

$$\int_A^B \frac{\overline{M}M_P}{EI}ds = \frac{1}{EI}\omega y_C \qquad (6.11)$$

式(6.11)等于一个弯矩图的面积 $\omega$ 乘以其形心所对应的另一个直线弯矩图的竖标 $y_C$ 再除以 $EI$。这种利用图形相乘来代替两函数乘积的积分运算称为图乘法。

根据前述推证过程，在应用图乘法时要注意以下几点：

①必须符合前述的条件。

②竖标只能取自直线图形。

③$\omega$ 与 $y_C$ 若在杆件同侧图乘取正号，异侧取负号。

**2）几种简单图形的面积及形心位置**

几种简单图形的面积及形心位置如图 6.15 所示。

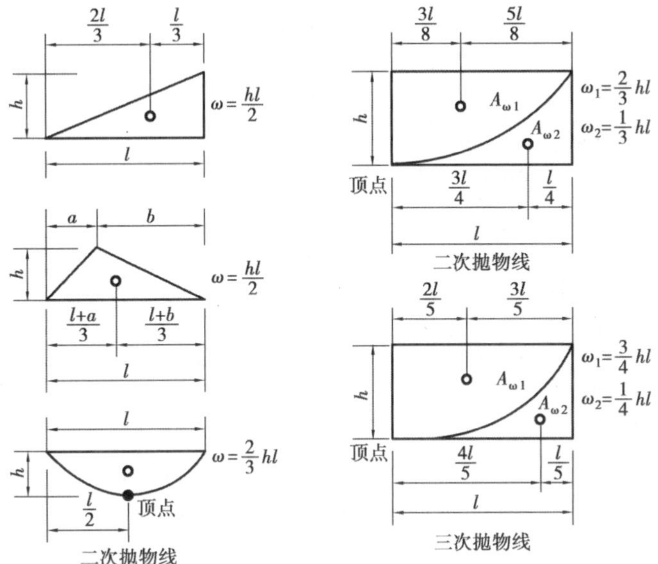


图 6.15

3)图乘法中图形处理的几种形式

在应用图乘法求解位移时，弯矩图不是几种常见图形时，可将它分解为几个简单的图形，分别与另一图形相乘，然后把结果叠加。

(1)梯形

例如，图 6.16(a)所示两个梯形相乘时，梯形的形心不易定出，可以把它分解为两个三角形，$M_P = M_{Pa} + M_{Pb}$，形心对应竖标分别为 $y_a$ 和 $y_b$，则

$$
\begin{aligned}
\frac{1}{EI}\int \overline{M}M_P\mathrm{d}x &= \frac{1}{EI}\int \overline{M}(M_{Pa} + M_{Pb})\mathrm{d}x \\
&= \frac{1}{EI}\int \overline{M}M_{Pa}\mathrm{d}x + \frac{1}{EI}\int \overline{M}M_{Pb}\mathrm{d}x \\
&= \frac{1}{EI}\left(\int \frac{al}{2}y_a + \frac{bl}{2}y_b\right)
\end{aligned}
$$

式中，$y_a = \frac{2}{3}c + \frac{1}{3}d$，$y_b = \frac{1}{3}c + \frac{2}{3}d$。

(2)图形不在同一侧

当 $M_P$ 或 $\overline{M}$ 图的竖标 $a$、$b$、$c$、$d$ 不在基线的同一侧时，可继续分解为位于基线两侧的两个三角形，如图 6.16(b)所示。

$$\omega_a = \frac{al}{2}(\text{基线上})$$

$$\omega_b = \frac{bl}{2}(\text{基线下})$$

$$y_a = \frac{2}{3}c - \frac{d}{3}(\text{基线下})$$

$$y_b = \frac{c}{3} - \frac{2}{3}d(\text{基线下})$$

(3)梯形和抛物线叠加

对均布荷载作用下的任一直杆段[图 6.16(c)],由区段叠加法作弯矩图的过程可知,其弯矩图可以看成一个梯形和一个规则抛物线图形的叠加。

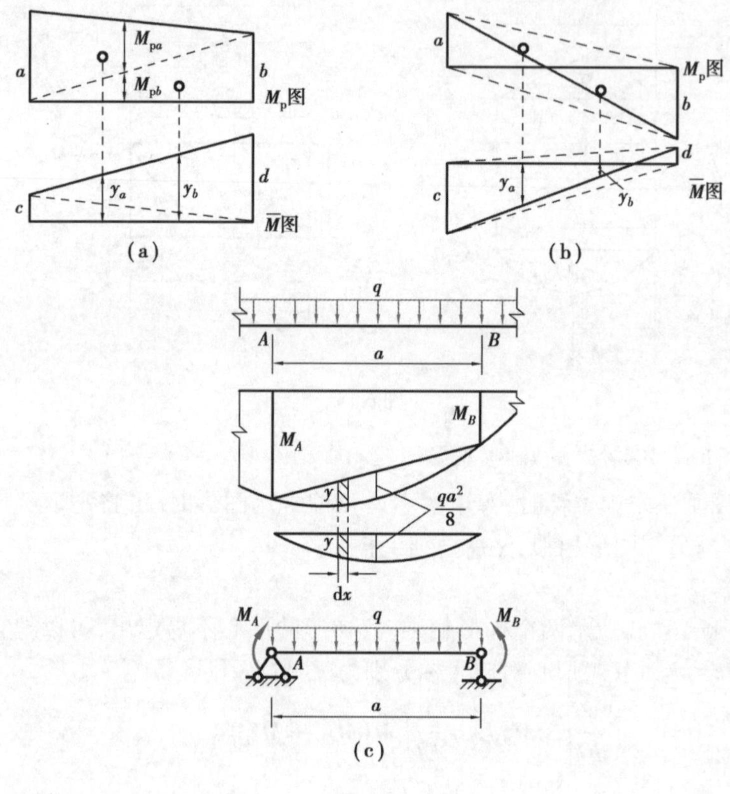


图 6.16

(4)折线或杆段截面 $I$ 不同

当 $y_C$ 所在图形是折线时,或各杆段截面不相等时,均应分段图乘,再进行叠加,如图6.17所示。

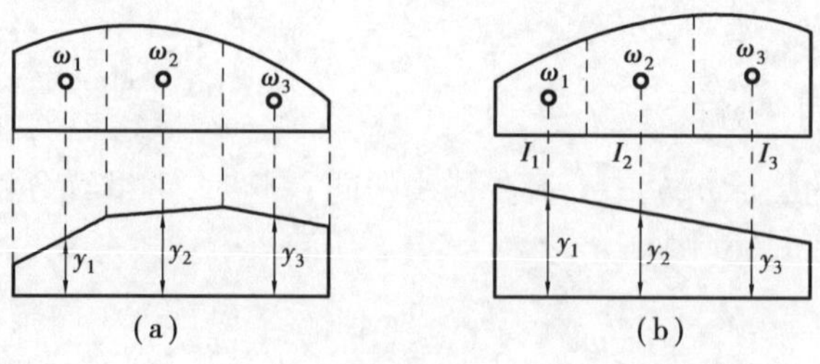


图 6.17

如图 6.17(a)所示应为

$$\Delta = \frac{1}{EI}(\omega_1 y_1 + \omega_2 y_2 + \omega_3 y_3)$$

如图 6.17(b)所示应为

$$\Delta = \frac{\omega_1 y_1}{EI_1} + \frac{\omega_2 y_2}{EI_2} + \frac{\omega_3 y_3}{EI_3}$$

**4)图乘法的步骤**

图乘法的步骤如下：

①设虚拟状态。

②画 $M_P$ 图、$\overline{M}$图。

③图乘求位移。

a.分区段：按 $EI$ 为常量、$M_P$ 图线$\overline{M}$图线有直线形分段，如图 6.17 所示。

b.拟取 $\omega$、$y_C$：直线形图提供纵标 $y_C$，另一图形提供面积 $\omega$。

c.图形分解：当图形的面积或形心位置不易确定时，必须分解为图 6.16 所示的规则图形。

d.图乘求位移：对于每项图乘，图形面积 $\omega$ 与纵标线 $y_C$ 若在弯矩图基线的同侧，则乘积为正，反之为负。

## ▶ 6.4.2 图乘法计算直梁和刚架的位移

下面举例应用图乘法求直梁和刚架的位移。

**【例 6.6】** 试求图 6.18 简支梁 $A$ 处转角位移、$C$ 处竖向位移和转角位移，$EI$ 为常数。

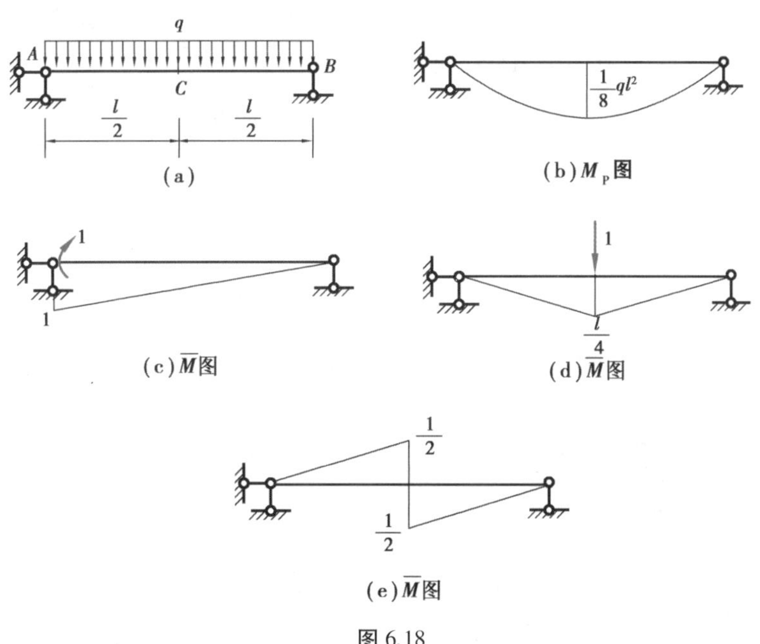


图 6.18

**【解】** ①求 $A$ 处转角位移。绘制$M_P$图和$\overline{M}$图。

$M_P$图：原始荷载作用的弯矩图如图 6.18(b)所示；

$\overline{M}$图：单位荷载作用的弯矩图如图 6.18(c)所示；

按图乘法公式进行图乘计算，可得

$$\varphi_A = \frac{1}{EI}\left(\frac{2}{3} \times \frac{1}{8}ql^2 \times l\right) \times \frac{1}{2} = \frac{ql^3}{24EI}(\curvearrowright)$$

②求 $C$ 处竖向位移。绘制$M_P$图和$\overline{M}$图。

$M_P$图：原始荷载作用的弯矩图如图 6.18(b)所示；

$\overline{M}$图：单位荷载作用的弯矩图如图 6.18(d)所示；

按图乘法公式进行图乘计算，可得

$$\Delta_{CV} = 2 \times \frac{1}{EI}\left(\frac{2}{3} \times \frac{1}{8}ql^2 \times \frac{l}{2}\right)\left(\frac{5}{8} \times \frac{l}{4}\right) = \frac{5ql^4}{384EI}(\downarrow)$$

③求 $C$ 处转角位移。绘制$M_P$图和$\overline{M}$图。

$M_P$图：原始荷载作用的弯矩图如图 6.18(b)所示；

$\overline{M}$图：单位荷载作用的弯矩图如图 6.18(e)所示；

按图乘法公式进行图乘计算，可得

$$\varphi_C = \frac{1}{EI}\left(\frac{2}{3} \times \frac{ql^2}{8} \times \frac{l}{2}\right) \times \left(\frac{5}{8} \times \frac{1}{2} - \frac{5}{8} \times \frac{1}{2}\right) = 0$$

在使用图乘法求解位移的过程中，需注意以下细节：

①求某点线位移时，则在该点施加虚拟单位力，单位力的方向为沿所求线位移的方向。若求解出位移值为正，则位移方向与施加虚拟力的方向相同；若为负，则相反。

②求某点角位移时，则在该点施加虚拟单位力偶，顺时针或逆时针均可。若求解出角位移值为正，则位移方向与施加虚拟力偶的方向相同；若为负，则相反。

③$M_P$图和$\overline{M}$图一定有一个为直线时，方可进行图乘，折线、曲线均不可。

④图乘时，$M_P$图和$\overline{M}$图同侧，则为正；若不同侧，则需加负号。

例题 均布荷载梁

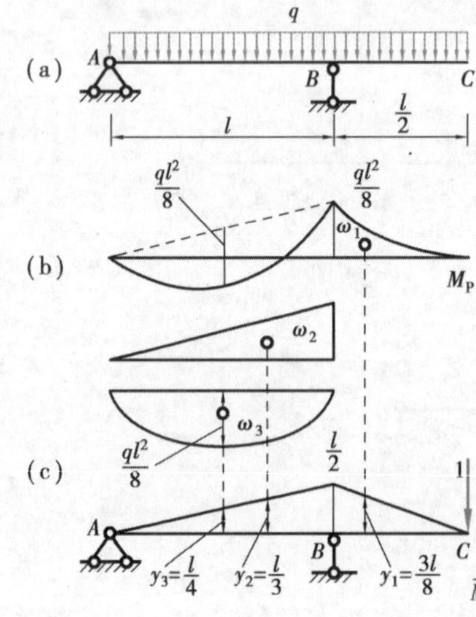


图 6.19

【例 6.7】 试求图 6.19(a)所示外伸梁 $C$ 点的竖向位移 $\Delta_{Cy}$。梁的 $EI$=常数。

【解】 $M_P$ 图、$\overline{M}$图分别如图 6.19(b)、(c)所示。$BC$ 段的 $M_P$ 图是标准二次抛物线；$AB$ 段的 $M_P$ 图较复杂，但可将其分解为一个三角形和一个标准二次抛物线图形。于是，由图乘法得

$$\Delta_{Cy} = \frac{1}{EI}(\omega_1 y_1 + \omega_2 y_2 - \omega_3 y_3)$$

$$\omega_1 = \frac{1}{3} \times \frac{l}{2} \times \frac{1}{8}ql^2$$

$$y_1 = \frac{3}{4} \times \frac{l}{2}$$

$$\omega_2 = \frac{1}{2}l \times \frac{1}{8}ql^2 \qquad y_2 = \frac{2}{3} \times \frac{l}{2}$$

$$\omega_3 = \frac{2}{3}l \times \frac{1}{8}ql^2 \qquad y_3 = \frac{1}{2} \times \frac{l}{2}$$

代入以上数据，于是

$$\Delta_{Cy}=\frac{1}{EI}\left(\frac{ql^3}{48}\times\frac{3}{8}l+\frac{ql^3}{16}\times\frac{l}{3}-\frac{ql^3}{12}\times\frac{l}{4}\right)$$
$$=\frac{ql^4}{128EI}(\downarrow)$$

【例 6.8】 试求图 6.20(a)所示伸臂梁 $C$ 点的竖向位移 $\Delta_{Cy}$，设 $EI=1.5\times10^5\ \text{kN}\cdot\text{m}^2$。

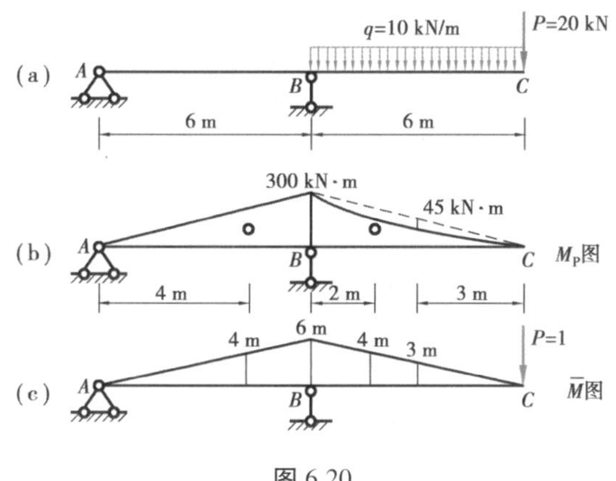


图 6.20

【解】 荷载弯矩图和单位弯矩图如图 6.20(b)、(c)所示。在 $AB$ 段，$M_P$ 和$\overline{M}$图均是三角形；在 $BC$ 段，$M_P$ 图中 $C$ 点不是抛物线的顶点(因为$\frac{dM}{dx}=F_S\neq0$)，但可将它看作是由 $B$、$C$ 两端的弯矩竖标所连成的三角形与相应简支梁在均布荷载作用下的标准抛物线图叠加而成[即图6.24(b)中虚线与曲线之间包含的面积]。将上述各部分分别图乘再叠加，即得

$$\Delta_{Cy}=\frac{1}{EI}\times2\times\left(\frac{1}{2}\times300\times6\times4\right)+\frac{1}{EI}\times\frac{1}{3}\times45\times6\times3$$
$$=\frac{6\ 660}{EI}=\frac{6\ 660}{1.5\times10^5}=0.044\ 4(\text{m})=4.44\ \text{cm}(\downarrow)$$

【例 6.9】 试求图 6.21(a)所示刚架结点 $B$ 的水平位移 $\Delta_{Bx}$。设各杆为矩形截面，截面尺寸为 $b\times h$，惯性矩 $I=bh^3/12$，$E$ 为常数，只考虑弯矩变形的影响。

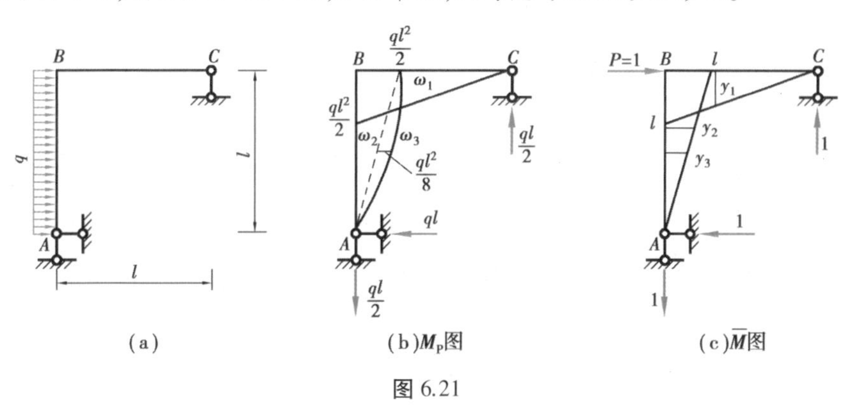


图 6.21

【解】 先作出 $M_P$ 图和$\overline{M}$图,分别如图 6.21(b)、(c)所示。应用图乘法求得结点 $B$ 的水平位移为

$$\Delta_{Bx} = \frac{1}{EI}(\omega_1 y_1 + \omega_2 y_2 + \omega_3 y_3)$$

$$= \frac{1}{EI}\left(\frac{1}{2} \times \frac{1}{2}ql^2 \times l \times \frac{2}{3}l + \frac{1}{2} \times \frac{1}{2}ql^2 \times l \times \frac{2}{3}l + \frac{2}{3} \times \frac{1}{8}ql^2 \times l \times \frac{l}{2}\right)$$

$$= \frac{3ql^4}{8EI}(\rightarrow)$$

例题 组合结构

【例 6.10】 试求如图 6.22(a)所示组合结构 $D$ 端的竖向位移 $\Delta_{Dy}$。$E=2.1\times10^{11}\ \mathrm{N/m^2}$,受弯杆件截面惯性矩 $I=3.2\times10^{-5}\ \mathrm{m^4}$,拉杆 $BE$ 的截面面积 $A=16\times10^{-4}\ \mathrm{m^2}$。

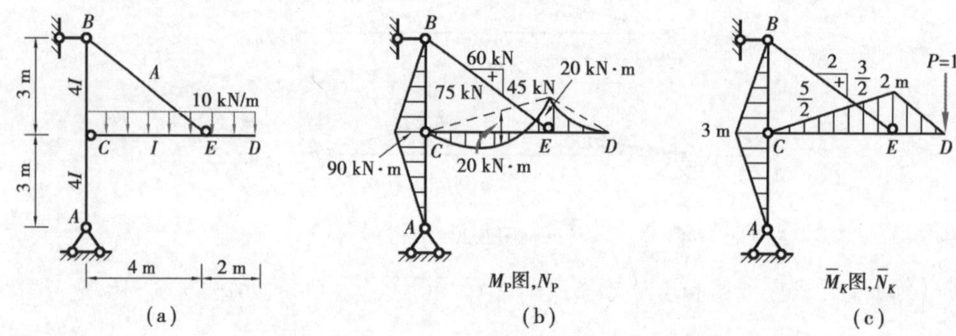

(a) (b) (c)

图 6.22

【解】 作出实际荷载作用下的弯矩图 $M_P$,并求出 $BE$ 杆轴力,如图 6.22(b)所示,在 $D$ 端加一竖向单位力,作出$\overline{M}$图和 $BE$ 杆轴力,如图 6.22(c)所示,按式(6.10)图乘及运算。

$$\Delta_{Dy} = \frac{1}{EI}\left[\left(\frac{1}{3} \times 20 \times 10^3 \times 2\right) \times \left(\frac{3}{4} \times 2\right) + \left(\frac{1}{2} \times 20 \times 10^3 \times 4\right) \times \left(\frac{2}{3} \times 2\right) - \right.$$

$$\left.\left(\frac{2}{3} \times 20 \times 10^4 \times 4\right) \times \left(\frac{1}{2} \times 2\right)\right] + \frac{1}{4EI}\left[\left(\frac{1}{2} \times 90 \times 10^3 \times 3\right) \times \left(\frac{2}{3} \times 3\right) \times 2\right] +$$

$$\frac{1}{EI} \times 75 \times 10^3 \times \frac{5}{2} \times 5$$

$$= \frac{1}{EI} \times 155 \times 10^3 + \frac{1}{EA} \times 937.5 \times 10^3$$

$$= 0.023\ 1 + 0.002\ 79$$

$$= 0.025\ 9(\mathrm{m})(\downarrow)$$

从【例 6.10】的计算可知:弯矩和轴力对位移的影响分别占 89%和 11%,显然在组合结构的计算中链杆的轴力是不能略去的。

单位荷载应用——支座移动

# *6.5 支座位移引起的位移计算

静定结构由于支座移动并不产生内力也无变形，只发生刚体位移。如图 6.23(a)所示静定结构，其支座发生水平位移 $C_1$、竖向位移 $C_2$ 和转角 $C_3$，现要求由此引起的任一点沿任一方向的位移，如求 $K$ 点竖向位移 $\Delta_K$。

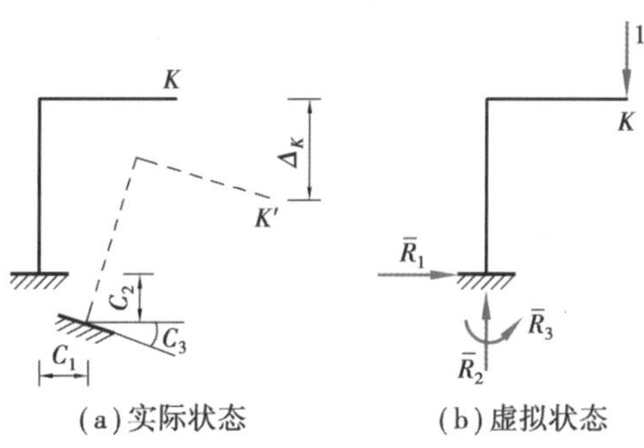


图 6.23

这种位移仍用虚功原理来计算。由位移计算的一般公式(6.5)得

$$\Delta_K = -\sum \overline{F}_R C + \sum \int \overline{F}_N du + \sum \int \overline{M} d\varphi + \sum \int \overline{F}_S \gamma ds$$

因为从实际状态中取出的微段 d$s$ 的变形为 $d\varphi = du = ds = 0$，于是上式可简化为

$$\Delta_K = -\sum \overline{F}_{Ri} C_i \tag{6.12}$$

这就是静定结构在支座位移时的位移计算公式。式中，$\overline{F}_{Ri}$ 为虚拟状态，如图 6.23(b)所示的支座反力，$C_i$ 为实际状态的支座位移，$\sum \overline{F}_{Ri} C_i$ 为反力虚功。当 $\overline{F}_{Ri}$ 与实际支座位移 $C_i$ 的方向一致时其乘积取正，相反时取负。此外，式(6.12)右边前面还有一个负号，不可漏掉。

**【例 6.11】** 图 6.24(a)所示静定刚架，若支架 $A$ 发生如图所示的位移：$a = 1.0$ cm，$b = 1.5$ cm。试求 $C$ 点的水平位移 $\Delta_{Cx}$、竖向位移 $\Delta_{Cy}$。

**【解】** 在 $C$ 点处分别加一水平和竖向的单位力，求出其支座反力如图 6.24(b)、(c)所示。由公式(6.10)得

$$\Delta_{Cx} = -(1 \times 1.0 - 1 \times 1.5) = 0.5(\text{cm})(\leftarrow)$$

$$\Delta_{Cy} = -1.5 \times 1 = -1.5(\text{cm})(\downarrow)$$

**【例 6.12】** 如图 6.25(a)所示三铰刚架，若支座 $B$ 发生如图所示位移 $a = 4$ cm，$b = 6$ cm，$l = 8$ m，$h = 6$ m，求由此而引起的左支座处杆端截面的转角 $\varphi_A$。

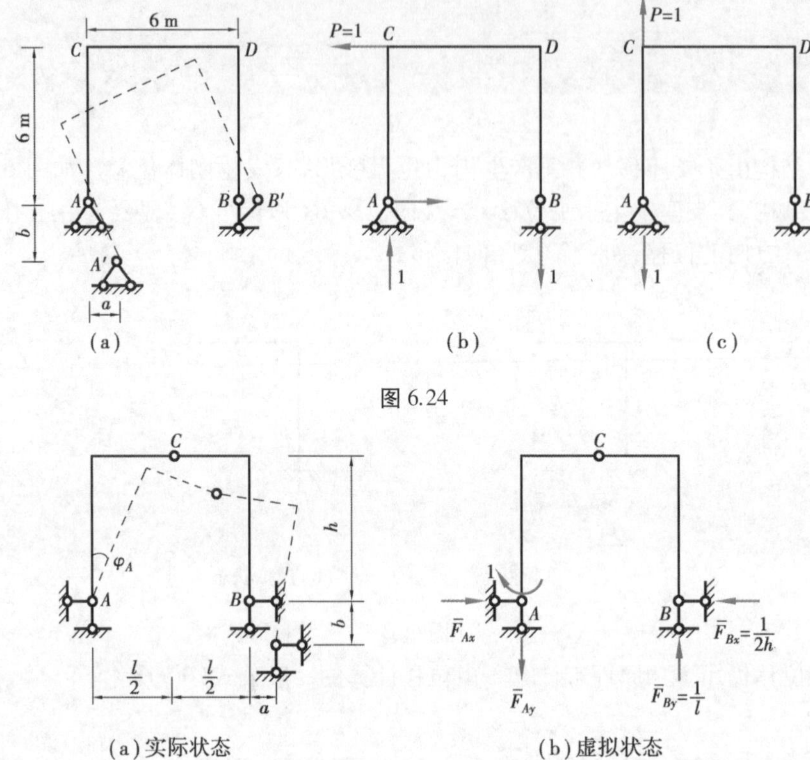


图 6.24

图 6.25

【解】 在 $A$ 点处加一单位力偶，建立虚拟力状态。依次求得支座反力，如图 6.25(b)所示。由式(6.12)得

$$\varphi_A = -\left[\left(-\frac{1}{2h}\times a\right)+\left(-\frac{1}{l}\times b\right)\right]$$

$$=\frac{a}{2h}+\frac{b}{l}=\frac{4}{2\times 600}+\frac{6}{800}$$

$$=0.010\ 8(\mathrm{rad})$$

单位荷载应用——温度位移

## *6.6 温度变化引起的位移计算

静定结构温度变化时不产生内力，但产生变形，从而产生位移。

如图 6.26(a)所示，结构外侧温度升高 $t_1$ 时，内侧温度升高 $t_2$，现要求由此引起的 $K$ 点竖向位移 $\Delta_{Kt}$。此时，位移计算的一般公式(6.5)成为

$$\Delta_{Kt} = \sum\int \overline{F}_{\mathrm{N}}\mathrm{d}u_t + \sum\int \overline{M}\mathrm{d}\varphi_t + \sum\int \overline{F}_{\mathrm{S}}\gamma_t\mathrm{d}s \tag{a}$$

为求 $\Delta_{Kt}$，需先求微段上由于温度变化而引起的变形位移 $\mathrm{d}u_t$、$\mathrm{d}\varphi_t$、$\gamma_t\mathrm{d}s$。

取实际位移状态中的微段 $\mathrm{d}s$，如图 6.26(a)所示，微段上、下边缘处的纤维由于温

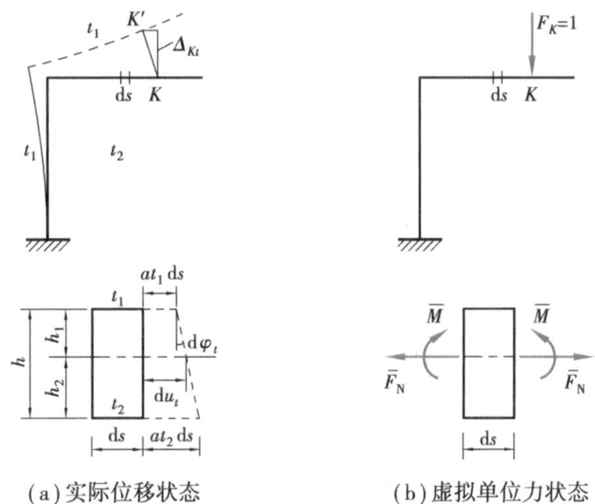


(a)实际位移状态　　(b)虚拟单位力状态

图 6.26

度升高而伸长,分别为 $\alpha t_1\mathrm{d}s$ 和 $\alpha t_2\mathrm{d}s$,这里又是材料的线膨胀系数。为简化计算,可假设温度沿截面高度呈线性变化,这样在温度变化时截面仍保持为平面。由几何关系可求微段在杆轴处的伸长值为

$$\begin{aligned}\mathrm{d}u_t &= \alpha t_1\mathrm{d}s + (\alpha t_2\mathrm{d}s - \alpha t_1\mathrm{d}s)\frac{h_1}{h} \\ &= \alpha\left(\frac{h_2}{h}t_1 + \frac{h_1}{h}t_2\right)\mathrm{d}s \\ &= \alpha t\mathrm{d}s \end{aligned} \tag{b}$$

式中,$t=\dfrac{h_2}{h}t_1+\dfrac{h_1}{h}t_2$,为杆轴线处的温度变化。若杆件的截面对称于形心轴,即 $h_1=h_2=\dfrac{h}{2}$,则 $t=\dfrac{t_1+t_2}{2}$。

而微段两端截面的转角为

$$\begin{aligned}\mathrm{d}\varphi_t &= \frac{\alpha t_2\mathrm{d}s - \alpha t_1\mathrm{d}s}{h} = \frac{\alpha(t_2 - t_1)\mathrm{d}s}{h} \\ &= \frac{\alpha\Delta t\mathrm{d}s}{h}\end{aligned} \tag{c}$$

式中,$\Delta t=t_2-t_1$,为两侧温度变化之差。

对于杆件结构,温度变化并不引起剪切变形,即 $\gamma_t=0$。

将以上微段的温度变形,即式(b)、式(c)代入式(a),可得

$$\begin{aligned}\Delta_{Kt} &= \sum\int \overline{F}_{\mathrm{N}}\alpha t\mathrm{d}s + \sum\int \overline{M}\frac{\alpha\Delta t\mathrm{d}s}{h} \\ &= \sum \alpha t\int \overline{F}_{\mathrm{N}}\mathrm{d}s + \sum\frac{\alpha\Delta t}{h}\int \overline{M}\mathrm{d}s\end{aligned} \tag{6.13}$$

若各杆均为等截面杆,则

$$\Delta_{Kt} = \sum \alpha t \int \overline{F}_{\mathrm{N}} \mathrm{d}s + \sum \frac{\alpha \Delta t}{h} \int \overline{M} \mathrm{d}s$$

$$= \sum \alpha t \omega_{F_{\mathrm{N}}} + \sum \frac{\alpha A t}{h} \omega_M \tag{6.14}$$

式中,$\omega_{F_N}$为$\overline{F}_N$图的面积,$\omega_M$为$\overline{M}$图的面积。

式(6.13)、式(6.14)是温度变化所引起的位移计算的一般公式。公式右边两项的正负号作如下规定:若虚拟力状态的变形与实际位移状态的温度变化所引起的变形方向一致,则取正号;反之,取负号。

对于梁和刚架,在计算温度变化所引起的位移时,一般不能略去轴向变形的影响。

对于桁架,在温度变化时,其位移计算公式为

$$\Delta_{Kt} = \sum \overline{F}_{\mathrm{N}} \alpha t l \tag{6.15}$$

当桁架的杆件长度因制造而存在误差时,由此引起的位移计算与温度变化时相类似。设各杆长度误差为$\Delta l$,则位移计算公式为

$$\Delta_K = \sum \overline{F}_{\mathrm{N}} \Delta l \tag{6.16}$$

式中,$\Delta l$以伸长为正,$\overline{F}_N$以拉力为正;否则,反之。

【例6.13】 如图6.27(a)所示刚架,已知刚架各杆内侧温度无变化,外侧温度下降16 ℃,各杆截面均为矩形,高度为$h$,线膨胀系数为$\alpha$。试求温度变化引起的$C$点竖向位移$\Delta_{Cy}$。

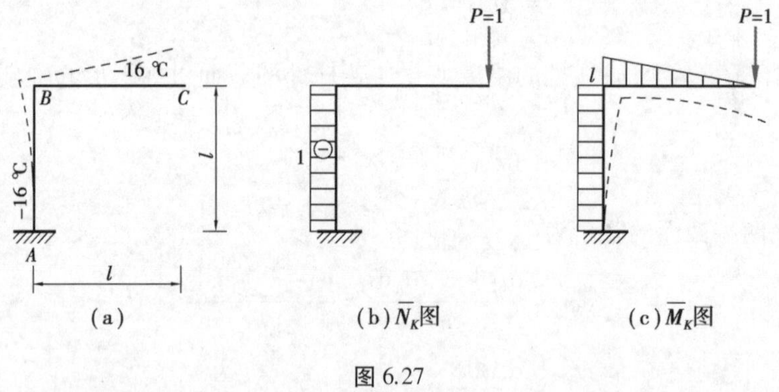


图6.27

【解】 设立虚拟单位力状态$F=1$,作出相应的$\overline{F}_N$和$\overline{M}$图,分别如图6.27(b)、(c)所示。

$$t_1 = -16\ ℃, t_2 = 0$$

$$t = \frac{t_1 + t_2}{2} = \frac{-16 + 0}{2} = -8(℃)$$

$$\Delta_t = t_2 - t_1 = 0 - (-16) = 16(℃)$$

$AB$杆由于温度变化产生轴向收缩变形,与$\overline{F}_N$所产生的变形(压缩)方向相同。而

$AB$ 和 $BC$ 杆由于温度变化产生的弯曲变形(外侧纤维缩短,向外侧弯曲)与由$\overline{M}$所产生的弯曲变形(外侧受拉,向内侧弯曲)方向相反,故计算时,第一项取正号而第二项取负号。代入式(6.14)得

$$\Delta_{Cy} = \alpha \times 8 \times l - \alpha \frac{16}{h} \times \frac{3}{2}l^2$$

$$= 8\alpha l - 24\frac{\alpha l^2}{h}(\uparrow)$$

由于 $l>h$,所得结果为负值,表示 $C$ 点竖向位移与单位力方向相反,即实际位移向上。

## 6.7 梁的位移及刚度校核

### ▶ 6.7.1 梁的位移

梁平面弯曲时,每个截面都发生了移动和转动,如图 6.28 所示。横截面形心在垂直于轴线方向的线位移称为挠度,用 $w$ 表示。对于水平方位的梁,规定 $w$ 向下为正。实际上,梁平面弯曲时横截面形心沿梁的轴线方向还有线位移。工程中,梁的变形一般为小变形,曲率很小,弯曲引起的最大轴向位移不足杆长的十万分之一,所以忽略这种轴向位移。横截面的角位移 $\theta$ 称为转角。在图 6.28(b)所示的坐标系下,以顺时针转向的 $\theta$ 为正。

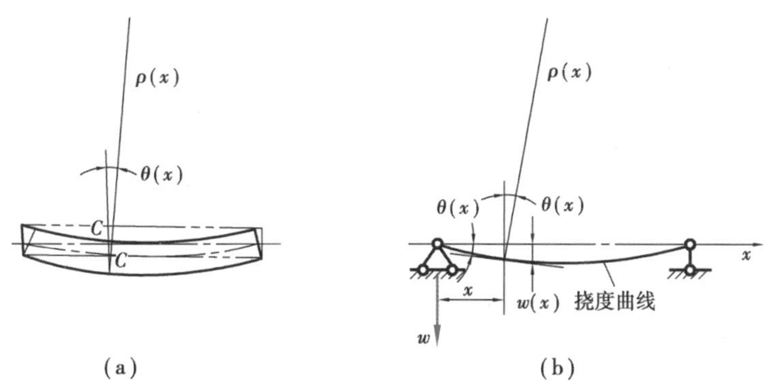


图 6.28

在工程设计手册中,列有常见梁的位移的计算结果,可供计算时查用,如表 6.2 所示。

表 6.2　梁的最大挠度与最大转角公式

| 梁及荷载类型 | 最大转角 | 最大挠度 |
| --- | --- | --- |
| 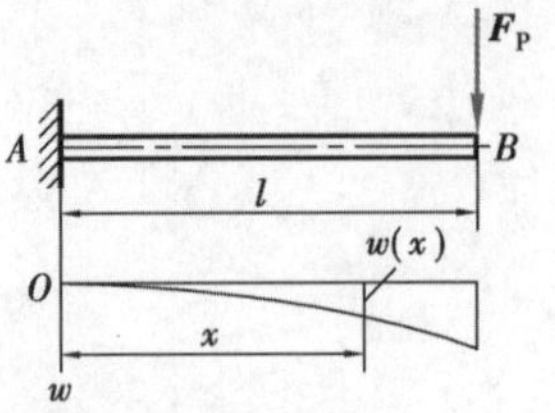 A　$F_P$　B　$l$　O　$w(x)$　$x$　$w$ | $\theta_B=\dfrac{F_P l^2}{2EI}$ | $w_{max}=\dfrac{F_P l^3}{3EI}$ |
| 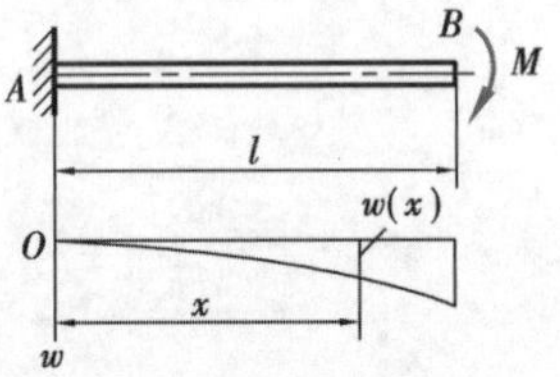 A　B　M　$l$　O　$w(x)$　$x$　$w$ | $\theta_B=\dfrac{Ml}{EI}$ | $w_{max}=\dfrac{Ml^2}{2EI}$ |
| 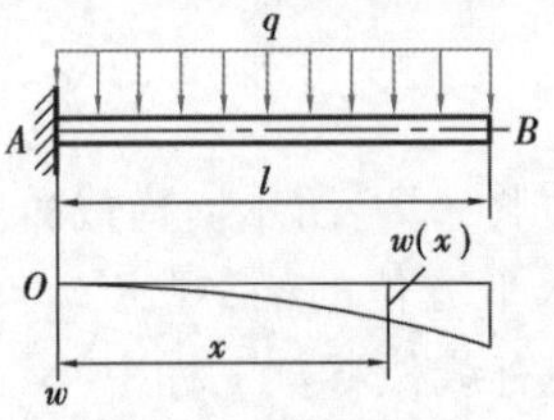 $q$　A　B　$l$　O　$w(x)$　$x$　$w$ | $\theta_B=\dfrac{ql^3}{6EI}$ | $w_{max}=\dfrac{ql^4}{8EI}$ |
| 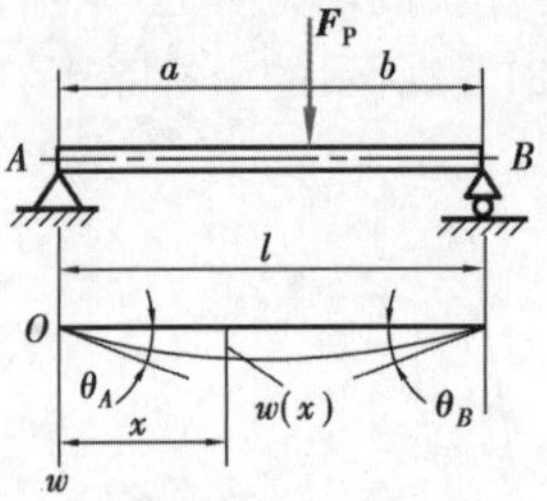 $F_P$　$a$　$b$　A　B　$l$　O　$\theta_A$　$x$　$w(x)$　$\theta_B$　$w$ | $a=b=\dfrac{l}{2}$时，<br>$\theta_A=-\theta_B=\dfrac{F_P l^2}{16EI}$ | $a=b=\dfrac{l}{2}$时，<br>$w_{max}=\dfrac{F_P l^3}{48EI}$ |
| 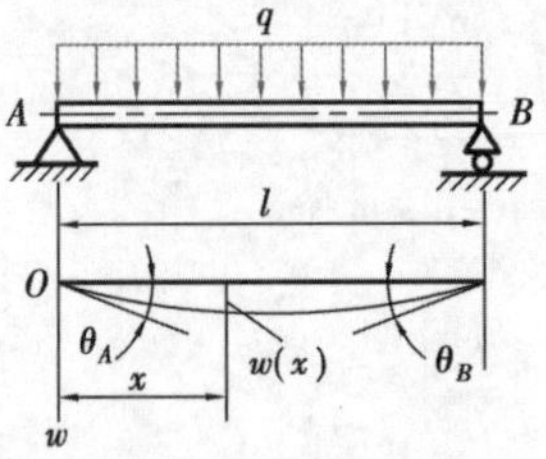 $q$　A　B　$l$　O　$\theta_A$　$x$　$w(x)$　$\theta_B$　$w$ | $\theta_A=-\theta_B=\dfrac{ql^3}{24EI}$ | $w_{max}=\dfrac{5ql^4}{384EI}$ |

## 6.7.2　梁的刚度校核

梁的位移过大，则不能正常工作。如桥梁的挠度过大，车辆通过时将发生很大的振动，必须将位移限制在工程允许的范围内。对于梁的挠度，其许可值以许可的挠度与梁跨长之比$\left[\frac{w}{l}\right]$为标准。土木工程的$\left[\frac{w}{l}\right]$值对于不同类型的梁差别较大，一般为$\frac{1}{250}\sim\frac{1}{1\ 000}$，铁路钢桁梁为$\frac{1}{900}$。梁的刚度条件为

$$\left.\begin{aligned}\frac{w_{\max}}{l}&\leqslant\left[\frac{w}{l}\right]\\ \theta_{\max}&\leqslant[\theta]\end{aligned}\right\}\tag{6.17}$$

应当指出，对于一般土建工程中的构件，强度要求若能满足，刚度条件一般也能满足。因此，在设计工作中，刚度要求相较于强度要求，常处于次要地位。但是，当正常工作条件对构件的位移限制很严格，或按强度条件所选用的构件截面过于单薄时，刚度条件也可能起控制作用。

【例6.14】 如图6.29所示简支梁由工字钢制成，跨度中点处承受集中载荷$\boldsymbol{F}_{\mathrm{P}}$。已知$F_{\mathrm{P}}=40$ kN，跨度$l=3$ m，许用应力$[\sigma]=160$ MPa，许用挠度$[w]=l/500$，弹性模量$E=2\times10^{5}$ MPa，试选择工字钢的型号。

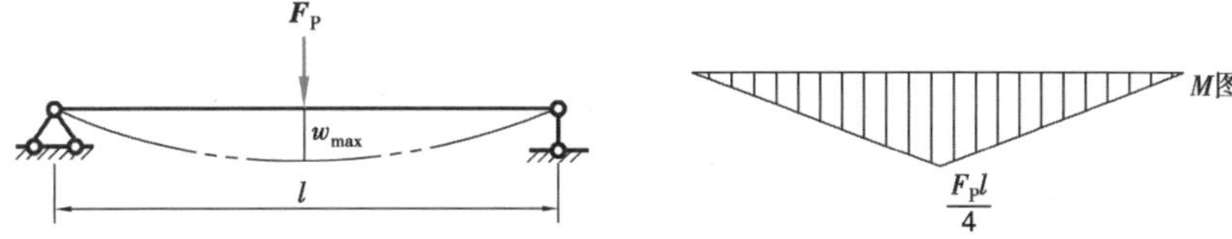


图6.29

【解】 (1)按强度条件选择工字钢型号

梁的最大弯矩为：

$$M_{\max}=\frac{F_{\mathrm{P}}l}{4}=\frac{40\times10^{3}\mathrm{N}\times3\times10^{3}\mathrm{mm}}{4}=3\times10^{7}\mathrm{N\cdot mm}$$

按弯曲正应力强度条件选截面：

$$\sigma=\frac{M_{\max}}{W}\leqslant[\sigma]$$

$$W\geqslant\frac{M_{\max}}{[\sigma]}=\frac{3\times10^{7}\mathrm{N\cdot mm}}{160\ \mathrm{MPa}}=1.875\times10^{5}\mathrm{mm}^{3}=187.5\ \mathrm{cm}^{3}$$

查型钢表选用20a工字钢，其弯曲截面系数为237 cm$^3$，惯性矩$I=2\ 370$ cm$^4$。

(2)校核梁的刚度

$$w=\frac{F_{\mathrm{P}}l^{3}}{48EI}=\frac{40\times10^{3}\mathrm{N}\times(3\ 000\ \mathrm{mm})^{3}}{48\times2\times10^{5}\mathrm{MPa}\times2.37\times10^{7}\mathrm{mm}^{4}}$$

$$=4.75\ \mathrm{mm}<[w]=\frac{3\ 000\ \mathrm{mm}}{500}=6\ \mathrm{mm}$$

故梁的刚度足够。

所以,选用 20a 工字钢。

### ▶ 6.7.3 提高梁抗弯刚度的措施

梁的挠度和转角与梁的抗弯刚度 $EI$、梁的跨度 $l$、荷载作用情况有关,则要提高梁的抗弯刚度可以采取以下 3 种措施。

**1)增大梁的抗弯刚度 $EI$**

梁的变形与梁的抗弯刚度 $EI$ 成反比,增大梁的抗弯刚度 $EI$ 将使梁的变形减小,从而提高其刚度。增大梁的 $EI$ 值主要是设法增大梁截面的惯性矩 $I$ 值,一般不采用增大 $E$ 值的方法。在截面面积不变的情况下,采用合理的截面形状,即采用材料尽量远离中性轴的截面形状,如采用工字形、箱形、圆环形等截面,可显著提高惯性矩。

**2)减小梁的跨度 $l$**

梁的变形与其跨度的 $n$ 次幂成正比。设法减小梁的跨度 $l$,将有效地减小梁的变形,从而提高其刚度。在结构构造允许的情况下,可采用两种办法减小 $l$ 值。

(1)增加中间支座

如图 6.30(a)所示简支梁跨中的最大挠度为 $f_a = \dfrac{5ql^4}{384EI}$;图 6.30(b)所示在跨中增加一中间支座,则梁的最大挠度约为原梁的 $\dfrac{1}{38}$,即 $f_b = \dfrac{1}{38} f_a$。

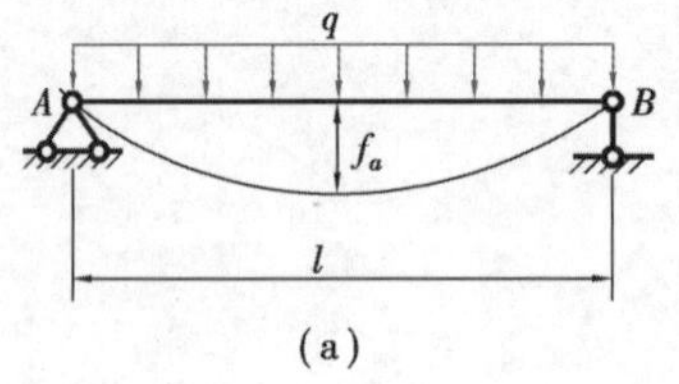

(a)

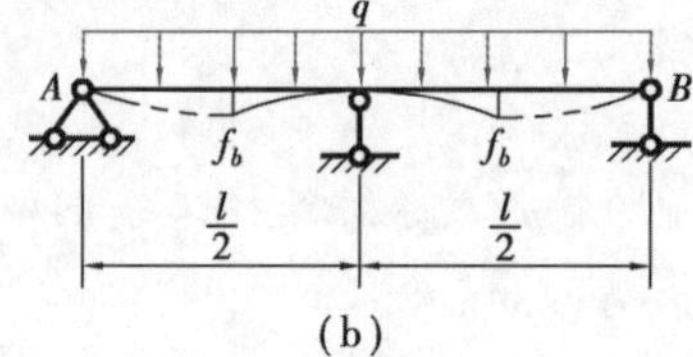

(b)

图 6.30

(2)梁端支座内移

如图 6.31 所示,将简支梁的支座向中间移动而变成外伸梁,一方面减小了梁的跨度,从而减小梁跨中的最大挠度;另一方面在梁外伸部分的荷载作用下,使梁跨中产生向上的挠度[图 6.31(c)],从而使梁中段在荷载作用下产生的向下的挠度被抵消一部分,减小了梁跨中的最大挠度值。

**3)改善荷载的作用情况**

在结构允许的情况下,合理地调整荷载的位置及分布情况,以降低弯矩,从而减小梁的变形,提高其刚度。如图 6.32 所示,将集中力分散作用,甚至改为分布荷载,则弯矩降低,从而使梁的变形减小、刚度提高。

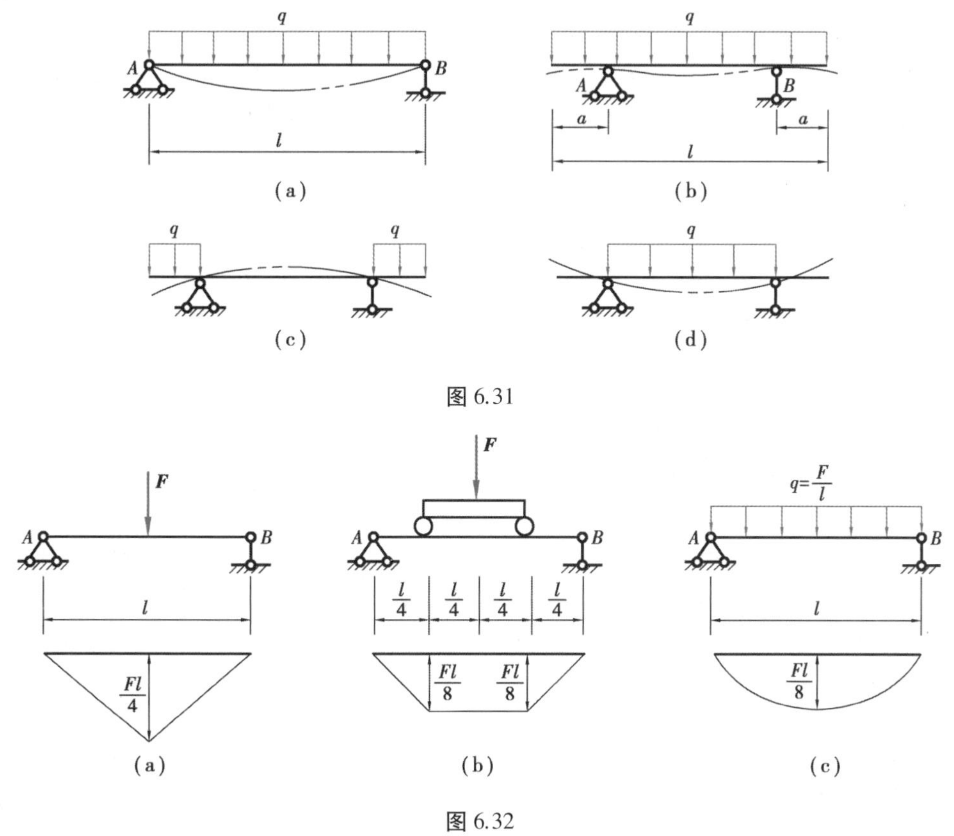


图6.31

图6.32

## 小　结

1.虚功与虚功原理是结构位移计算方法的理论依据。在虚功中,力与位移是两个彼此独立无关的因素。对于杆系结构变形体系的虚功原理,简单地说即为外力虚功等于变形虚功,可写为:$W_{外} = W_{变}$。

虚功原理在具体应用时有两种方式:一种是对给定的力状态,另虚设一个位移状态,利用虚功原理求力状态中的未知力;另一种是给定位移状态,另虚设一个力状态,利用虚功方程求解位移状态中的未知位移。本章讨论的结构位移的计算,就是虚设一个力状态的方式。

2.位移计算的方法是单位荷载法。单位荷载法计算位移的一般公式为:

$$\Delta_K = -\sum \overline{F}_R C + \sum \int \overline{F}_N du + \sum \int \overline{M} d\varphi + \sum \int \overline{F}_S \gamma ds$$

计算 $K$ 点的位移 $\Delta_K$,应根据拟求位移虚设 $\overline{F}=1$,并计算出虚拟单位荷载作用下的 $\overline{F}_N$、$\overline{M}$、$\overline{F}_S$ 和 $\overline{F}_{Ri}$;而 $du$、$d\theta$、$dv$ 为实际状态下荷载作用下的相应变形;$C$ 为实际状态下的支座位移。

3.荷载作用下的位移计算。对弹性材料,变形表达式为:

$$\Delta_{KP} = \sum \int \frac{\overline{M}M_P}{EI}ds + \sum \int \frac{\overline{F}_N F_{NP}}{EA}ds + \sum \int \frac{k\,\overline{F}_S F_{SP}}{GA}ds$$

这里的 $F_{NP}$、$M_P$、$F_{SP}$ 为实际荷载作用的内力。然而,根据不同类型结构的内力特点,其位移计算公式进一步简化为式(6.7)、式(6.8)、式(6.9)、式(6.10)。

4.图乘法:荷载作用下梁和刚架的位移时,可用图乘法代替积分计算。注意图乘法的适用条件,掌握好图乘法应用的分段和叠加技巧。

5.支座移动影响的结构位移的计算与荷载作用下的位移计算有所不同,但原理是相同的。难点在于正负号的判断,学习中要加以注意。

6.静定结构温度变化时不产生内力,但产生变形,从而产生位移。

对于梁和刚架,在计算温度变化所引起的位移时,一般不能略去轴向变形的影响。对于桁架,在温度变化时,其位移计算公式为:

$$\Delta_{Kt} = \sum \overline{F}_N \alpha t l$$

7.位移计算中遇到的符号及正负号确定较多。一方面是计算过程中确定正负号;另一方面是计算结果的正负来确定位移的方向,在学习中一定要弄懂弄透。

8.弹性变形体系的互等定理在静定结构和超静定结构分析中可得到具体应用,要从原理和概念上搞清楚。

## 思考题

6.1 写出荷载作用下的位移计算公式,并说明式中各项的意义。

6.2 在计算不同类型的位移时,如何虚设单位力状态?举例说明。

6.3 写出荷载作用下桁架、梁、刚架的位移计算公式,并说明如何根据计算结果判定实际位移的方向。

6.4 图乘法的应用条件是什么?计算变截面梁、曲梁和拱的位移时,能否用图乘法?

6.5 如何确定图乘结果的正负号?

6.6 提高梁的刚度有哪些措施?

6.7 如何计算支座变形和温度变化产生的位移?与荷载作用下的位移计算方法有何差别?

## 习 题

6.1 使用积分法计算图示刚架 $B$ 点的水平位移。$EI$ 为常数。

6.2 图示桁架各杆截面均为 $A=2\times10^{-3}\ \text{m}^2$,$E=210$ GPa,$F=40$ kN,$d=2$ m。试求:①$C$ 点的竖向位移;②$\angle ADC$ 的改变量。

6.3 计算图示结构 $I$ 点竖向位移。各杆 $EI$=常数。

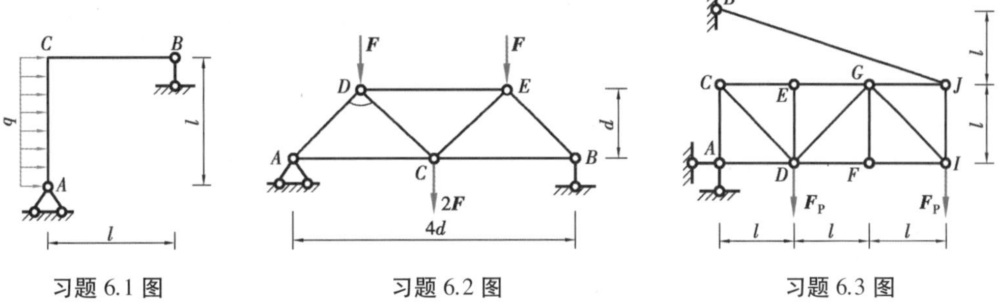


习题 6.1 图　　习题 6.2 图　　习题 6.3 图

6.4 下列各图的图乘法是否正确？如果不正确如何改正。

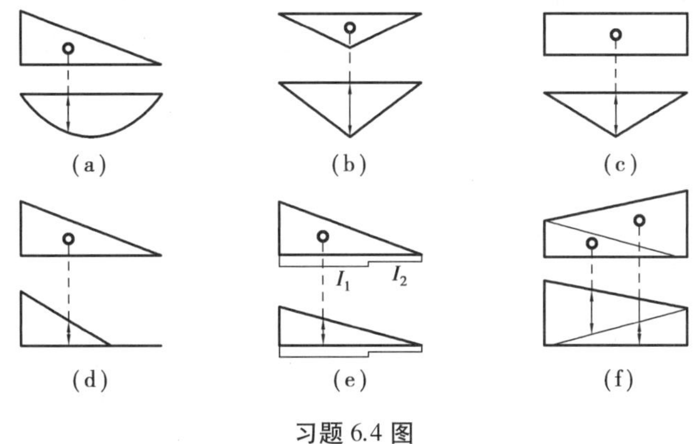


习题 6.4 图

6.5 用图乘法求图示悬臂梁 $C$ 截面的竖向位移 $\Delta_{Cy}$ 和转角 $\theta_C$，$EI$ 为常数。

6.6 用图乘法求图示刚架 $C$ 截面的水平位移 $\Delta_{Cx}$ 和转角位移 $\theta_C$，已知 $E=2.1\times 10^5$ MPa，$I=2.4\times10^8\text{mm}^4$。

6.7 用图乘法求图示刚架铰 $C$ 截面的竖向位移 $\Delta_{Cy}$ 和转角 $\theta_C$，$EI$ 为常数。

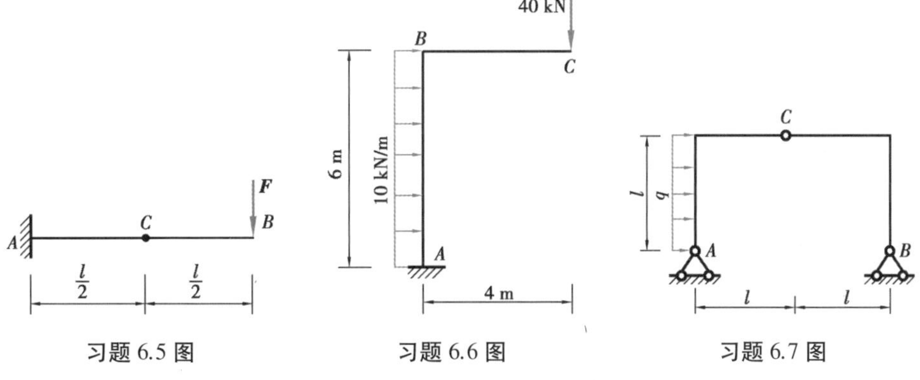


习题 6.5 图　　习题 6.6 图　　习题 6.7 图

6.8 用图乘法求图示刚架 $B$ 截面的水平位移 $\Delta_{Bx}$ 和 $A$ 截面的转角 $\theta_A$，各杆 $EI$ 为常数。

6.9 试用图乘法求图示梁的最大挠度[$f$]。

6.10 用图乘法求图示 $C$ 点竖向位移。

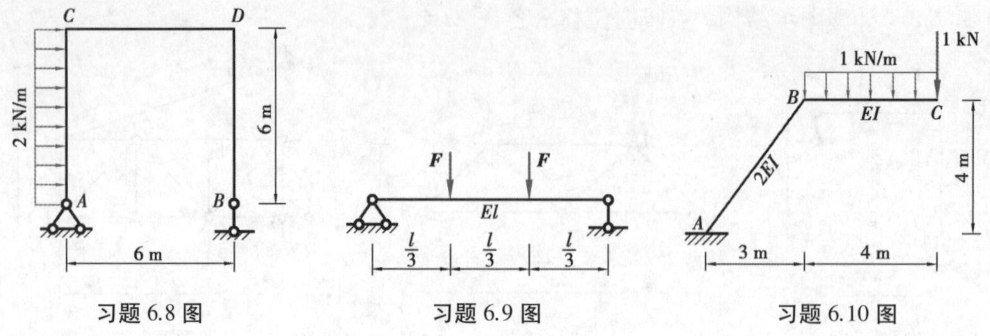


习题 6.8 图　　习题 6.9 图　　习题 6.10 图

6.11　用图乘法求 $A$ 与 $B$ 之间的相对水平位移。

6.12　图示组合结构横梁 $AD$ 为 20b 工字钢，$I=2\ 500\ \mathrm{cm}^4$，拉杆 $BC$ 为直径 20 mm 的圆钢，材料的弹性模量 $E=210$ GPa，$q=5$ kN/m，$a=2$ m。求 $D$ 点竖向的位移。

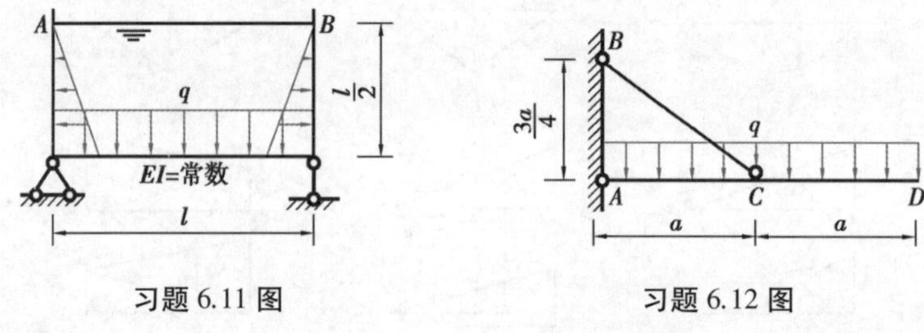


习题 6.11 图　　习题 6.12 图

6.13　图示结构 $B$ 支座发生沉降，计算 $A$ 的转角位移和 $C$ 点水平位移。

6.14　结构的温度改变如图所示，试求 $C$ 点的竖向位移。各杆截面相同且对称于形心轴，其厚度为 $h=l/10$，材料的线性膨胀系数为 $\alpha$。

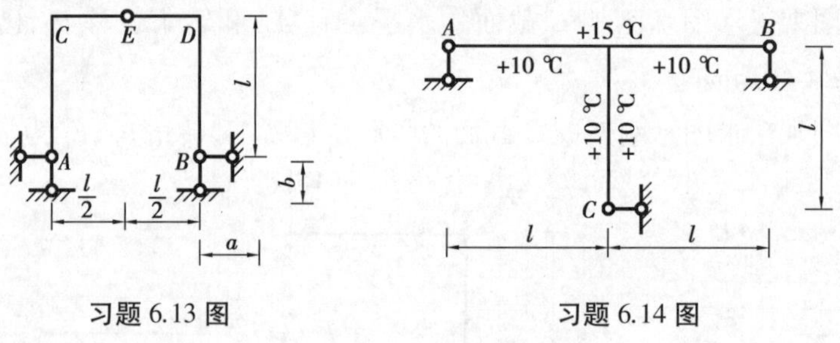


习题 6.13 图　　习题 6.14 图

# 7

# 力　法

［教学目标］

- 掌握力法基本原理，能正确判定超静定次数，并选取力法的基本结构
- 熟练掌握在荷载作用下用力法计算超静定结构的方法
- 掌握利用结构的对称性简化计算的方法
- 理解在支座位移等因素作用下，力法计算超静定结构的方法

超静定概述及次数的确定

## 7.1　超静定结构和超静定次数

### ▶ 7.1.1　超静定结构的概念

如图 7.1 所示刚架，其支座反力和各截面的内力都可以用静力平衡条件唯一确定，该结构为静定结构。如图 7.2 所示刚架，该结构的支座反力为 4 个，3 个独立的静力平衡方程不能完全求解，各截面的内力也不能完全由静力平衡条件唯一确定，该结构称为超静定结构。

再从几何组成来看，如果从图 7.1 所示刚架中去掉支杆 $B$ 就变成几何可变体系；而从图 7.2 所示刚架中去掉支杆 $B$，则仍是几何不变的静定结构，支杆 $B$ 是多余联系，一个多余联系称为超静定次数为一次。由此引出如下结论：静定结构是没有多余联系的几何不变体系；超静定结构为有多余联系的几何不变体系。

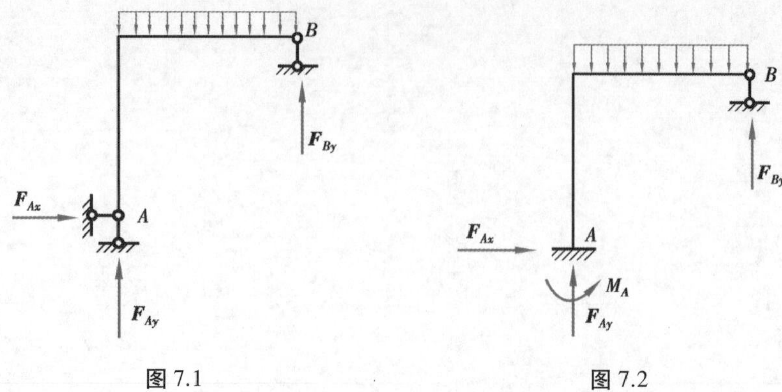


图 7.1　　　　图 7.2

超静定结构与静定结构是两种不同类型的结构。若结构的支座反力和各截面的内力都可以用静力平衡条件唯一确定,这种结构称为静定结构;若结构的支座反力和各截面的内力不能完全由静力平衡条件唯一确定,则称为超静定结构。

从几何组成来看,静定结构是没有多余联系的几何不变体系;超静定结构为有多余联系的几何不变体系。所以,有多余联系是超静定结构区别于静定结构的基本特性。

### ▶ 7.1.2 超静定次数的确定

超静定结构具有多余联系,因此具有多余力。通常将多余联系的数目或多余力的数目称为超静定结构的超静定次数。

超静定结构在几何组成上,可以看作是在静定结构的基础上增加若干多余联系而构成。因此,确定超静定次数最直接的方法就是在原结构上去掉多余联系,直至超静定结构变成静定结构,所去掉的多余联系的数目,就是原结构的超静定次数。

从超静定结构上去掉多余联系的方式有以下 4 种:

①去掉支座处的支杆或切断一根链杆,相当于去掉一个联系,如图 7.3(a)、(b)所示。

②撤去一个铰支座或撤去一个单铰,相当于去掉两个联系,如图 7.3(c)、(d)所示。

③切断一根梁式杆或去掉一个固定支座,相当于去掉 3 个联系,如图 7.3(e)所示。

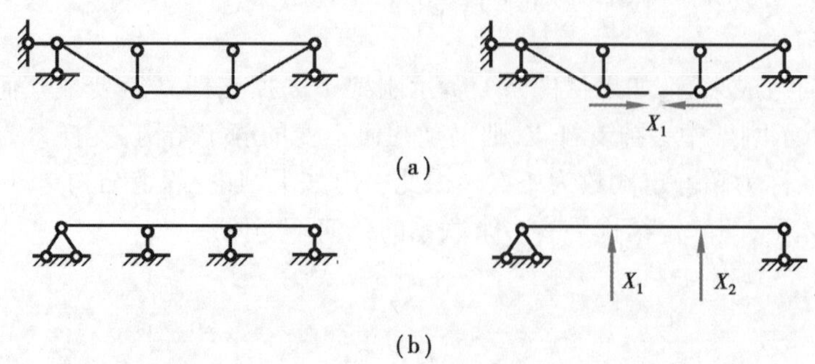

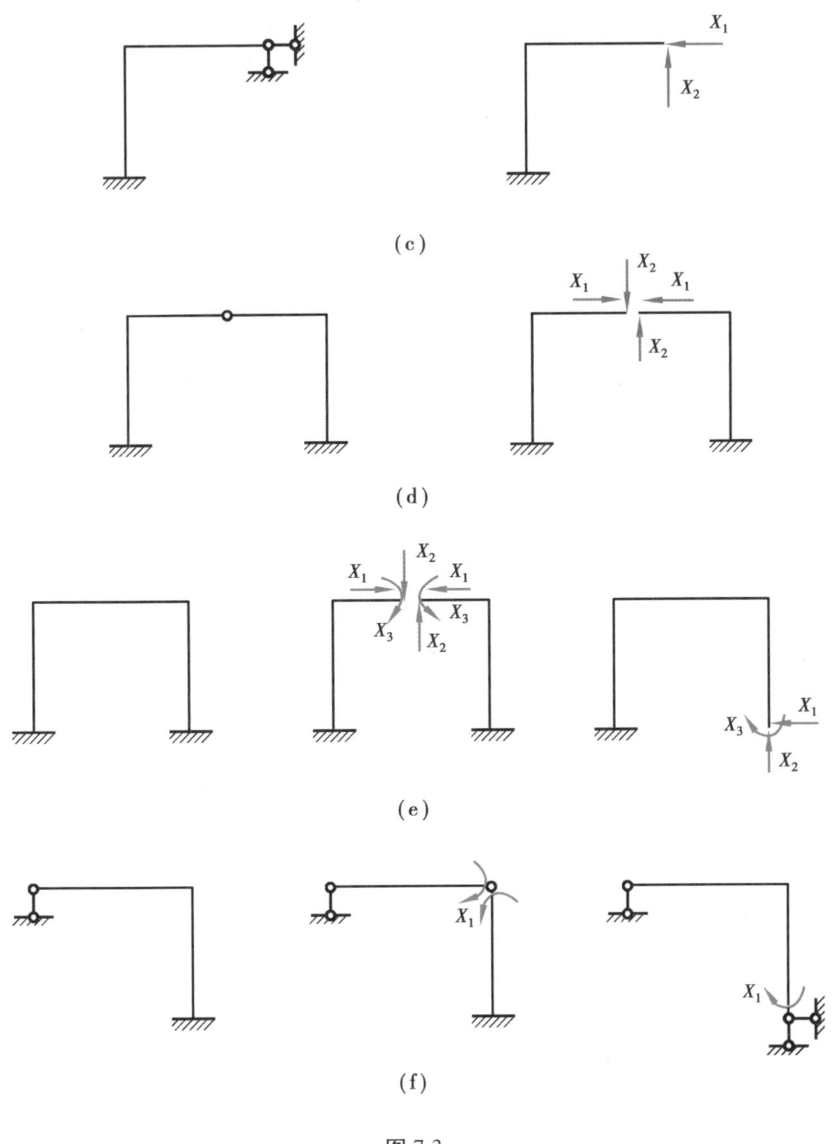


图 7.3

④将一个刚结点改为单铰连接或将一个固定支座改为固定铰支座,相当于去掉一个联系,如图 7.3(f) 所示。

用前述去掉多余联系的方式,可以确定任何超静定结构的超静定次数。然而,对于同一个超静定结构,可用各种不同的方式去掉多余联系而得到不同的静定结构。但不论采用哪种方式,所去掉的多余联系的数目必然是相等的。

由于去掉多余联系的方式的多样性,在力法计算中,同一结构的基本结构可有各种不同的形式。但应注意,去掉多余联系后基本结构必须是几何不变的。为了保证基本结构的几何不变性,有时结构中的某些联系是不能去掉的。如图 7.4(a)所示刚架,具有一个多余联系。若将横梁某处改为铰接,即相当于去掉一个联系,得到如图 7.4(b)所示静定结构;当去掉 $X$ 支座的水平链杆,则得到如图 7.4(c)所示静定结构,它们都可作为基本结构。但是,若去掉支座的竖向链杆,即成瞬变体系,如图 7.4(d)所示,这显然是不允许的,当然也就不能作为基本结构。

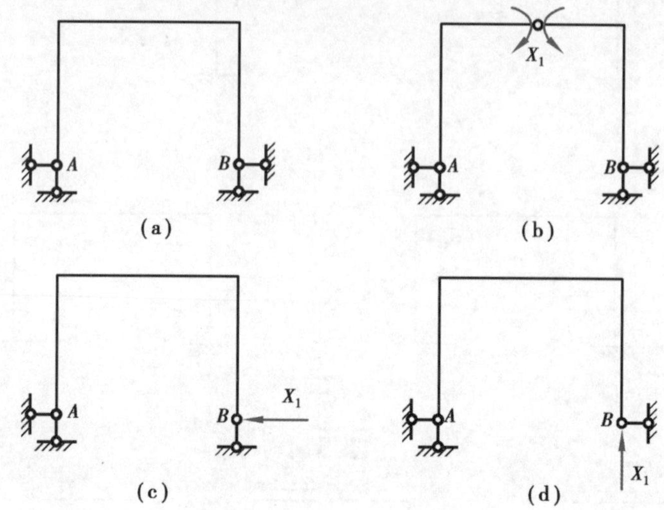


图 7.4

如图 7.5(a)所示超静定结构属于内部超静定结构,因此,只能在结构内部去掉多余联系得到基本结构,如图 7.5(b)所示。

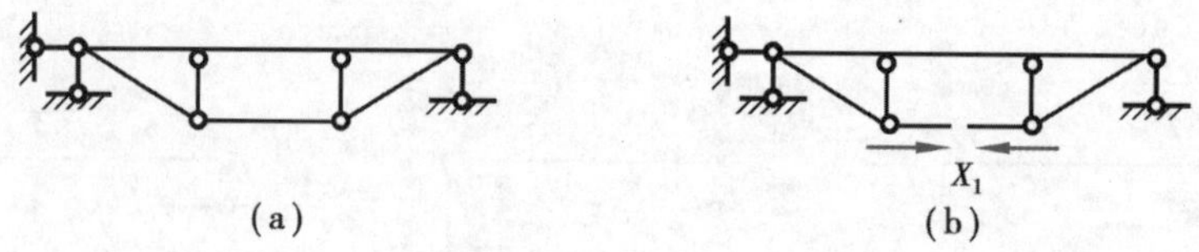


图 7.5

对于具有多个框格的结构,按框格的数目来确定超静定的次数较为方便。一个封闭的无铰框格,其超静定次数等于 3,如图 7.3(e) 所示。故当一个结构有 $n$ 个封闭无铰框格时,其超静定次数等于 $3n$。如图 7.6(a)所示结构的超静定次数为 $3\times8=24$。当结构的某些结点为铰接时,则一个单铰减少一个超静定次数。如图 7.6(b)所示结构的超静定次数为$3\times8-5=19$。

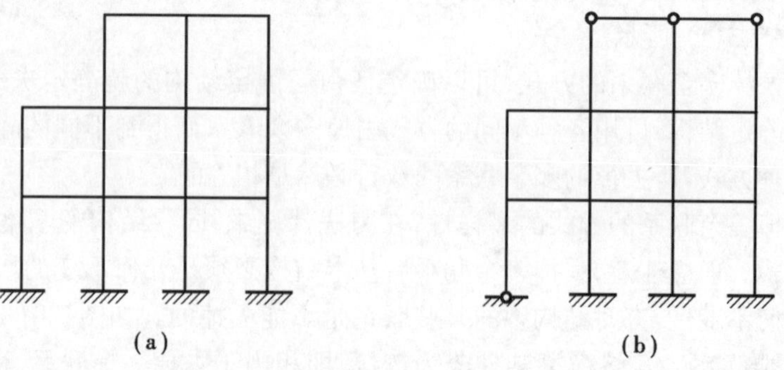


图 7.6

超静定次数=多余联系的个数=把原结构变成静定结构时所需撤除联系的个数。而力法的基本结构即为去掉多余联系代以多余未知力后所得到的静定结构。

## 7.2　力法的基本原理

力法的基本原理

超静定结构是土木建筑工程中使用更为广泛的结构形式,超静定结构计算的最基本方法是力法。力法的基本思路是:将超静定结构去掉多余联系,变成为静定结构,而多余联系用多余未知力来代替。

### ▶　7.2.1　力法的基本结构

图 7.7 (a)所示为一端固定、另一端铰支的超静定梁,承受荷载 $q$ 的作用,$EI$ 为常数,该梁有一个多余联系,超静定次数为一次,称为原结构。对于原结构,如果把支杆 $B$ 作为多余联系去掉,并代之以多余未知力 $X_1$(简称多余力),则图 7.7(a)所示的超静定梁就转化为图 7.7(b)所示的静定梁。它承受着与图 7.7(a)所示原结构相同的荷载 $q$ 和多余力 $X_1$,这种去掉多余联系用多余未知力来代替后得到的静定结构称为按力法计算的基本结构。

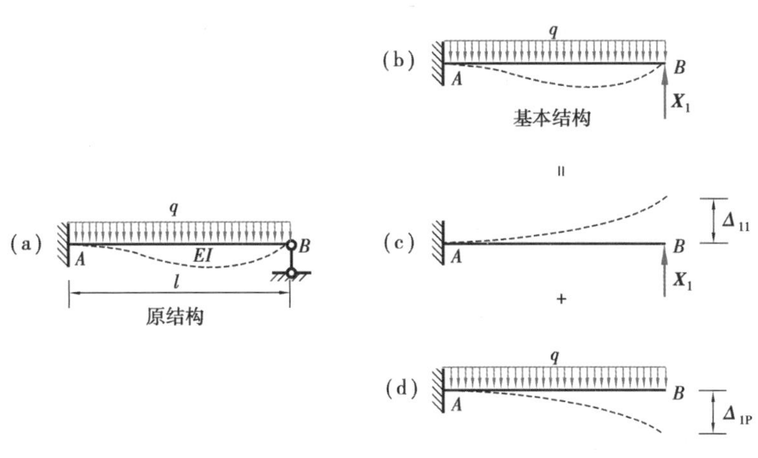


图 7.7

### ▶　7.2.2　力法的基本未知量

要设法解出基本结构的多余力 $X_1$,一旦求得多余力 $X_1$,就可在基本结构上用静力平衡条件求出原结构的所有反力和内力。因此多余力是最基本的未知力,可称为力法的基本未知量。但是这个基本未知量 $X_1$ 不能用静力平衡条件求出,而必须根据基本结构的受力和变形与原结构相同的原则来确定。

### ▶　7.2.3　力法的基本方程

对比原结构与基本结构的变形情况可知,原结构在支座 $B$ 处由于有多余联系(竖向支杆）而不可能有竖向位移；而基本结构则因该联系已被去掉，在 $B$ 点处即可能产生位移；只有当 $X_1$ 的数值与原结构支座链杆 $B$ 实际发生的反力相等时，才能使基本结构在原有荷载 $q$ 和多余力共同作用下，$B$ 点的竖向位移等于零。所以，用来确定 $X_1$ 的条件是：基本结构在原有荷载和多余力共同作用下，在去掉多余联系处的位移应与原结构中相应的位移相等。由此可见，为了唯一确定超静定结构的反力和内力，必须同时考虑静力平衡条件和变形协调条件。

设以 $\Delta_{11}$ 和 $\Delta_{1P}$ 分别表示多余力 $X_1$ 和荷载 $q$ 单独作用在基本结构时，$B$ 点沿 $X_1$ 方向上的位移，如图 7.7(c)、(d)所示。符号 $\Delta$ 右下方两个脚标的含义是：第一个脚标表示位移的位置和方向；第二个脚标表示产生位移的原因。例如，$\Delta_{11}$ 是在 $X_1$ 作用点沿 $X_1$ 方向由 $X_1$ 所产生的位移；$\Delta_{1P}$ 是在 $X_1$ 作用点沿 $X_1$ 方向由外荷载 $q$ 所产生的位移。为了求得 $B$ 点总的竖向位移，根据叠加原理，应有

$$\Delta_1 = \Delta_{11} + \Delta_{1P} = 0$$

若以 $\delta_{11}$ 表示 $X_1$ 为单位力（即 $\overline{X}_1 = 1$）时，基本结构在 $X_1$ 作用点沿 $X_1$ 方向产生的位移，则有 $\Delta_{11} = \delta_{11} X_1$，于是上式可写成

$$\delta_{11} X_1 + \Delta_{1P} = 0 \tag{a}$$

$$X_1 = \frac{\Delta_{1P}}{\delta_{11}} \tag{b}$$

由于 $\delta_{11}$ 和 $\Delta_{1P}$ 都是已知力作用在静定结构上相应位移，故均可用求静定结构位移的方法求得；从而多余未知力的大小和方向，即可由式(b)确定。

式(a)就是根据原结构的变形条件建立并用以确定 $X_1$ 的变形协调方程，即为**力法基本方程**。

为了具体计算位移 $\delta_{11}$ 和 $\Delta_{1P}$，分别绘出基本结构的单位弯矩图 $\overline{X}_1$（由单位力 $X_1 = 1$ 产生）和荷载弯矩图 $M_P$（由荷载 $q$ 产生），如图 7.8(a)、(b) 所示。用图乘法计算这些位移时，$\overline{M}_1$ 图和 $M_P$ 图分别是基本结构在 $\overline{X}_1 = 1$ 和荷载 $q$ 作用下的弯矩图。

故计算 $\delta_{11}$ 时可用的 $\overline{M}_1$ 图乘 $\overline{M}_1$ 图，叫做 $\overline{M}_1$ 图的"自乘"，即

$$\delta_{11} = \sum \int \frac{\overline{M}_1 \overline{M}_1}{EI} \mathrm{d}x = \frac{1}{EI} \times \frac{l^2}{2} \times \frac{2l}{3} = \frac{l^3}{3EI}$$

同理，可用 $\overline{M}_1$ 图与 $M_P$ 图相图乘计算 $\Delta_{1P}$，即

$$\Delta_{1P} = \sum \int \frac{\overline{M}_1 M_P}{EI} \mathrm{d}x = -\frac{1}{EI}\left(\frac{1}{3} \times l \times \frac{ql^2}{2} \times \frac{3l}{4}\right) = -\frac{ql^4}{8EI}$$

将 $\delta_{11}$ 和 $\Delta_{1P}$ 之值代入式(b)，即可解出多余力 $X_1$，即

$$X_1 = -\frac{\Delta_{1P}}{\delta_{11}} = -\left(\frac{-ql^4}{8EI}\right) \bigg/ \frac{l^3}{3EI} = \frac{3ql}{8}(\uparrow)$$

所得结果为正值，表明 $X_1$ 的实际方向与基本结构中所假设的方向相同。

多余力 $X_1$ 求出后，其余所有反力和内力都可用静力平衡条件确定。超静定结构的最后弯矩图 $M$，可利用已经绘出的 $\overline{M}_1$ 和 $M_P$ 图按叠加原理绘出，即

$$M = \overline{M}_1 X_1 + M_P$$

应用上式绘制弯矩图时，可将$\overline{M}_1$图的纵标乘以 $X_1$ 倍，再与 $M_P$图的相应纵标叠加，即可绘出 $M$ 图，如图 7.8(c)所示。

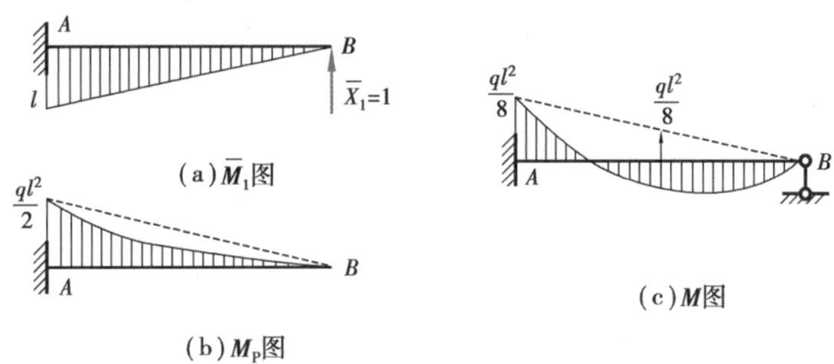


图 7.8

也可不用叠加法绘制最后弯矩图，而将已求得的多余力 $X_1$ 与荷载 $q$ 共同作用在基本结构上，按求解静定结构弯矩图的方法即可作出原结构的最后弯矩图。

综上所述，力法是以多余力作为基本未知量，取去掉多余联系后的静定结构为基本结构，并根据去掉多余联系处的已知位移条件建立基本方程，将多余力首先求出，而以后的计算即与静定结构无异。

## 7.3 力法典型方程

多阶超静定基本方程

用力法计算超静定结构的关键在于根据位移条件建立力法的基本方程，以求解多余力。对于多次超静定结构，其计算原理与一次超静定结构完全相同。下面对多次超静定结构用力法求解的基本原理作进一步说明。

如图 7.9(a)所示为一个 3 次超静定结构，在荷载作用下结构的变形如图中虚线所示。用力法求解时，去掉支座 $C$ 的 3 个多余联系，并以相应的多余力 $X_1$、$X_2$和 $X_3$ 代替所去掉联系的作用，则得到图 7.9(b)所示的基本结构。由于原结构在支座 $C$ 处不可能有任何位移，因此，在承受原荷载和全部多余力的基本结构上，也必须与原结构变形相符，在 $C$ 点处沿多余力 $X_1$、$X_2$ 和 $X_3$ 方向的相应位移 $\Delta_1$、$\Delta_2$ 和 $\Delta_3$ 都应等于零。

根据叠加原理，在基本结构上可分别求出位移 $\Delta_1$、$\Delta_2$ 和 $\Delta_3$。基本结构在单位力$\overline{X}_1=1$ 单独作用下，$C$ 点沿 $X_1$、$X_2$ 和 $X_3$ 方向所产生的位移分别为 $\delta_{11}$、$\delta_{21}$和 $\delta_{31}$，如图 7.9(c)所示。事实上，$X_1$ 并不等于 1，因此将图 7.9(c)乘上 $X_1$ 后，即得 $X_1$ 作用时 $C$ 点的水平位移 $\delta_{11}X_1$、竖向位移 $\delta_{21}X_1$ 和角位移 $\delta_{31}X_1$。同理，由图 7.9(d)得 $X_2$ 单独作用时 $C$ 点的水平位移 $\delta_{12}X_2$、竖向位移 $\delta_{22}X_2$ 和角位移 $\delta_{32}X_2$；由图 7.9 (e)得 $X_3$ 单独作用时 $C$ 点的水平位移 $\delta_{13}X_3$、竖向位移 $\delta_{23}X_3$ 和角位移 $\delta_{33}X_3$；在图 7.9(f) 中，$\Delta_{1P}$、$\Delta_{2P}$和 $\Delta_{3P}$依次表示由荷载作用于基本结构在 $C$ 点产生的水平位移、竖向位移和角位移。

根据叠加原理，可将基本结构满足的位移条件表示为

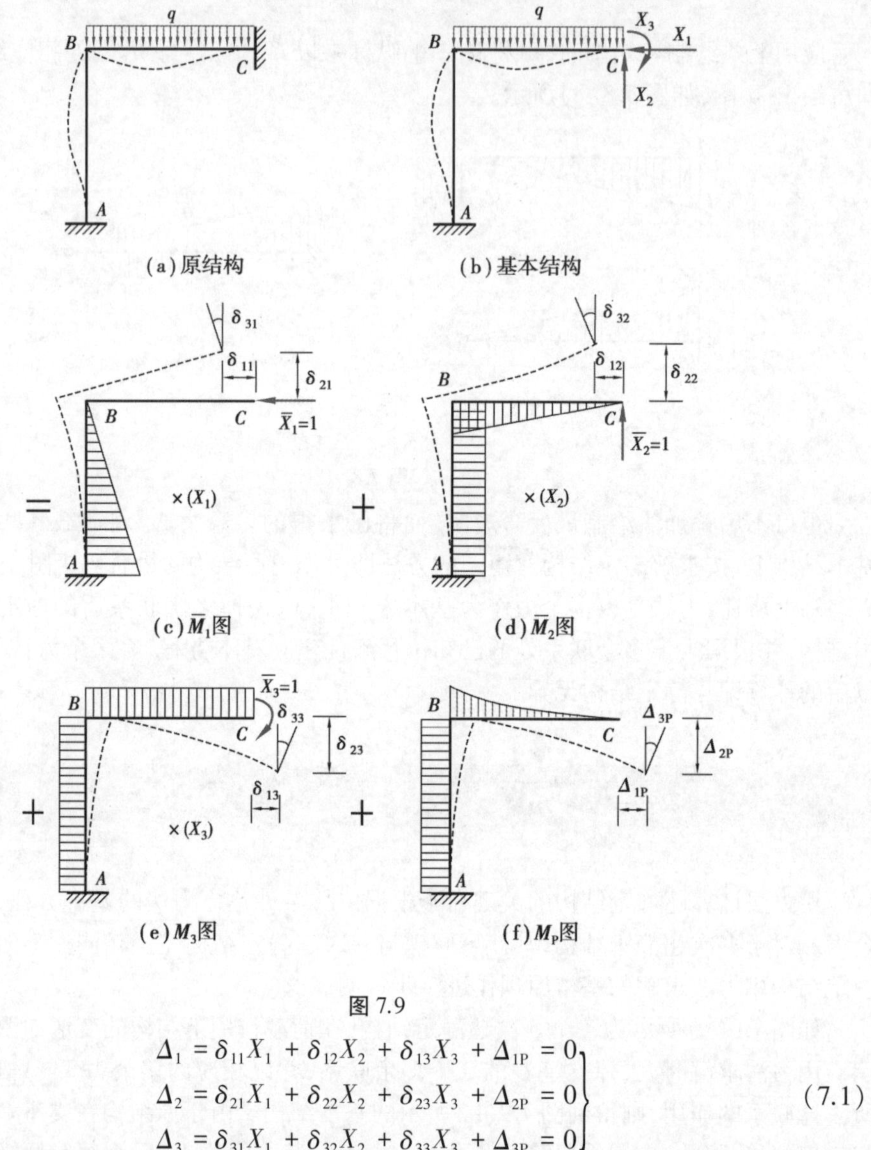


(a)原结构　(b)基本结构

(c)$\overline{M}_1$图　(d)$\overline{M}_2$图

(e)$M_3$图　(f)$M_P$图

图 7.9

$$\left.\begin{aligned}\Delta_1 = \delta_{11}X_1 + \delta_{12}X_2 + \delta_{13}X_3 + \Delta_{1P} = 0\\ \Delta_2 = \delta_{21}X_1 + \delta_{22}X_2 + \delta_{23}X_3 + \Delta_{2P} = 0\\ \Delta_3 = \delta_{31}X_1 + \delta_{32}X_2 + \delta_{33}X_3 + \Delta_{3P} = 0\end{aligned}\right\} \tag{7.1}$$

这就是求解多余力 $X_1$、$X_2$ 和 $X_3$ 所要建立的力法方程。其物理意义是:在基本结构中,由于全部多余力和已知荷载的共同作用,在去掉多余联系处的位移应与原结构中相应的位移相等。

用同样的分析方法,可以建立力法的一般方程。对于 $n$ 次超静定结构,用力法计算时,可去掉 $n$ 个多余联系得到静定的基本结构,在去掉的 $n$ 个多余联系处代之以 $n$ 个多余未知力。当原结构在去掉多余联系处的位移为零时,相应地也就有 $n$ 个已知的位移条件

$$\Delta_i = 0 \quad (i = 1,2,\cdots,n)$$

据此可以建立 $n$ 个关于求解多余力的方程

$$\left.\begin{aligned}\Delta_1 &= \delta_{11}X_1+\delta_{12}X_2+\delta_{13}X_3+\cdots+\delta_{1n}X_n+\Delta_{1P}=0\\ \Delta_2 &= \delta_{21}X_1+\delta_{22}X_2+\delta_{23}X_3+\cdots+\delta_{2n}X_n+\Delta_{2P}=0\\ &\vdots\\ \Delta_n &= \delta_{n1}X_1+\delta_{n2}X_2+\delta_{n3}X_3+\cdots+\delta_{nn}X_n+\Delta_{nP}=0\end{aligned}\right\} \quad (7.2)$$

在式(7.2)方程中,从左上方至右下方的主对角线(自左上方的$\delta_{11}$至右下方的$\delta_{nn}$)上的系数$\delta_{ii}$称为主系数,$\delta_{ii}$表示当单位力$\overline{X}_i=1$单独作用在基本结构上时,沿其$X_i$自身方向所引起的位移,它可利用$\overline{M}_i$图自乘求得,其值恒为正,且不会等于零。位于主对角线两侧的其他系数$\delta_{ij}(i\neq j)$,则称为副系数,它是由于未知力$X_j$为单位力$\overline{X}_j=1$单独作用在基本结构上时,沿未知力$X_i$方向上所产生的位移,它可利用$\overline{M}_i$图与$\overline{M}_j$图图乘求得。

根据位移互等定理可知,副系数$\delta_{ij}$与$\delta_{ji}$是相等的,即$\delta_{ij}=\delta_{ji}$。方程组中最后一项$\Delta_{iP}$不含未知力,称为自由项,它是由于荷载单独作用在基本结构上时,沿多余力$X_i$方向上产生的位移,它可通过$M_P$图与$\overline{M}_i$图图乘求得。副系数和自由项可能为正值,可能为负值,也可能为零。

式(7.2)方程组在组成上具有一定的规律,而且不论基本结构如何选取,只要是$n$次超静定结构,它们在荷载作用下的力法方程都与式(7.2)相同,故称为**力法的典型方程**。

按前面求静定结构位移的方法求得典型方程中的系数和自由项后,即可解得多余力$X_i$。

然后,可按照静定结构的分析方法求得原结构的全部反力和内力。或按下述叠加公式求出弯矩

$$M=X_1\overline{M}_1+X_2\overline{M}_2+\cdots+X_n\overline{M}_n+M_P$$

再根据平衡条件可求得其剪力和轴力。

综上所述,力法是以多余力作为基本未知量,取去掉多余联系后的静定结构为基本结构,并根据去掉多余联系处的已知位移条件建立基本方程,从而将多余力求出。力法可用来分析任何类型的超静定结构。

进入“结构力学”课程→力法→力法求解刚架、排架、组合结构及多阶超静定,学习5类典型力法例题

## 7.4 力法计算的应用

用力法计算超静定结构的步骤可归纳如下:

①去掉原结构的多余联系得到一个静定的基本结构,并以多余力代替相应多余联系的作用,确定力法基本未知量的个数。

②建立力法典型方程。根据基本结构在多余力和原荷载的共同作用下,在去掉多余联系处的位移应与原结构中相应的位移相同的位移条件,建立力法典型方程。

③求系数和自由项。为此,需分两步进行:

a.令$\overline{X}_i=1$,作出基本结构的单位弯矩图$\overline{M}_i$;作出基本结构在原荷载作用下的弯矩图$M_P$。

b.按照求静定结构位移的方法计算系数和自由项。

④解典型方程,求出多余未知力。

⑤求出原结构内力,绘制内力图。

【例 7.1】 图 7.10(a)所示刚架,$EI$=常数,试作出其内力图。

【解】 ①确定超静定次数,选取基本结构。此刚架具有一个多余联系,是一次超静定结构,去掉支座链杆 $C$ 即为静定结构,并用 $X_1$ 代替支座链杆 $C$ 的作用,得基本结构如图7.10(b)所示。

②建立力法典型方程。原结构在支座 $C$ 处的竖向位移 $\Delta_1=0$。根据位移条件可得力法的典型方程为

$$\delta_{11}X_1+\Delta_{1P}=0$$

③求系数和自由项。首先作$\overline{X}_i=1$ 单独作用于基本结构的弯矩图$\overline{M}_1$ 图,如图 7.11(a)所示;再作荷载单独作用于基本结构时的弯矩图 $M_P$ 图,如图 7.11(b)所示。然后利用图乘法求系数和自由项如下

$$\delta_{11}=\frac{1}{EI}\left(\frac{1}{2}\times4\times4\times\frac{2}{3}\times4+4\times4\times4\right)=\frac{256}{3EI}$$

$$\Delta_{1P}=-\frac{1}{EI}\left(\frac{1}{3}\times80\times4\times4\right)=-\frac{1\,280}{3EI}$$

④求解多余力。将 $\delta_{11}$、$\Delta_{1P}$代入典型方程有

$$\frac{256}{3EI}X_1-\frac{1\,280}{3EI}=0$$

解方程得 $X_1=5$ kN(↑)。

$X_1$ 为正值说明实际方向与基本结构上假设的 $X_1$ 方向相同,即垂直向上。

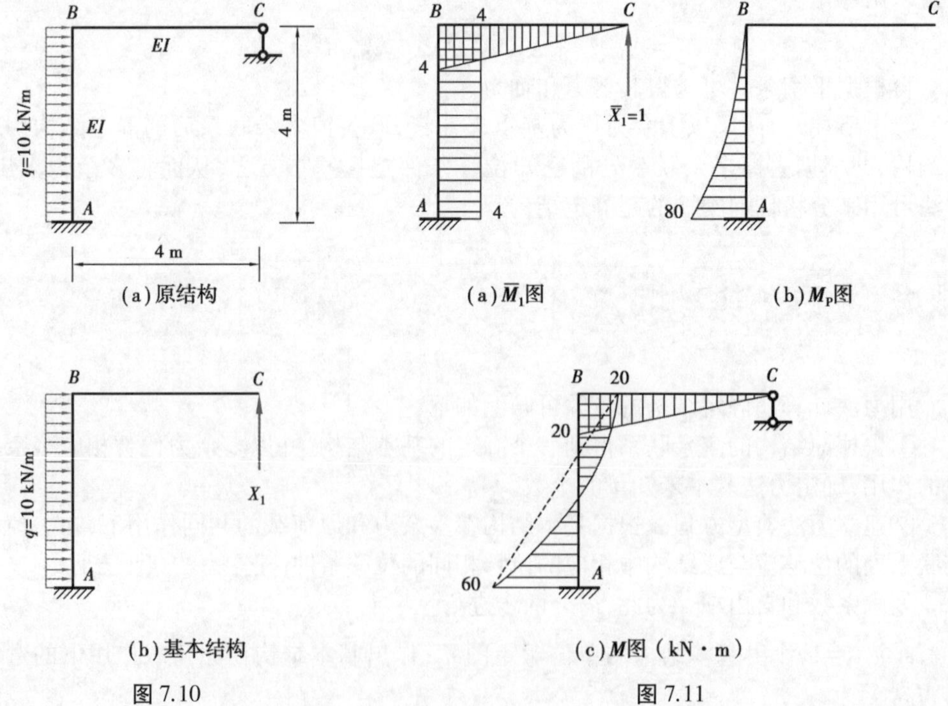


(a)原结构 (b)基本结构

图 7.10

(a)$\overline{M}_1$图 (b)$M_P$图 (c)$M$图(kN·m)

图 7.11

⑤绘制内力图。各杆端弯矩可按 $M=X_1\overline{M}_1+M_P$ 计算,最后弯矩图如图 7.11(c)所示。

对于剪力图和轴力图,在多余力求出后,可直接按作静定结构剪力图和轴力图的方法作出,如图 7.12(a)、(b)所示。

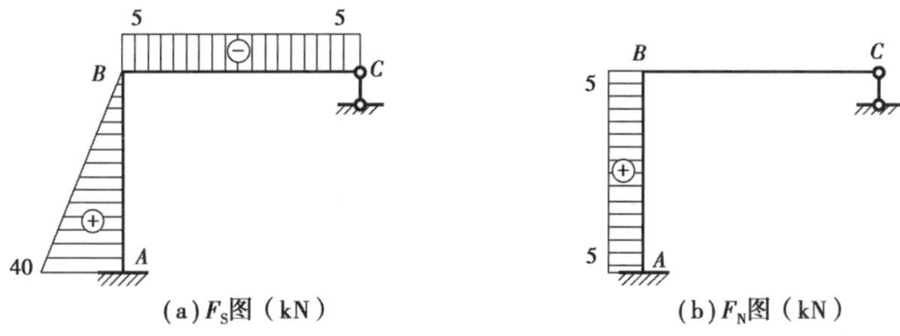

(a) $F_S$图 (kN)　　(b) $F_N$图 (kN)

图 7.12

【例 7.2】 图 7.13(a)所示刚架,$EI$=常数,试作出其内力图。

【解】 ①确定超静定次数,选取基本结构。此刚架是两次超静定的。去掉刚架 $B$ 处的两根支座链杆,代以多余力 $X_1$ 和 $X_2$,得到如图 7.13(b)所示的基本结构。

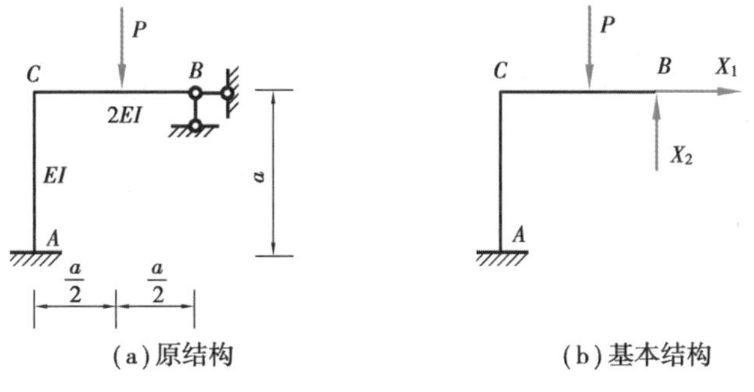

(a)原结构　　(b)基本结构

图 7.13

②建立力法典型方程。

$$\left.\begin{aligned}\delta_{11}X_1+\delta_{12}X_2+\Delta_{1P}=0\\ \delta_{12}X_1+\delta_{22}X_2+\Delta_{2P}=0\end{aligned}\right\}$$

③绘出各单位弯矩和荷载弯矩图如图 7.14(a)、(b)、(c)所示。利用图乘法求得各系数和自由项为

$$\delta_{11}=\frac{1}{EI}\left(\frac{a^2}{2}\times\frac{2a}{3}\right)=\frac{a^3}{3EI}$$

$$\delta_{22}=\frac{1}{2EI}\left(\frac{a^2}{2}\times\frac{2a}{3}\right)+\frac{1}{EI}(a^2\times a)=\frac{7a^3}{6EI}$$

$$\delta_{12}=\delta_{21}=-\frac{1}{EI}\left(\frac{a^2}{2}\times a\right)=-\frac{a^3}{2EI}$$

$$\Delta_{1P} = \frac{1}{EI}\left(\frac{a^2}{2} \times \frac{Pa}{2}\right) = \frac{Pa^3}{4EI}$$

$$\Delta_{2P} = -\frac{1}{2EI}\left(\frac{1}{2} \times \frac{Pa}{2} \times \frac{a}{2} \times \frac{5a}{6}\right) - \frac{1}{EI}\left(\frac{Pa^2}{2} \times a\right) = -\frac{53Pa^3}{96EI}$$

④求解多余力。将以上系数和自由项代入典型方程并消去$\frac{a^3}{EI}$,得

$$\frac{1}{3}X_1 - \frac{1}{2}X_2 + \frac{P}{4} = 0$$

$$-\frac{1}{2}X_1 + \frac{7}{6}X_2 + \frac{53P}{96} = 0$$

解联立方程,得

$$X_1 = -\frac{9}{80}P(\leftarrow)$$

$$X_2 = \frac{17}{40}P(\uparrow)$$

⑤绘制内力图。弯矩图及剪力图、轴力图分别如图 7.14(d)、(e)、(f)所示。

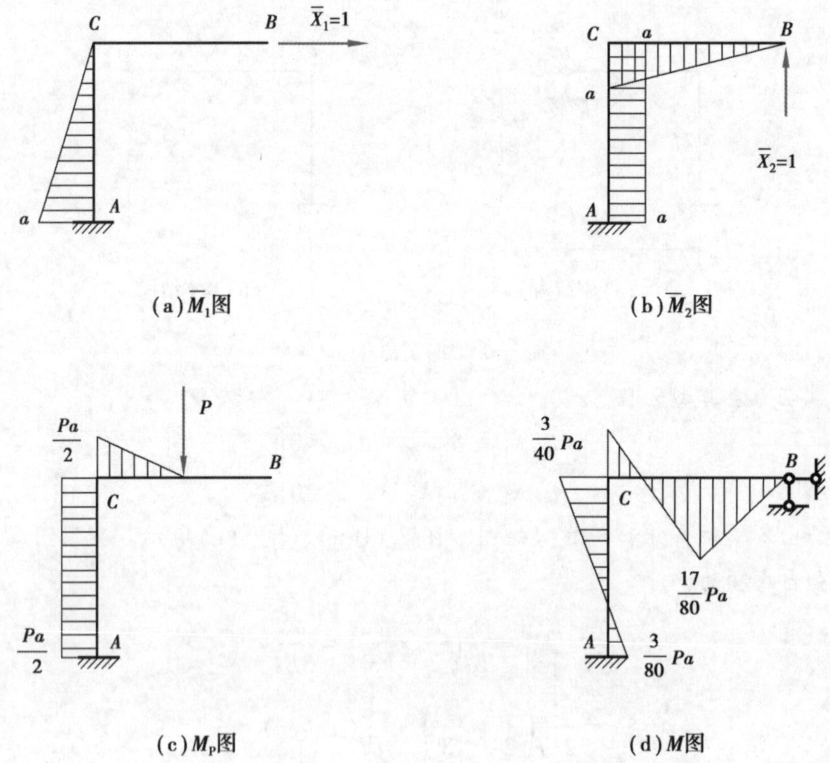


(a)$\overline{M}_1$图　(b)$\overline{M}_2$图

(c)$M_P$图　(d)$M$图

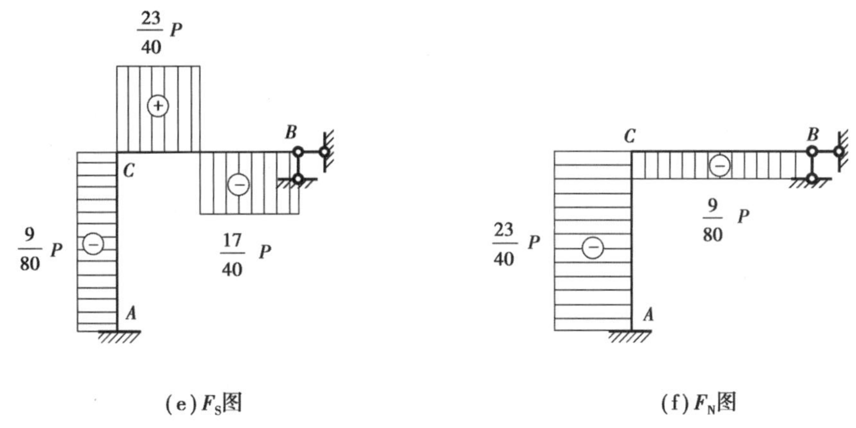


(e) $F_S$图 (f) $F_N$图

图 7.14

例 7.1、例 7.2 表明:

①力法计算的关键是:确定基本未知量,选择基本结构,建立典型方程。

②力法方程的系数和自由项的计算就是求静定结构的位移。

③力法方程解得多余未知力后,可用静力平衡方程或内力叠加计算超静定结构的内力和绘制内力图。

**【例 7.3】** 如图 7.15 所示,按平面排架简化的单层厂房,用力法计算。

单层厂房是一个空间结构,其平面布置如图 7.15(a)所示,它的横向是一个由基础、柱子和屋架组成的排架[图 7.15(b)],排架沿厂房纵向一般按 6 m 等间距排列,各排架之间用纵向构件如屋面板、吊车梁、纵向支撑等相连。作用于厂房结构上的恒载和风、雪等荷载,一般是沿纵向均匀分布的。因此,可以取图 7.15(a)中阴影线所示部分作为计算单元,并按平面排架进行计算。由于屋架横向变形很微小,通常近似将屋架看作一轴向刚度 $EA$ 为无限大的杆件,其作用类似一条横梁,计算简图如图 7.15(c)所示。铰接排架结构由于柱上常放置吊车梁,因此柱截面按分段直线变化,做成阶梯形。计算图 7.16(a)所示排架柱的内力,并作出弯矩图。

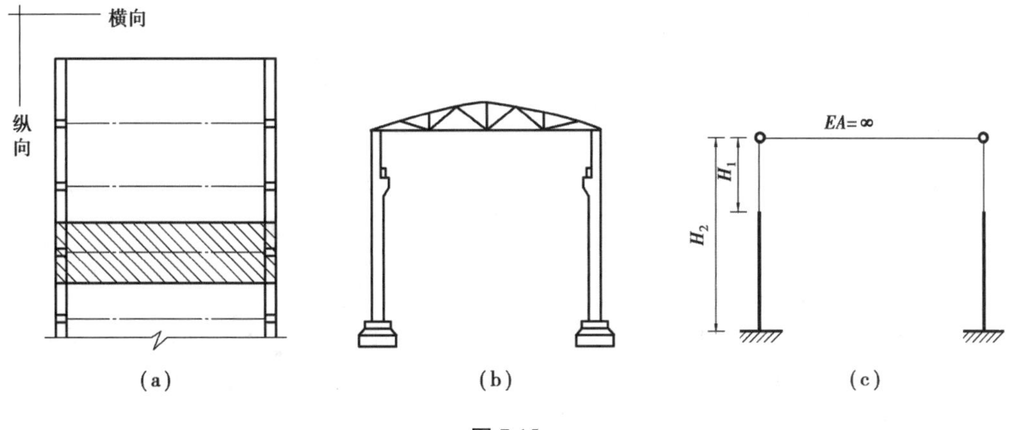


(a) (b) (c)

图 7.15

【解】 ①选取基本结构如图 7.16(b)所示。

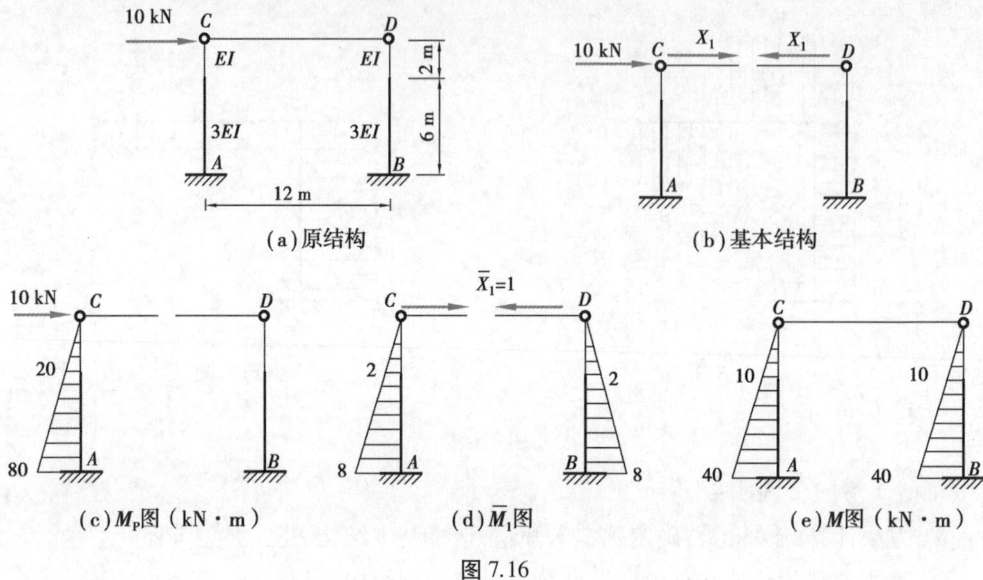


图 7.16

②建立力法方程。

$$\delta_{11}X_1+\Delta_{1P}=0$$

③计算系数和自由项。分别作基本结构的 $M_P$ 图和$\overline{M}_1$ 图,如图 7.16 (c)、(d)所示。

利用图乘法计算系数和自由项分别如下:

$$\delta_{11}=\frac{2}{EI}\left(\frac{1}{2}\times2\times2\times\frac{2}{3}\times2\right)+\frac{2}{3EI}\left[\frac{6}{6}\times(2\times2\times2+2\times8\times8+2\times8+2\times8)\right]$$

$$=\frac{16}{3EI}+\frac{336}{3EI}=\frac{352}{3EI}$$

$$\Delta_{1P}=\frac{1}{EI}\left(\frac{1}{2}\times2\times20\times\frac{2}{3}\times2\right)+\frac{1}{3EI}\left[\frac{6}{6}\times(2\times20\times2+2\times80\times8+20\times8+80\times2)\right]$$

$$=\frac{80}{3EI}+\frac{1\ 680}{3EI}=\frac{1\ 760}{3EI}$$

④计算多余未知力。将系数和自由项带入力法方程,得

$$\frac{352}{3EI}X_1+\frac{1\ 760}{3EI}=0$$

解得

$$X_1=-5\ \text{kN}$$

⑤作弯矩图。按公式 $M=\overline{M}_1X_1+M_P$ 即可作出排架最后弯矩图,如图 7.16(e)所示。

从例 7.3 可以看出:用力法计算排架时,一般把横梁作为多余约束而切断其轴向约束,代以多余未知力,利用切口两侧相对轴向位移为零(由于 $EA\to\infty$,故柱顶相对位移为零)的条件建立力法方程求解。

## 7.5 对称性的应用

对称结构对称荷载的简化(1)

对称结构反对称荷载的简化(2)

土木建筑工程中,有很多结构是对称的。所谓对称结构是指:

①结构的几何形状和支承情况对称于某一几何轴线;

②杆件截面形状、尺寸和材料的物理性质(弹性模量等)也关于此轴对称。

若将结构沿这个轴对折后,结构在轴线的两侧对应部分将完全重合,该轴线称为结构的对称轴。图 7.17 所示结构都是对称结构。利用结构的对称性可使计算大为简化。

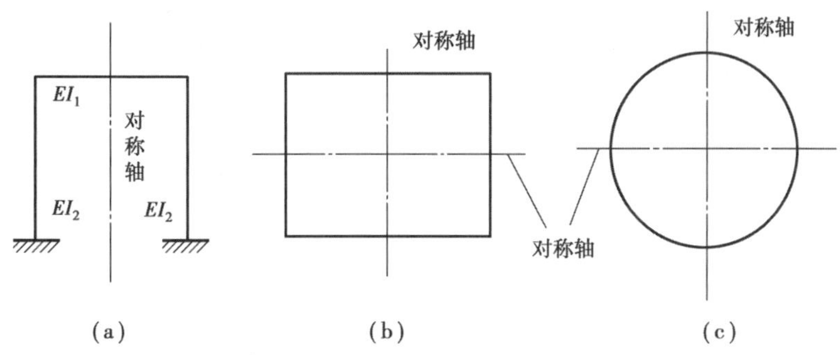


图 7.17

如图 7.18(a)所示为 3 次超静定刚架,沿对称轴将截面 $E$ 切断,可得到图 7.18(b)所示的对称基本结构。3 个多余未知力中,轴力 $X_1$、弯矩 $X_2$ 为正对称内力(即沿对称轴对折后,力作用线方向相同),而剪力 $X_3$ 是反对称内力(即沿对称轴对折后,力作用线方向相反)。

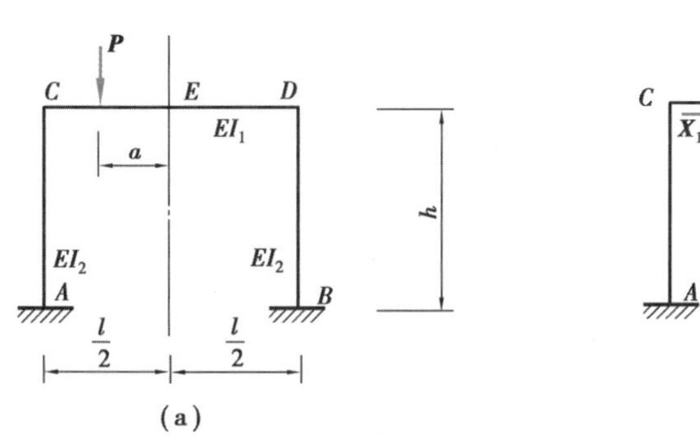

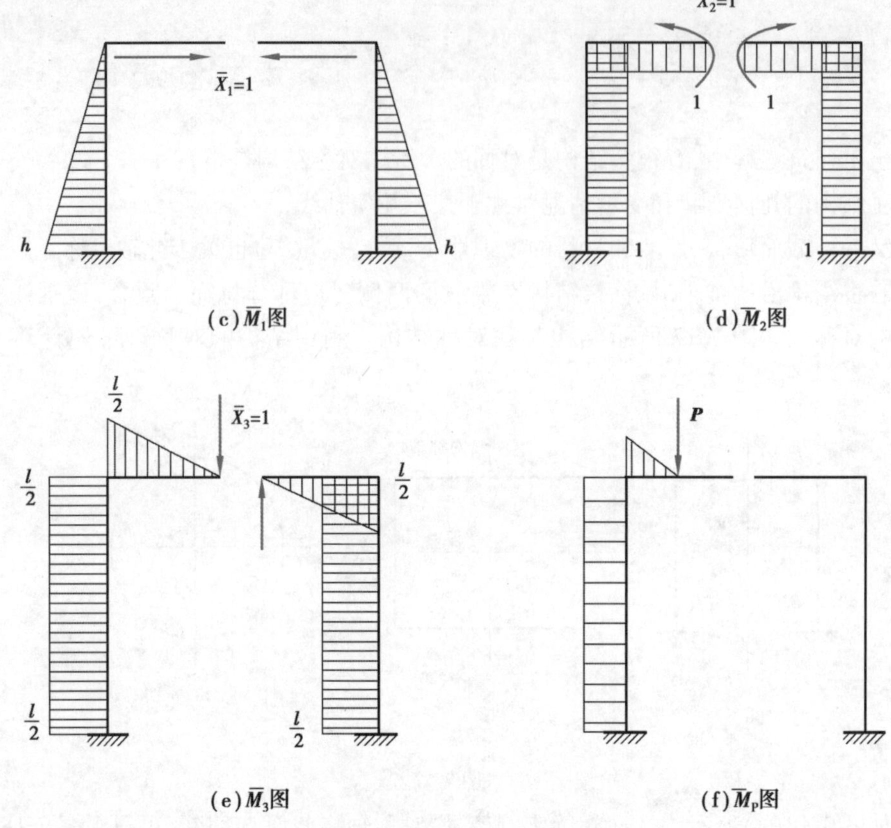


(c)$\overline{M}_1$图

(d)$\overline{M}_2$图

(e)$\overline{M}_3$图

(f)$\overline{M}_P$图

图 7.18

选取对称的基本结构,力法典型方程为

$$\left.\begin{aligned}\delta_{11}X_1+\delta_{12}X_2+\delta_{13}X_3+\Delta_{1P}=0\\\delta_{21}X_1+\delta_{22}X_2+\delta_{23}X_3+\Delta_{2P}=0\\\delta_{31}X_1+\delta_{32}X_2+\delta_{33}X_3+\Delta_{3P}=0\end{aligned}\right\}$$

作单位弯矩图如图 7.18(c)、(d)、(e)所示。由图可见,正对称多余力下的单位弯矩图$\overline{M}_1$ 和$\overline{M}_2$ 是对称的,而反对称多余力下的单位弯矩图$\overline{M}_3$ 是反对称的。由图形相乘可知

$$\delta_{13}=\delta_{31}=\sum\int\frac{\overline{M}_1\ \overline{M}_3\mathrm{d}s}{EI}=0$$

$$\delta_{23}=\delta_{32}=\sum\int\frac{\overline{M}_2\ \overline{M}_3\mathrm{d}s}{EI}=0$$

故力法典型方程简化为

$$\left.\begin{aligned}\delta_{11}X_1+\delta_{12}X_2+\Delta_{1P}=0\\\delta_{12}X_1+\delta_{22}X_2+\Delta_{2P}=0\\\delta_{33}X_3+\Delta_{3P}=0\end{aligned}\right\}$$

对称结构要选取对称的基本结构。力法典型方程将分成两组:一组只包含对称的未知力,即 $X_1$、$X_2$;另一组只包含反对称的未知力 $X_3$。因此,解方程组的工作得到简化。

现在作用在结构上的外荷载是非对称的,如图 7.18(a)、(f)所示;若将此荷载分解为对称的和反对称的两种情况,如图 7.19(a)、(b)所示,则计算还可进一步得到简化。

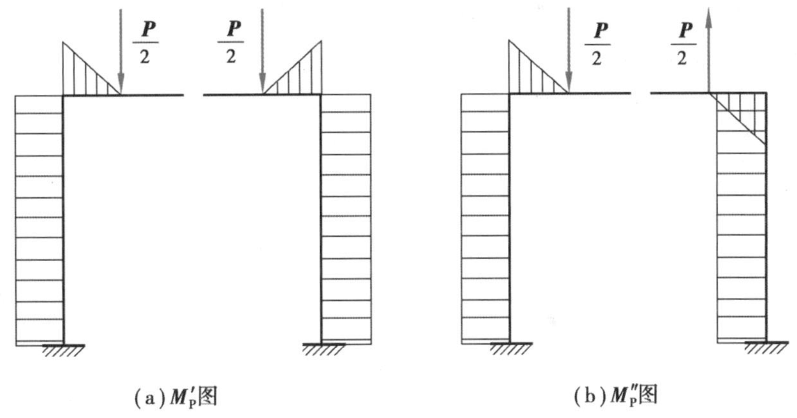


图 7.19

①外荷载对称时,使基本结构产生的弯矩图 $M'_P$ 是对称的,则得

$$\Delta_{3P}=\sum\int\frac{\overline{M}_3M'_P\mathrm{d}s}{EI}=0$$

从而得

$$X_3=0$$

这时,只要计算对称多余未知力 $X_1$ 和 $X_2$。

②外荷载反对称时,使基本结构产生的弯矩图 $M''_P$是反对称的,则得

$$\Delta_{1P}=\sum\int\frac{\overline{M}_1M''_P\mathrm{d}s}{EI}=0$$

$$\Delta_{2P}=\sum\int\frac{\overline{M}_2M''_P\mathrm{d}s}{EI}=0$$

从而得

$$X_1=X_2=0$$

这时,只要计算反对称的多余未知力 $X_3$。

从上述分析可得到如下结论:

①在计算对称结构时,如果选取的多余未知力中一部分是对称的,另一部分是反对称的。则力法方程将分为两组:一组只包含对称未知力;另一组只包含反对称未知力。

②结构对称,若外荷载不对称时,可将外荷载分解为对称荷载和反对称荷载,而分

别计算然后叠加。

所以,对称结构在对称荷载作用下,反对称未知力为零,即只产生对称内力及变形;对称结构在反对称荷载作用下,对称未知力为零,即只产生反对称内力及变形。在计算对称结构时,直接利用上述结论,可以使计算得到简化。

【例 7.4】 利用结构对称性,计算图 7.20 (a)所示刚架,并作最后弯矩图。

【解】 ①此结构为 3 次超静定刚架,且结构及荷载均为对称。在对称轴处切开,取图7.20(b)所示的基本结构。由对称性的结论可知 $X_3=0$,只需考虑对称未知力 $X_1$ 及 $X_2$。

②由切开处的位移条件,建立典型方程。

$$\left.\begin{aligned}\delta_{11}X_1+\delta_{12}X_2+\Delta_{1P}=0\\ \delta_{12}X_1+\delta_{22}X_2+\Delta_{2P}=0\end{aligned}\right\}$$

③作$\overline{M}_1$、$\overline{M}_2$、$M_P$图,如图 7.20(c)、(d)、(e)所示,利用图形相乘求系数和自由项。

$$\delta_{11}=2\left(\frac{1}{EI}\times6\times1\times1+\frac{1}{4EI}\times6\times1\times1\right)=\frac{15}{EI}$$

$$\delta_{22}=2\left(\frac{1}{EI}\times6\times6\,\frac{1}{2}\times\frac{2}{3}\times6\right)=\frac{144}{EI}$$

$$\delta_{12}=\delta_{21}=-2\left(\frac{1}{EI}\times6\times1\times\frac{1}{2}\times6\right)=-\frac{36}{EI}$$

$$\Delta_{1P}=-2\left(\frac{1}{EI}\times180\times6\times1+\frac{1}{4EI}\times\frac{1}{3}\times6\times180\times1\right)=-\frac{2\ 340}{EI}$$

$$\Delta_{2P}=2\left(\frac{1}{EI}\times180\times6\times\frac{1}{2}\times6\right)=\frac{6\ 480}{EI}$$

④将各系数和自由项代入典型方程,并解方程得 $X_1$、$X_2$。

$$X_1=120\ \text{kN}\cdot\text{m},X_2=-15\ \text{kN}$$

⑤由 $M=\overline{M}_1X_1+\overline{M}_2X_2+M_P$ 叠加作 $M$ 图,求得各杆杆端弯矩值,作最后弯矩图,如图7.20(f)所示。

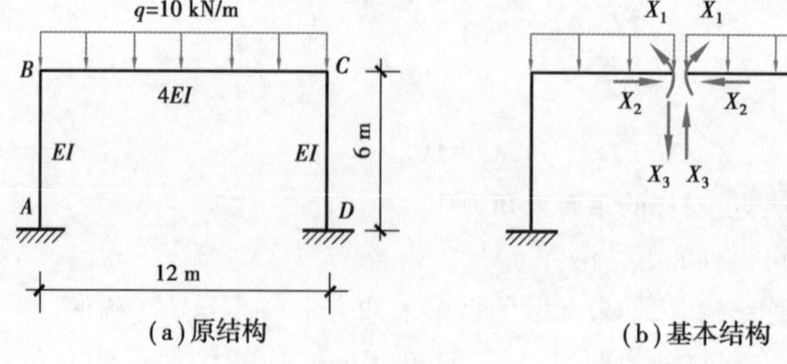


(a)原结构　　(b)基本结构

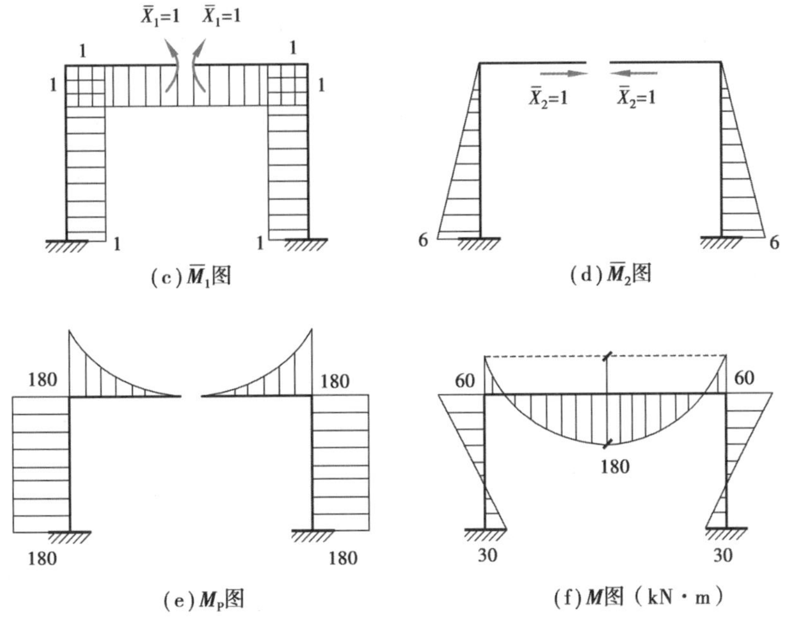


(c) $\overline{M}_1$图 (d) $\overline{M}_2$图

(e) $M_P$图 (f) $M$图（kN·m）

图 7.20

由本例题看出：结构对称，就需选择对称的基本结构，利用荷载对称作用时的内力和变形特性，可使计算得以简化。

## 7.6 支座移动时的超静定结构计算

实际工程中的结构，除了承受直接荷载作用外，还受支座移动、温度改变、制造误差及材料的收缩膨胀等因素影响。由于超静定结构有多余约束，因此使结构产生变形的因素都将导致结构产生内力。这是超静定结构的重要特征之一。本节研究支座移动时超静定结构的计算问题。

用力法计算超静定结构在支座移动所引起的内力时，其基本原理和解题步骤与荷载作用的情况相同，只是力法方程中自由项的计算有所不同。

自由项表示基本结构由于支座移动，在多余约束处沿多余未知力方向所引起的位移 $\Delta_{1c}$。

**【例 7.5】** 如图 7.21(a)所示超静定梁，设支座 $A$ 发生转角 $\theta$，作梁的 $M$ 图。已知 $EI$ 为常数。

**【解】** ①选取基本结构，如图 7.21(b)所示。

②建立力法方程。原结构在 $B$ 处无竖向位移，可建立力法方程

$$\delta_{11}X_1 + \Delta_{1c} = 0$$

③计算系数和自由项。作单位弯矩图 $\overline{M}_1$，如图 7.21(c)所示，可由图乘法求得

$$\delta_{11} = \frac{1}{EI}\left(\frac{1}{2} \times l \times l \times \frac{2}{3}l\right) = \frac{l^3}{3EI}$$

$$\Delta_{1x} = -\sum \overline{R} \cdot c = -(l\theta) = -l\theta$$

④求多余未知力。

$$\frac{l^3}{3EI}X_1 - l\theta = 0$$

解得

$$X_1 = \frac{3EI\theta}{l^2}$$

⑤作弯矩图。由于支座移动在静定的基本结构中不引起内力,故只需将$\overline{M}_1$图乘以$X_1$值即可。

由$M=M_1\overline{X}_1$求得,

$$M_{AB} = l \times \frac{3EI\theta}{l^2} = \frac{3EI}{l}, M_{BA} = 0$$

作$M$图如图7.21(d)所示。

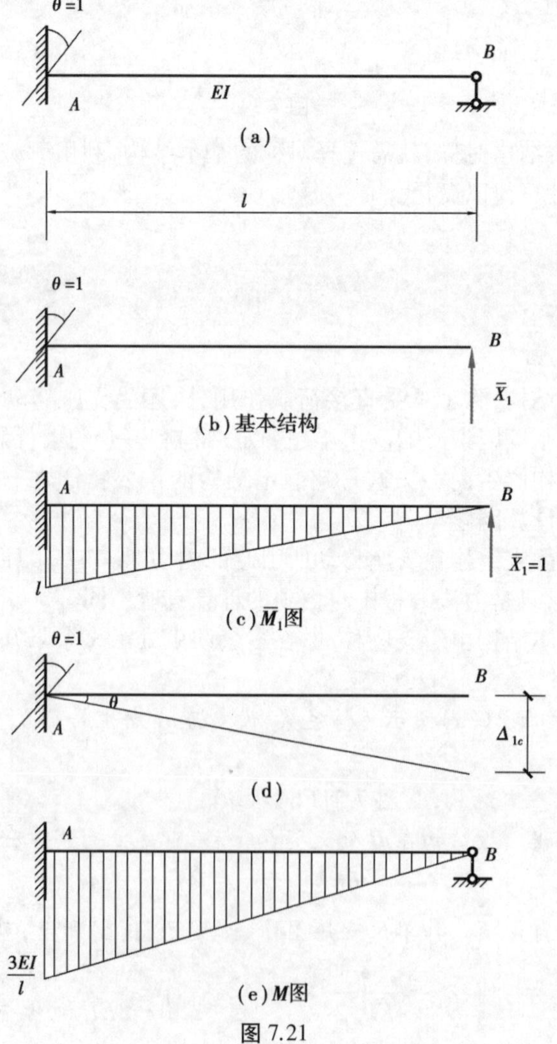


(a)

(b)基本结构

(c)$\overline{M}_1$图

(d)

(e)$M$图

图7.21

由本例题弯矩图可以看出,超静定结构由于支座移动引起的内力,其大小与杆件刚度 $EI$ 成正比,与杆长 $l$ 成反比。

## 小　结

1.力法的基本原理

将超静定结构中的多余联系去掉,代之以多余未知力,得到的静定结构作为基本结构。以多余未知力作为力法的基本未知量,利用基本结构在荷载和多余未知力共同作用下的变形条件建立力法方程,从而求解多余未知力。求得多余未知力后,超静定问题就转化为静定问题,可用平衡条件求解所有未知力。

因此,力法计算的关键是:确定基本未知量,选择基本结构,建立典型方程。

2.确定基本未知量和选择基本结构

去掉多余联系使原超静定结构变为静定结构,去掉的多余联系处的多余未知力即为基本未知量。去掉多余联系后的静定结构即为基本结构,两者是同时选定的。同一超静定结构可以选择多个基本结构,但基本结构必须是几何不变且无多余联系的静定结构。

3.建立力法典型方程

基本结构在原荷载(或支座移动等)及多余未知力作用下,沿多余未知力方向的位移应与原结构在相应处的位移相等,据此列出力法典型方程。要充分理解力法典型方程所代表的变形条件的意义,以及方程中各项系数和自由项的含义。

4.典型方程的系数和自由项的计算

系数和自由项的计算就是求静定结构的位移。因此,必须保证静定结构的内力图的正确和位移计算的准确。力法方程中的主系数($\delta_{ii}$)恒大于零;副系数和自由项可能正或负、也可能为零,且副系数 $\delta_{ij}=\delta_{ji}$。

5.超静定结构的内力计算与内力图的绘制

通过解力法方程求得多余未知力后,可用静力平衡方程或内力叠加公式计算超静定结构的内力和绘制内力图。对梁和刚架来说,一般先计算杆端弯矩、绘制弯矩图,然后计算杆端剪力、绘制剪力图,最后计算杆端轴力、绘制轴力图。

6.对称性的利用

如果结构对称,可选择对称的基本结构,利用荷载对称或反对称作用时的内力和变形特性,可使计算得以简化。

## 思考题

7.1　试比较超静结构与静定结构的不同特性,说明两种结构的区别。

7.2　用力法解超静定结构的思路是什么?力法的基本结构与原结构有何异同?

7.3　在选取力法基本结构时,应掌握什么原则?如何确定超静定次数?

7.4　力法典型方程的意义是什么?其系数和自由项的物理意义是什么?

7.5　为什么力法典型方程中主系数恒大于零,而副系数则可能为正值、负值或为零?

7.6　试叙述用力法求解超静定结构的步骤。

7.7　怎样利用结构的对称性以简化计算?

7.8　为什么对称结构在对称荷载作用下,反对称多余未知力等于零?反之,对称结构在反对称荷载作用下,对称的多余未知力等于零?

7.9　基本未知量求出以后,怎样求原结构的其余支座反力?怎样绘制内力图?

7.10　为什么超静定结构的内力与各杆 $EI$ 有关,而静定结构的内力却与各杆 $EI$ 无关?

## 习　题

7.1　试确定图示超静定结构的超静定次数。

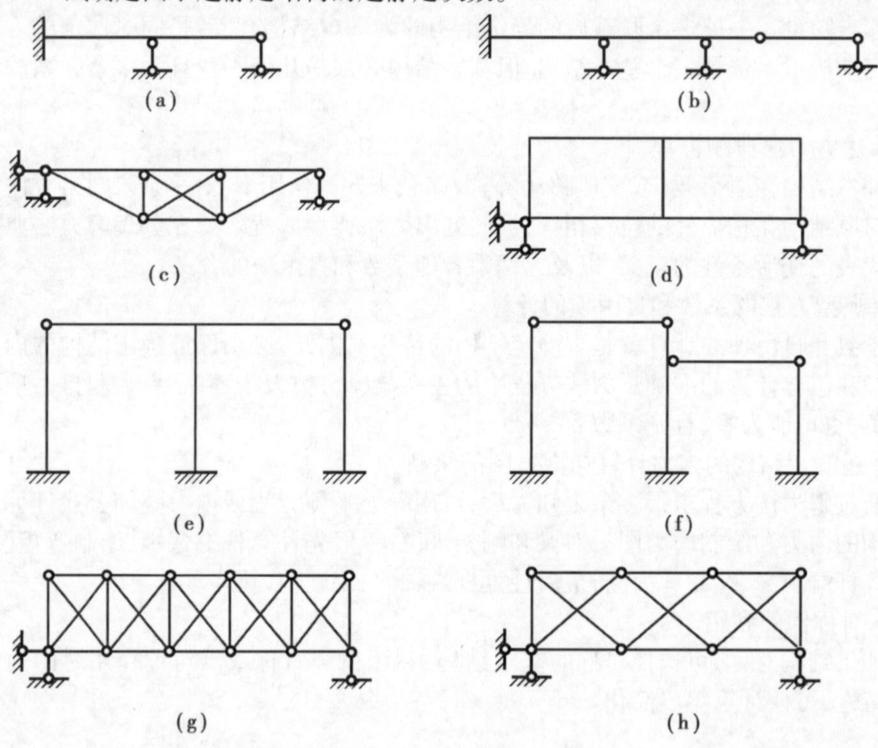

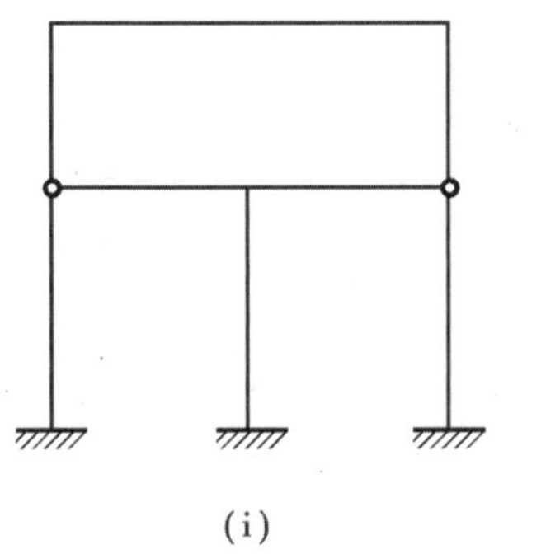

(i)

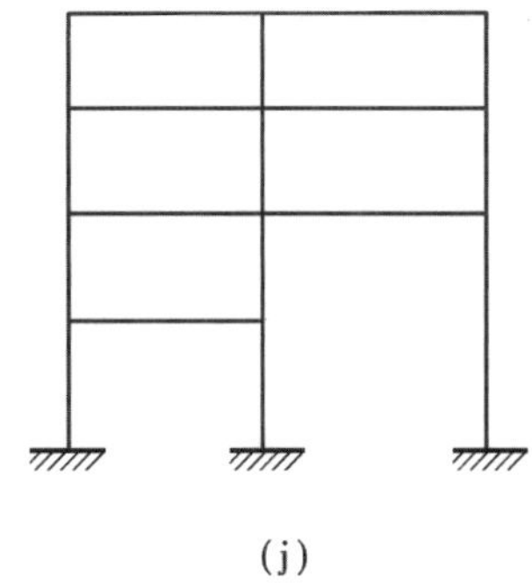

(j)

习题 7.1 图

7.2 试用力法求解,并作内力图。已知 $EI$=常数。

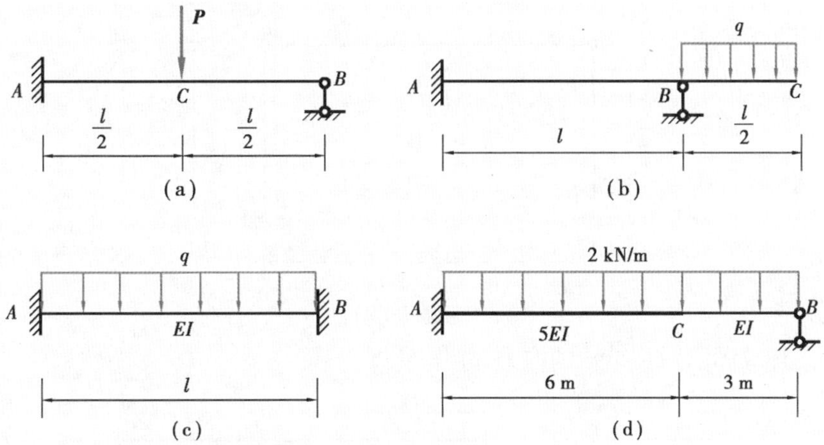


习题 7.2 图

7.3 如图示刚架,试用力法求解,并作 $M$ 图。

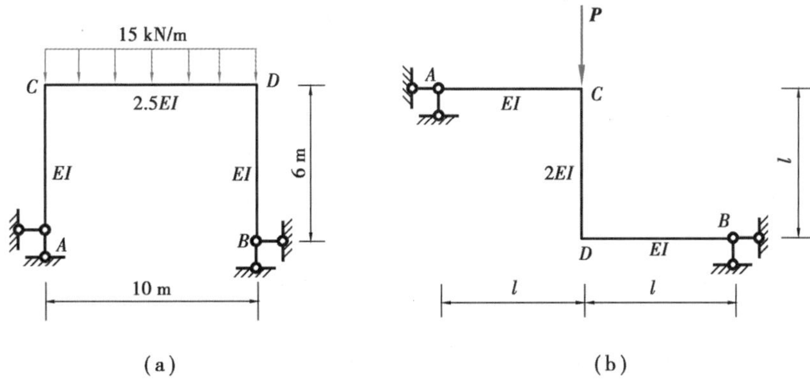


(a) (b)

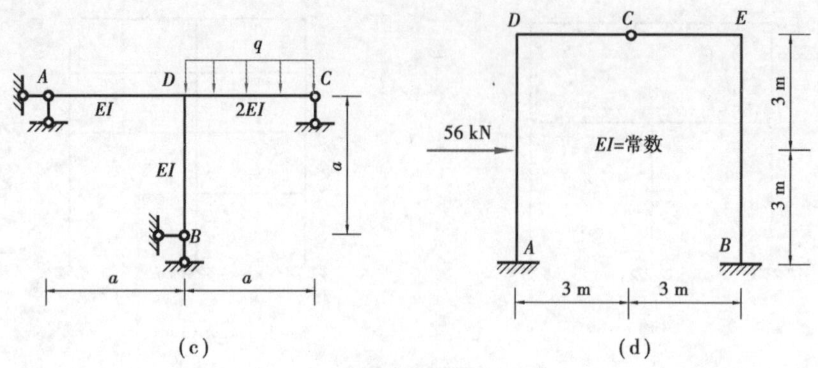


(c)　　　　　　　　　　　(d)

习题 7.3 图

7.4　用力法计算图示排架，并作 $M$ 图。

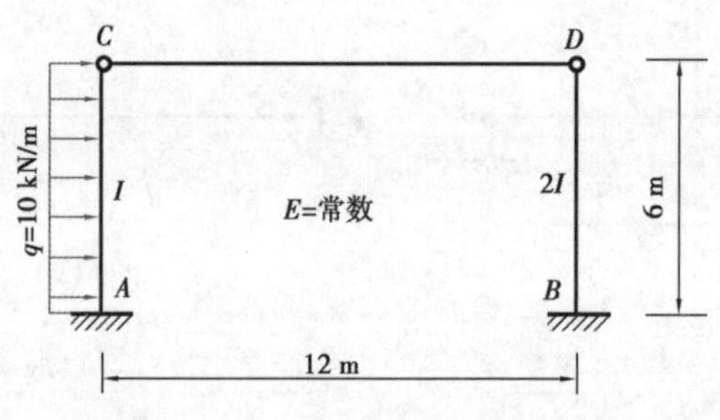


习题 7.4 图

7.5　计算图示对称结构的内力，并作 $M$ 图。

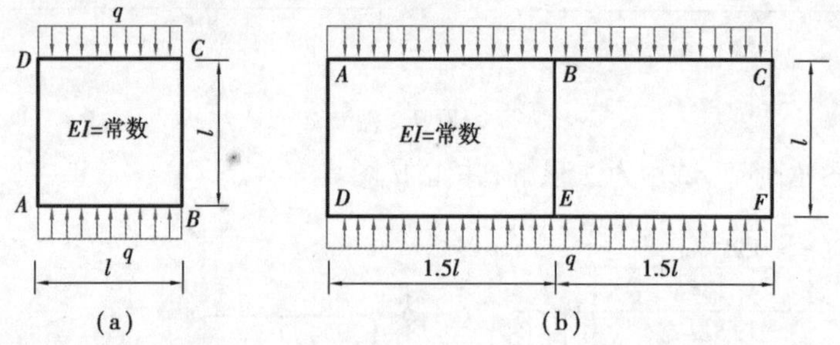


(a)　　　　　　　　　　　(b)

习题 7.5 图

7.6　图示为等截面两端固定梁，已知固定端 $A$ 顺时针转动一角度 $\varphi_A$，计算其支座反力并作 $M$ 图。

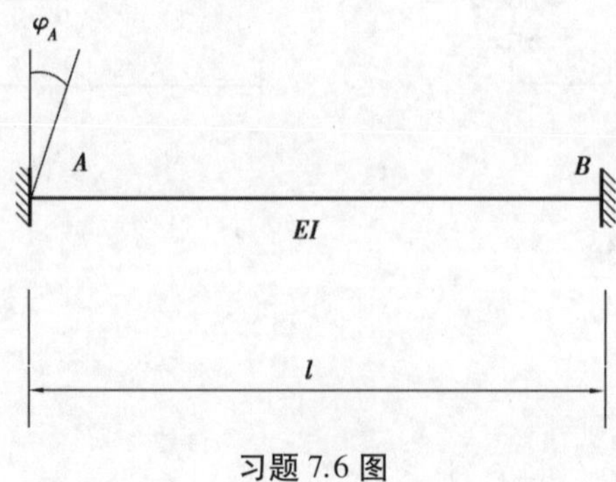


习题 7.6 图

# 8

# 位移法

[教学目标]

- 了解位移法的概念,理解等截面直杆的转角位移方程
- 理解位移法求解超静定结构的基本思路
- 掌握位移法求解连续梁和无线位移刚架的弯矩图

## 8.1 基本概念

位移法概述

力法是 19 世纪末出现的用于解决超静定结构的方法。随着钢筋混凝土结构的问世和使用,高次超静定结构大量出现,如果仍使用力法就十分繁琐,于是,20 世纪初在力法的基础上又建立了位移法。

在分析超静定结构时,先设法求出内力,然后计算相应的位移,这就是力法;反过来,先确定某些位移,然后求出内力,这便是位移法。力法是以多余未知力作为基本未知量,位移法则是以某些结点位移作为基本未知量的。对于高次超静定结构,运用位移法计算通常也比力法简便。同时,学习位移法也帮助我们加深对结构位移概念的理解,为学习力矩分配法打下必要的基础。

为了说明位移法的基本思路,以图 8.1 所示刚架的位移来分析。它在荷载 $\boldsymbol{F}$ 作用下将发生虚线所示的变形,在刚结点 1 处两杆的杆端均发生相同的转角 $Z_1$。此外,若略去轴向变形,则可认为两杆长度不变,因而结点 1 没有线位移。那么如何据此确定杆的内力呢?对于 12 杆,其计算条件是两端固定,固定支座 1 发生转角 $Z_1$,并承受已知荷载 $\boldsymbol{F}$ 的作用[图8.1(b)],这种情况下的内力可以由力法算出(见第 7 章)。同理,

13 杆可以看作一端固定、另一端铰支的梁,而固定端 1 处发生转角 $Z_1$,其内力同样可以用力法算出[图 8.1(c)]。可见,如果能设法把转角 $Z_1$ 求出,那么整个刚架的计算问题就分解成杆件的计算问题。

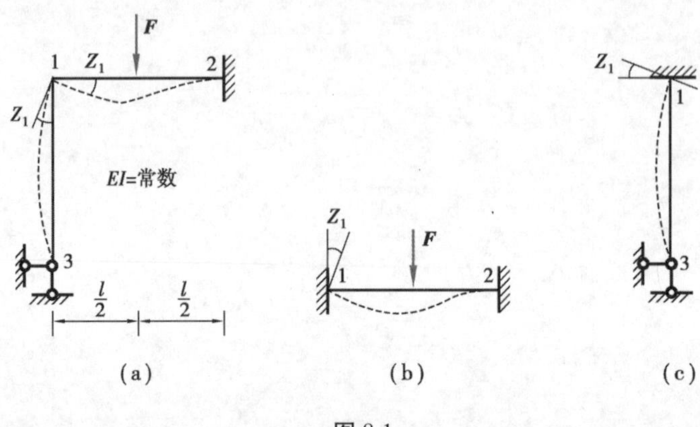


图 8.1

由此分析可知,在位移法中需要解决以下的问题:

①用力法计算出单跨超静定梁在杆端发生各种位移时以及荷载等作用下的内力。

②确定结构上哪些位移作为基本未知量。

③如何求出以上这些位移。

等截面直杆的转角位移方程

## 8.2 等截面直杆的转角位移方程

如前所述,用位移法计算超静定刚架时,每根杆件均可看作单跨超静定梁。在计算过程中,就需要分别计算杆端发生转角和位移时的杆端弯矩,以及外荷载作用下的杆端弯矩(称为固端弯矩)。

### ▶ 8.2.1 由杆端位移求杆端弯矩

如图 8.2(a)所示为一个两端固定的等截面梁,两端支座发生了位移。$A$ 端转角为 $\varphi_A$,$B$ 端转角为 $\varphi_B$,$A$、$B$ 两端在垂直于杆轴方向上的相对线位移为 $\Delta_{AB}$(这里 $AB$ 杆沿杆轴方向的线位移以及在垂直杆轴方向的平移均不引起弯矩,故不予考虑)。用力法求解这一问题时,可取简支梁为基本结构,多余未知力为杆端弯矩 $X_1$、$X_2$ 和轴力 $X_3$,如图 8.2(b)所示。由于 $X_3$ 不产生梁的弯矩,可不考虑,因此只需求解 $X_1$ 和 $X_2$。

关于正负号的规定,在位移法中,为了计算方便,杆端弯矩是以对杆端顺时针方向为正(对结点或支座则以反时针方向为正);$\varphi_A$、$\varphi_B$ 均以顺时针方向为正;$\Delta_{AB}$ 则以使整个杆件顺时针方向转动为正。图 8.2 中所示的杆端弯矩及位移均为正值。

根据沿 $X_1$ 和 $X_2$ 方向的位移条件,可建立力法典型方程

$$\delta_{11}X_1 + \delta_{12}X_{12} + \Delta_{1\Delta} = \varphi_A$$

$$\delta_{21}X_1 + \delta_{22}X_{12} + \Delta_{2\Delta} = \varphi_B$$

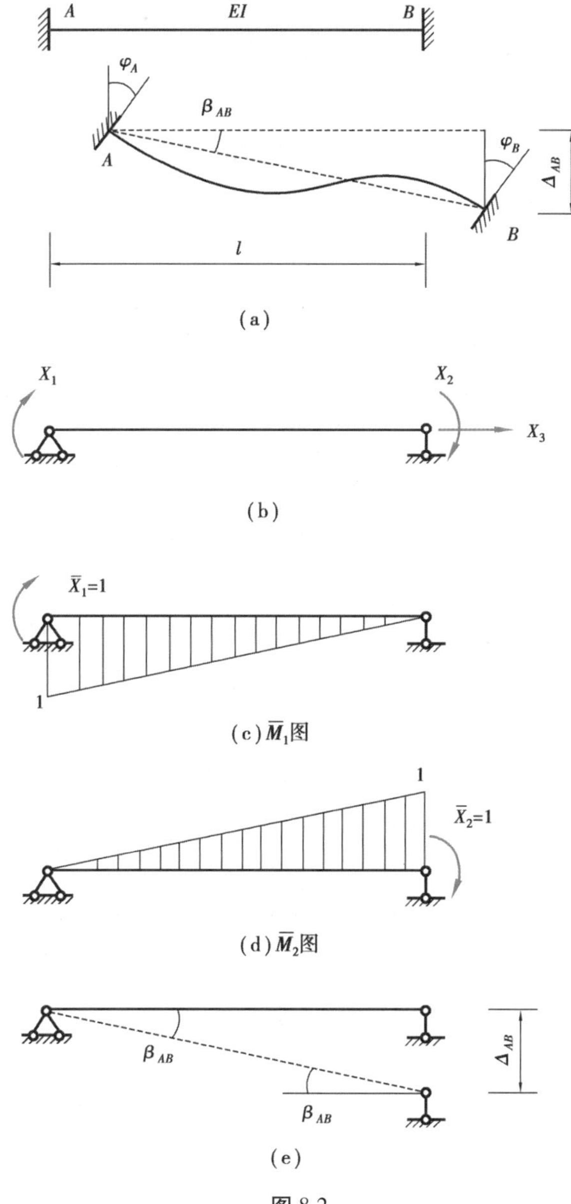


图 8.2

式中,系数和自由项均可按以前的方法计算。作出 $M_1$、$M_2$ 图后[图 8.2(c)、(d)],由图乘法可算出

$$\delta_{11}=\frac{1}{3EI},\delta_{22}=\frac{1}{3EI},\delta_{12}=\delta_{21}=-\frac{1}{6EI}$$

其中,自由项 $\Delta_{1\Delta}$ 和 $\Delta_{2\Delta}$ 是表示由于支座位移引起的基本结构两端的转角。由图 8.2(e)可以看出,支座转动将不使基本结构产生任何转角;而支座相对侧移所引起的两端转角为

$$\Delta_{1\Delta}=\Delta_{2\Delta}=\beta_{AB}=\frac{\Delta_{AB}}{l}$$

式中,$\beta_{AB}$称为弦转角,以顺时针方向为正。

将以上系数和自由项代入典型方程,可解得

$$X_1 = \frac{4EI}{l}\varphi_A + \frac{2EI}{l}\varphi_B - \frac{6EI}{l^2}\Delta_{AB}$$

$$X_2 = \frac{4EI}{l}\varphi_B + \frac{2EI}{l}\varphi_A - \frac{6EI}{l^2}\Delta_{AB}$$

为了方便,令

$$i = \frac{EI}{l}$$

称为杆件的线刚度。此外,用$M_{AB}$代替$X_1$,用$M_{BA}$代替$X_2$,上式便可写成

$$\begin{aligned} M_{AB} &= 4i\varphi_A + 2i\varphi_B - \frac{6i}{l}\Delta_{AB} \\ M_{BA} &= 4i\varphi_B + 2i\varphi_A - \frac{6i}{l}\Delta_{AB} \end{aligned} \tag{8.1}$$

$M_{AB}$和$M_{BA}$即为杆端发生位移时的杆端弯矩。

若两端固定梁除上述支座位移作用外,还受到荷载等外因的作用,则最后弯矩为上述杆端位移引起的弯矩叠加上荷载等外因引起的弯矩,即

$$\begin{aligned} M_{AB} &= 4i\varphi_A + 2i\varphi_B - \frac{6i}{l}\Delta_{AB} + M_{AB}^{F} \\ M_{BA} &= 4i\varphi_B + 2i\varphi_A - \frac{6i}{l}\Delta_{AB} + M_{BA}^{F} \end{aligned} \tag{8.2}$$

式中,$M_{AB}^{F}$、$M_{BA}^{F}$为此两端固定梁在荷载等外因作用下的杆端弯矩,称为固端弯矩。

式(8.2)是两端固定等截面梁的杆端弯矩的一般计算公式,通常称为转角位移方程。

### ▶ 8.2.2 等截面直杆的形常数和载常数

位移法计算超静定结构时,每根等截面直杆均视作单跨超静定梁,常见有下列3种。其转角位移方程如下:

①两端固定的梁(图8.3)。

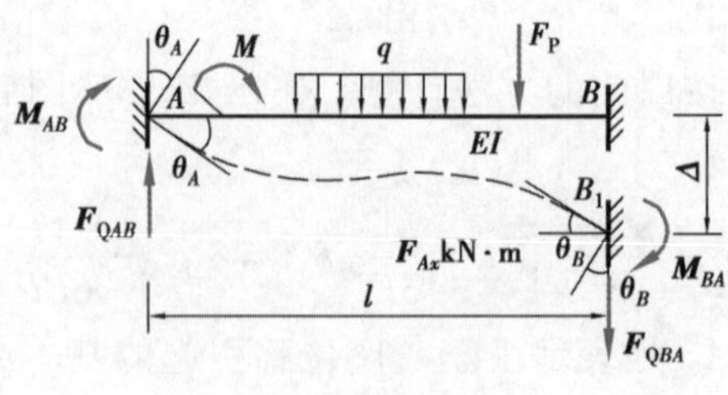


图8.3

$$
\left.\begin{aligned}
M_{AB} &= 4i\theta_A + 2i\theta_B - \frac{6i}{l}\Delta + M_{AB}^F \\
M_{AB} &= 2i\theta_A + 4i\theta_B - \frac{6i}{l}\Delta + M_{BA}^F \\
F_{QAB} &= -\frac{6i}{l}\theta_A - \frac{6i}{l}\theta_B + \frac{12i}{l^2}\Delta + F_{QAB}^F \\
F_{QBA} &= -\frac{6i}{l}\theta_A - \frac{6i}{l}\theta_B + \frac{12i}{l^2}\Delta + F_{QBA}^F
\end{aligned}\right\}
$$

②一端固定、另一端铰支的梁(图 8.4)。

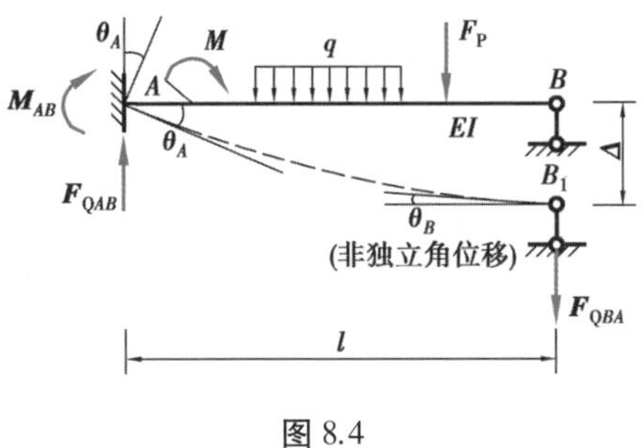


图 8.4

$$
\left.\begin{aligned}
M_{AB} &= 3i\theta_A - \frac{3i}{l}\Delta + M_{AB}^F \\
M_{BA} &= 0 \\
F_{QAB} &= -\frac{3i}{l}\theta_A + \frac{3i}{l^2}\Delta + F_{QAB}^F \\
F_{QBA} &= -\frac{3i}{l}\theta_A + \frac{3i}{l^2}\Delta + F_{QBA}^F
\end{aligned}\right\}
$$

③一端固定、另一端滑动支承的梁(图 8.5)。

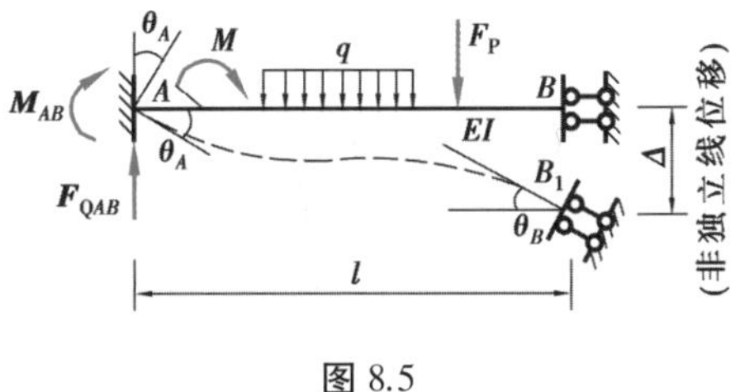


图 8.5

$$
\left.\begin{aligned}
M_{AB} &= i\theta_A - i\theta_B + M_{AB}^F \\
M_{BA} &= -i\theta_A + i\theta_B + M_{BA}^F \\
F_{QAB} &= F_{QAB}^F \\
F_{QBA} &= 0
\end{aligned}\right\}
$$

位移法分析等截面直杆时,关键是用杆端位移表示杆端力。当杆端位移是单位位移时,所得杆端力通常称为等截面直杆的刚度系数。因只与杆件材料、尺寸及截面几何形状有关,也称为形常数。

形常数可直接利用力法求得,常见单跨超静定梁的形常数见表8.1。

**表8.1　单跨超静定梁的形常数**

| 序号 | 梁的简图 | 杆端弯矩 | | 杆端剪力 | |
|---|---|---|---|---|---|
| | | $M_{AB}$ | $M_{BA}$ | $F_{SAB}$ | $F_{SBA}$ |
| 1 | 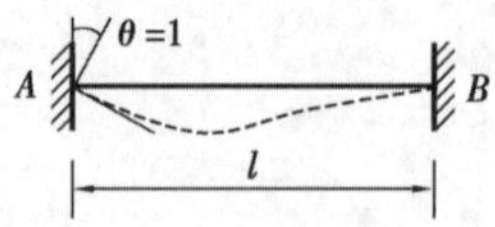 | $4i$<br>$i=\frac{EI}{l}$(下同) | $2i$ | $-\frac{6i}{l}$ | $-\frac{6i}{l}$ |
| 2 | 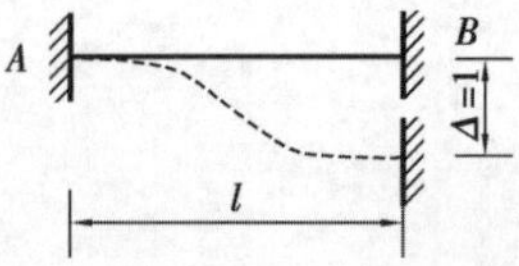 | $-\frac{6i}{l}$ | $-\frac{6i}{l}$ | $\frac{12i}{l^2}$ | $\frac{12i}{l^2}$ |
| 3 | 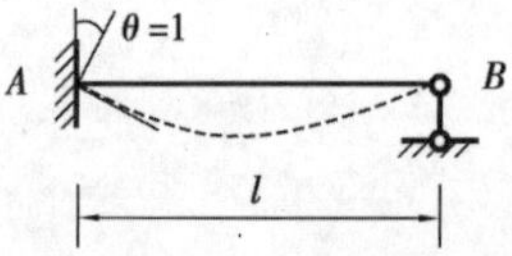 | $3i$ | 0 | $-\frac{3i}{l}$ | $-\frac{3i}{l}$ |
| 4 | 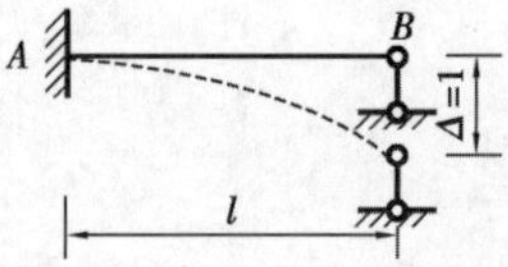 | $-\frac{3i}{l}$ | 0 | $\frac{3i}{l^2}$ | $\frac{3i}{l^2}$ |
| 5 | 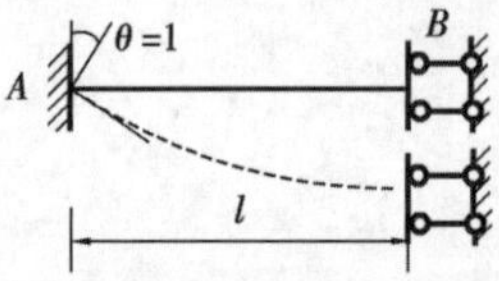 | $i$ | $-i$ | 0 | 0 |

单跨超静定梁由于荷载引起的杆端弯矩和杆端剪力分别称为固端弯矩和固端剪力。由于固端弯矩和固端剪力与等截面直杆所受荷载的作用形式和大小有关,因此又称为载常数。同样,载常数可直接利用力法求得,常见单跨超静定梁的载常数见表8.2。

**表8.2　单跨超静定梁的载常数**

| 序号 | 梁的简图 | 杆端弯矩 | | 杆端剪力 | |
|---|---|---|---|---|---|
| | | $M_{AB}$ | $M_{BA}$ | $F_{SAB}$ | $F_{SBA}$ |
| 1 | 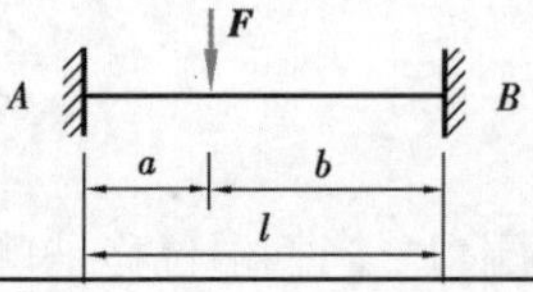 | $-\frac{Fab^2}{l^2}$ | $\frac{Fa^2b}{l^2}$ | $\frac{Fb^2}{l^2}\left(1+\frac{2a}{l}\right)$ | $-\frac{Pa^2}{l^2}\left(1+\frac{2b}{l}\right)$ |

续表

| 序号 | 梁的简图 | 杆端弯矩 | | 杆端剪力 | |
|---|---|---|---|---|---|
| | | $M_{AB}$ | $M_{BA}$ | $F_{SAB}$ | $F_{SBA}$ |
| 2 | 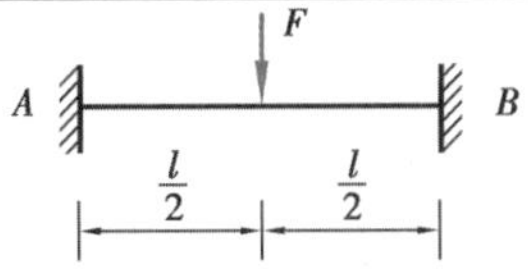 | $-\dfrac{Fl}{8}$ | $\dfrac{Fl}{8}$ | $\dfrac{F}{2}$ | $-\dfrac{F}{2}$ |
| 3 | 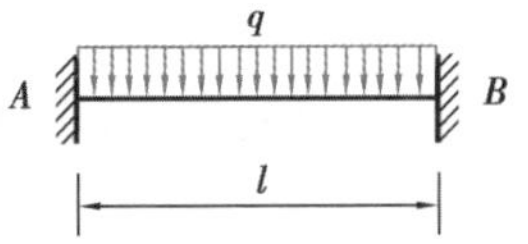 | $-\dfrac{ql^2}{12}$ | $\dfrac{ql^2}{12}$ | $\dfrac{ql}{2}$ | $-\dfrac{ql}{2}$ |
| 4 | 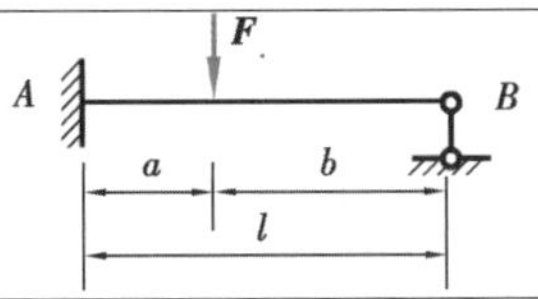 | $-\dfrac{Fab(l+b)}{2l^2}$ | 0 | $\dfrac{Fb}{2l^3}(3l^2-b^2)$ | $-\dfrac{Fa^2}{2l^3}(3l-a)$ |
| 5 | 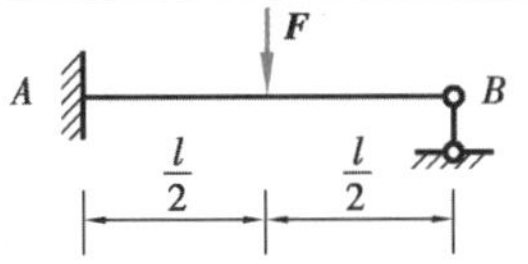 | $-\dfrac{3Fl}{16}$ | 0 | $\dfrac{11F}{16}$ | $-\dfrac{5F}{16}$ |
| 6 | 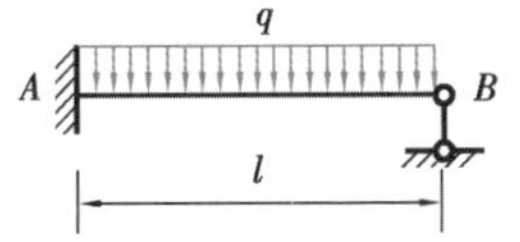 | $-\dfrac{ql^2}{8}$ | 0 | $\dfrac{5ql}{8}$ | $-\dfrac{3ql}{8}$ |
| 7 | 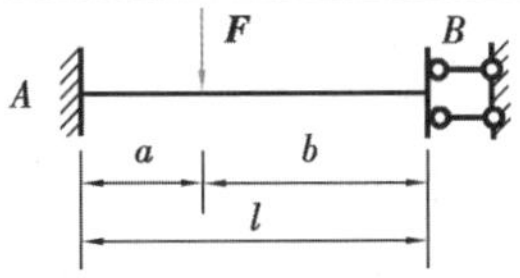 | $-\dfrac{Fa(l+b)}{2l}$ | $-\dfrac{Fa^2}{2l}$ | $F$ | 0 |
| 8 | 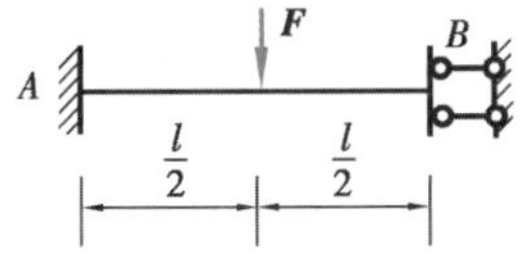 | $-\dfrac{3Fl}{8}$ | $-\dfrac{Fl}{8}$ | $F$ | 0 |
| 9 | 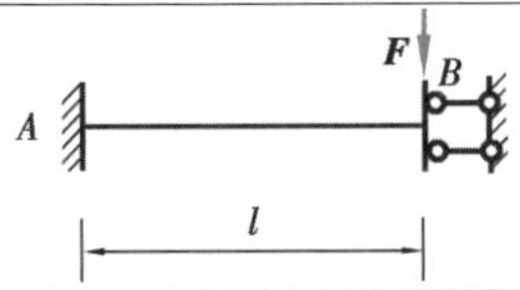 | $-\dfrac{Fl}{2}$ | $-\dfrac{Fl}{2}$ | $F$ | $F$ |
| 10 | 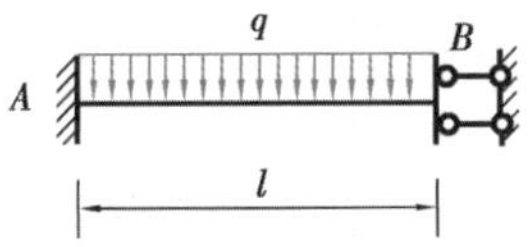 | $-\dfrac{ql^2}{3}$ | $-\dfrac{ql^2}{6}$ | $ql$ | 0 |
| 11 | 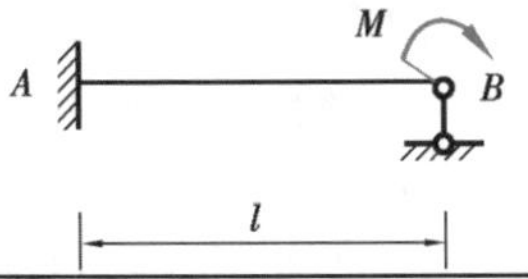 | $\dfrac{M}{2}$ | $M$ | $-\dfrac{3M}{2l}$ | $-\dfrac{3M}{2l}$ |

位移法的基本未知量

## 8.3　位移法的基本未知量和基本结构

由 8.2 节分析可知,如果结构上每根杆件两端的角位移和线位移都已求得,则全部杆件的内力均可确定出。因此,在位移法中,基本未知量应是各结点的角位移和线位移。在计算时,应首先确定独立的结点角位移和线位移的数目。

确定独立的结点角位移数目比较容易。由于在同一结点处,各杆端的转角是相等的,因此每一个刚结点的角位移可作为未知量。在固定支座处,其转角等于零或是已知的支座位移值。至于铰结点或铰支座处各杆端的转角,由于它们是不独立的,确定杆件内力时可以不需要它们的数值,故可不作为基本未知量。这样,确定结构独立的结点角位移数目时,只要数刚结点的数目即可。如图 8.6(a)所示刚架,其独立的结点角位移数目为 2。

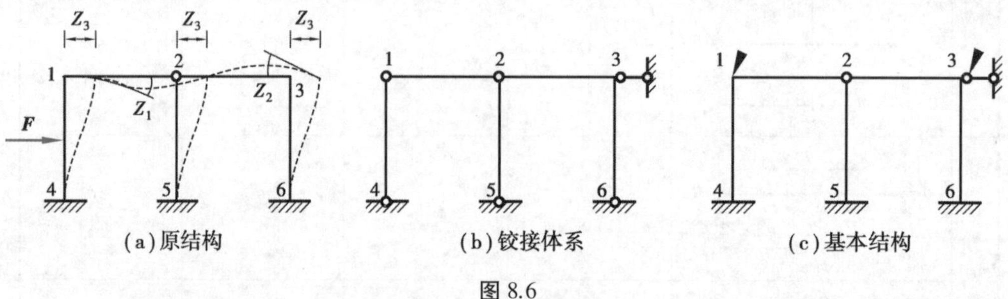


图 8.6

确定独立的结点线位移的数目时,在一般情况下每个结点均可能有水平和竖向两个线位移。但是通常对于受弯杆件略去其轴向变形,并设弯曲变形也是微小的,于是可以认为受弯直杆两端之间的距离在变形后仍保持不变,这样每一根受弯直杆就相当于一个约束,从而减少了独立的结点线位移数目。如在图 8.6(a)所示刚架中,4、5、6 三个固定端都是不动的点,3 根柱子的长度又保持不变,因而结点 1、2、3 均无竖向位移。又由于两根横梁保持长度不变,因此 3 个结点均有相同的水平位移。因此,只有一个独立的结点线位移。

独立的结点位移数目还可以用以下方法来确定:由于每一个结点可能有两个线位移,而每一根受弯直杆提供一个两端距离不变的约束条件,这就与第 2 章几何组成分析中分析平面铰接体系的几何构造性质的法则相似(平面铰接体系的每一结点有两个自由度,而每根链杆为一个联系)。因此,确定独立的结点线位移数目时,可以假设把原结构的所有刚结点和固定支座均改为铰接,从而得到一个相应的铰接体系。若此铰接体系为几何不变,则可推知原结构所有结点均无线位移。若相应的铰接体系是几何可变或瞬变的,就看最少需要添加几根支座链杆才能保证其几何不变,则所需添加的最少支座链杆数目就是原结构独立的结点线位移数目。如图 8.6(a)所示刚架,其相应的铰接体系如图 8.6(b)所示,它是几何可变的,必须在某结点处增添一根非竖向的支座链杆(如虚线所示)才能成为几何不变的,故知原结构独立的结点线位移数目为 1。

显然,在上述确定位移法的基本未知量即独立的结点角位移和线位移时,由于考虑了支座和结点及杆件的连接情况,就满足了结构的几何条件即支撑约束条件和变形连续条件。

用位移法计算超静定结构时,每一根杆件都可以看成是一根单跨超静定梁,因此位移法的基本结构就是把每一根杆件都暂时变成两端固定的或一端固定一端铰支的单跨超静定梁。为此,可以在每个刚结点上假想地加上一个**附加刚臂**,以阻止刚结点的转动(但不能阻止结点的移动),同时加上**附加支座链杆**以阻止结点的线位移。如图8.6(a)所示刚架,在两刚结点1、3处分别加上刚臂,并在结点3处加上一根水平支座链杆,则原结构的每根杆件就都成为两端固定或一端固定一端铰支的梁。原结构的基本结构如图8.6(b)所示,它是单跨超静定梁的组合体。

又如图8.7(a)所示刚架,其结点角位移数目为4(注意,其中结点2也是刚结点,即杆件62与32在该处刚接),结点线位移数目为2,一共有6个基本未知量。加上4个刚臂和两根支座链杆后,可得到基本结构如图8.7(b)所示。

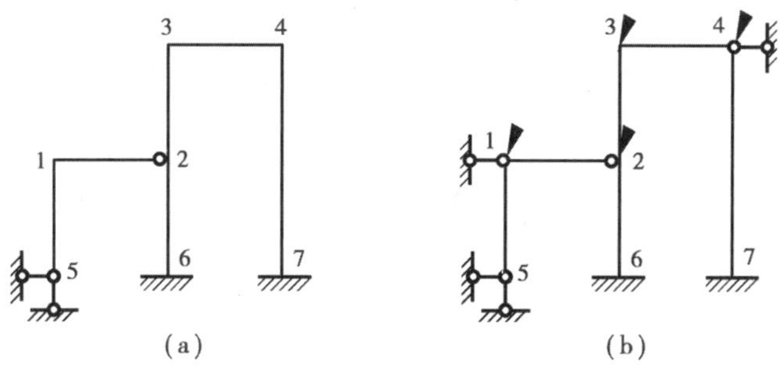


图8.7

需要注意的是,上述确定独立的结点线位移数目的方法,是以受弯直杆变形后两端距离不变的假设为依据的。对于需要考虑轴向变形的杆件或对于受弯的曲杆,则其两端距离不能看作不变。因此,如图8.8(a)、(b)所示结构,其独立的结点线位移数目应是2而不是1。

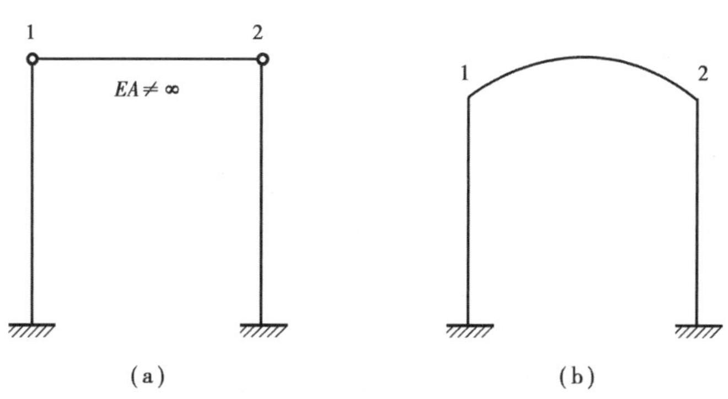


图8.8

位移法基本方程——单参数

## 8.4 位移法原理与位移法方程

位移法是以各结点的位移为基本未知量;根据相应的结点力矩方程或截面平衡条件列出位移法方程并解出结点位移;最后按照有关表格和静力平衡条件求得各杆端力。一般来说,建立位移法方程可以通过以下两种不同的途径:一种是将杆端力视作各影响因素单独作用效果的叠加,由此借助平衡条件建立位移法方程,称为典型方程法;另一种是直接利用转角位移方程,按结点和截面平衡条件建立位移法方程,称为转角方程法。

### ▶ 8.4.1 位移法原理

先以图 8.9(a)所示连续梁($EI$ 为常数)为例,来说明如何用典型方程法计算超静定结构的内力。

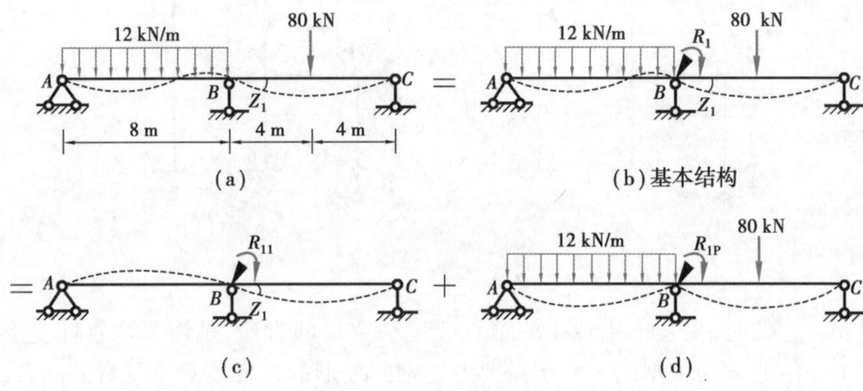


图 8.9

此连续梁只有一个独立结点角位移 $Z_1$,结构中各杆均无侧移产生,这种结构称为无侧移结构。在结点 $B$ 加一附加刚臂,便得到基本结构。由于附加刚臂约束了结点 $B$ 的角位移,故荷载作用在基本结构上时,其位移和内力将与原结构不相同。显然,若令附加刚臂发生于原结构相同的角位移 $Z_1$,则二者的位移就完全一致了[图 8.9(b)]。基本结构在荷载和基本未知量即独立结点位移共同作用下的体系称为基本体系。

从受力方面看,基本结构中由于加入了附加刚臂,刚臂上便会产生附加反力矩(简称反力矩)。但原结构中并没有附加刚臂,当然也就不存在该反力矩。现在基本结构的位移既然与原结构完全一致,其受力也应完全相同。因此,基本结构在结点位移 $Z_1$ 和荷载共同作用下,刚臂上的反力矩 $R_1$ 必定为零[图 8.9(b)]。设由 $Z_1$ 和荷载所引起的刚臂上的反力矩分别为 $R_{11}$ 和 $R_{1P}$,根据叠加原理,上述条件可写为

$$R_1 = R_{11} + R_{1P} = 0$$

式中,$R_{ij}$的两个下标含义与前相似,即第一个下标表示该反力所属附加联系,第二个下标表示引起该反力的原因。设 $r_{11}$ 表示由单位位移 $Z_1 = 1$ 所引起的附加刚臂上的反力矩。则上

式可写为

$$r_{11}Z_1 + R_{1P} = 0 \tag{8.3}$$

这就是求解基本未知量 $Z_1$ 的位移法基本方程。

要确定 $Z_1$，应先求出 $r_{11}$ 和 $R_{1P}$。因基本体系中各杆均可视为单跨超静定梁，故可利用表 8.1 中计算简图的杆端弯矩，分别绘出基本结构在 $Z_1=1$ 作用下的弯矩图（称为 $\overline{M}_1$ 图）和荷载作用下的弯矩图（称为 $M_P$ 图），如图 8.10（a）、（b）所示。由 $M_1$ 图取结点 $B$ 为隔离体，用力矩平衡条件 $\sum M_B=0$，可得

$$r_{11} = 3i + 3i = 6i$$

式中，$i=\dfrac{EI}{8m}$为杆件的线刚度。

同理，由 $M_P$ 图可得

$$R_{1P} = 96\ \text{kN}\cdot\text{m} - 120\ \text{kN}\cdot\text{m} = -24\ \text{kN}\cdot\text{m}$$

将上述结果代入位移法基本方程，可求出

$$Z_1 = -\frac{R_{1P}}{r_{11}} = \frac{4\ \text{kN}\cdot\text{m}}{i}$$

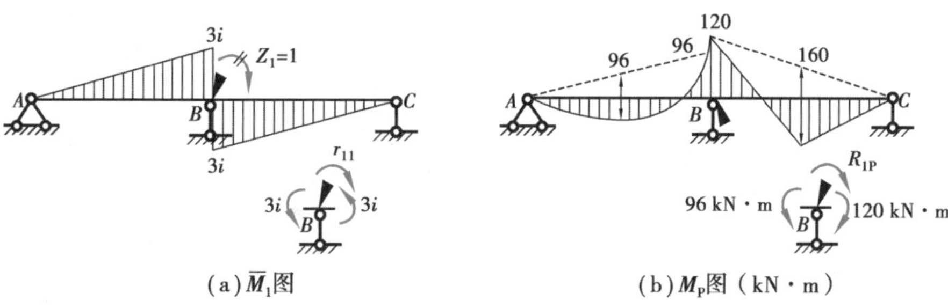


（a）$\overline{M}_1$图　　（b）$M_P$图（kN·m）

图 8.10

结果为正，表示 $Z_1$ 的方向与所设相同。结构的最后弯矩图可由叠加法 $M=Z_1\overline{M}_1+M_P$ 绘制。如 $BC$ 杆 $B$ 端的弯矩为 $M_{BC}=\dfrac{4\ \text{kN}\cdot\text{m}}{i}\times 3i-120\ \text{kN}\cdot\text{m}=-108\ \text{kN}\cdot\text{m}$（负号表示该弯矩的方向为绕杆端逆时针转动，即上侧受拉）。$M$ 图如图 8.11 所示。

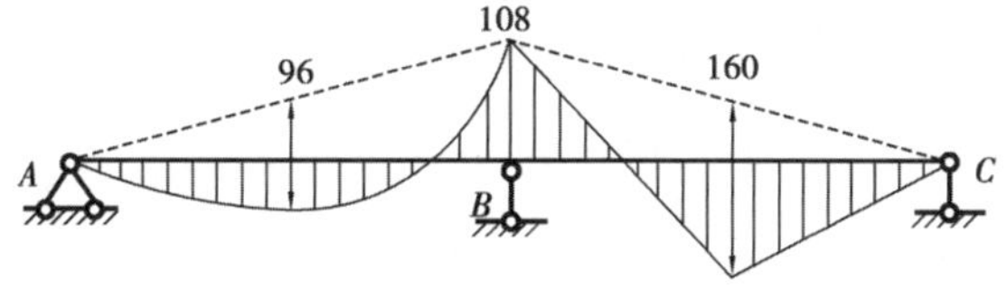


$M$图（kN·m）

图 8.11

### ▶ 8.4.2 典型方程法

以上以一个简单例子讨论了位移法的基本原理。为了加深对位移法的理解,下面再以一个有侧移刚架的例子,进一步说明位移法的典型方程和解题步骤。

如图 8.12 所示刚架,13 杆和 24 杆有侧移产生,这种结构称为有侧移结构。此刚架有一个独立结点角位移 $Z_1$ 和一个独立结点线位移 $Z_2$,共有两个基本未知量。在结点 1 处加一刚臂,结点 2 处加一水平支承链杆,得到基本结构。令其附加刚臂发生于原结构相同的转角 $Z_1$,同时令附加链杆发生于结构相同的线位移 $Z_2$,便得到基本体系。按类似前面例子的思路分析可知,基本体系的变形和内力与原结构完全相同,所以基本结构在结点位移 $Z_1$、$Z_2$ 和荷载 $\boldsymbol{F}$ 共同作用下,刚臂上的附加反力矩 $R_1$ 和链杆上的附加反力 $R_2$ 都应等于零。设由 $Z_1$、$Z_2$ 和 $\boldsymbol{F}$ 所引起的刚臂上的反力矩分别为 $R_{11}$、$R_{12}$ 和 $R_{1P}$,所引起链杆上的附加反力分别为 $R_{21}$、$R_{22}$ 和 $R_{2P}$[图 8.12(c)、(d)、(e)],则根据叠加原理可得

$$R_1 = R_{11} + R_{12} + R_{1P} = 0$$
$$R_2 = R_{21} + R_{22} + R_{2P} = 0$$

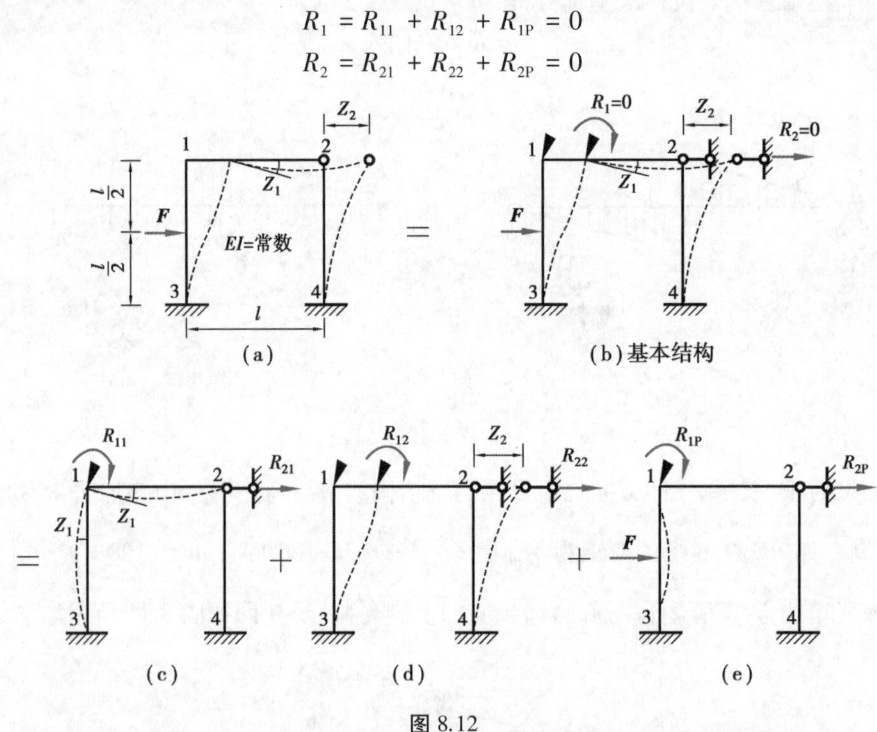

图 8.12

再设以 $r_{11}$、$r_{12}$ 分别表示由单位位移 $\overline{Z}_1=1$ 和 $\overline{Z}_2=1$ 所引起的刚臂上的反力矩,以 $r_{21}$、$r_{22}$ 分别表示由单位位移 $\overline{Z}_1=1$ 和 $\overline{Z}_2=1$ 所引起的链杆上的反力,则上式可写为

$$\begin{aligned} r_{11} Z_1 + r_{12} Z_2 + R_{1P} = 0 \\ r_{21} Z_1 + r_{22} Z_2 + R_{2P} = 0 \end{aligned} \tag{8.4}$$

该方程称为**位移法典型方程**,它的物理意义是:基本结构在荷载等外因和各结点位移的共同作用下,每一个附加联系上的附加反力矩和附加反力都应等于零。因此,它实质上是反应了原结构的静力平衡条件。

对于具有 $n$ 个独立结点位移的结构，相应的在基本结构中需加入 $n$ 个附加联系，根据每个附加联系的附加反力矩或附加反力均应为零的平衡条件，同样可建立 $n$ 个方程如下：

$$\left.\begin{aligned} r_{11}Z_1+\cdots+r_{1i}Z_i+\cdots+r_{1n}Z_n+R_{1\mathrm{P}}&=0\\ &\vdots\\ r_{i1}Z_1+\cdots+r_{ii}Z_i+\cdots+r_{in}Z_n+R_{i\mathrm{P}}&=0\\ &\vdots\\ r_{n1}Z_1+\cdots+r_{ni}Z_i+\cdots+r_{nn}Z_n+R_{n\mathrm{P}}&=0 \end{aligned}\right\} \tag{8.5}$$

在上述典型方程中，主斜线上的系数 $r_{ii}$ 称为主系数或主反力；其他系数 $r_{ij}$ 称为副系数或副反力；$R_{i\mathrm{P}}$ 称为自由项。系数和自由项的符号规定是：以与该附加联系所设位移方向一致者为正。主反力 $r_{ii}$ 的方向总是与所设位移 $Z_i$ 的方向一致，故恒为正，且不会为零；副系数和自由项则可能为正、负或零。此外，根据反力互等定理可知，主斜线两边处于对称位置的两个副系数 $r_{ij}$ 与 $r_{ji}$ 的数值是相等的，即 $r_{ij}=r_{ji}$。

由于在位移法典型方程中，每个系数都是单位位移所引起的附加联系的反力（或反力矩）。显然，结构的刚度愈大，这些反力（或反力矩）也愈大，故这些系数又称为结构的刚度系数，位移法典型方程又称为结构的刚度方程，位移法也称为刚度法。

为了求出典型方程中的系数和自由项，可借助于表 8.1 和表 8.2，绘出基本结构在 $\overline{Z}_1=1$、$\overline{Z}_2=1$ 以及荷载作用下的弯矩图 $\overline{M}_1$、$\overline{M}_2$ 和 $M_\mathrm{P}$ 图，如图 8.13(a)、(b)、(c)所示。然后，由平衡条件求出各系数和自由项。

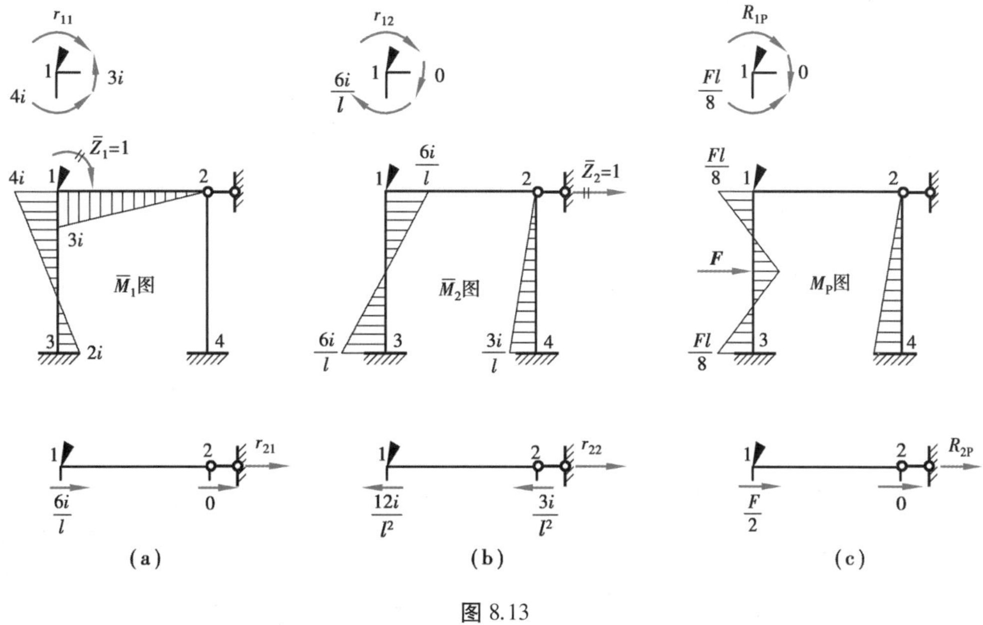


图 8.13

系数和自由项可分为两类：一类是附加刚臂上的反力矩 $r_{11}$、$r_{12}$ 和 $R_{1\mathrm{P}}$；另一类是附加链杆上的反力 $r_{21}$、$r_{22}$ 和 $R_{2\mathrm{P}}$。对于刚臂上的反力矩，可分别在图 8.13(a)、(b)、(c)中

取结点 1 为隔离体，由力矩平衡方程 $\sum M_1=0$ 求得为

$$r_{11}=7i,r_{12}=-\frac{6i}{l},R_{1P}=\frac{Fl}{8}$$

对于附加链杆上的反力，可以分别为图 8.13(a)、(b)、(c)中用截面割断两柱顶端，取柱顶端以上横梁部分为隔离体，并由表 8.1 查出竖柱 13、24 的杆端剪力，由投影方程$\sum F_i=0$ 求得为

$$r_{21}=-\frac{6i}{l},r_{22}=\frac{15i}{l^2},R_{2P}=-\frac{F}{2}$$

将系数和自由项代入典型方程(8.4)有

$$7iZ_1-\frac{6i}{l}Z_2+\frac{Fl}{8}=0$$

$$-\frac{6i}{l}Z_1+\frac{15i}{l^2}Z_2-\frac{F}{2}=0$$

解以上两式可得

$$Z_1=\frac{9}{552}\frac{Fl}{i},Z_2=\frac{22}{552}\frac{Fl^2}{i}$$

所得均为正值，说明 $Z_1$、$Z_2$ 与所设方向相同。

结构的最后弯矩图可由叠加法绘制：

$$M=\overline{M}_1Z_1+\overline{M}_2Z_2+M_P$$

例如，杆端弯矩 $M_{31}$之值为

$$M_{31}=2i\times\frac{9}{552}\frac{Fl}{i}-\frac{6i}{l}\times\frac{22}{552}\frac{Fl^2}{i}-\frac{Fl}{8}=-\frac{183}{552}Fl(\text{左侧受拉})$$

其他各杆端弯矩可同样算得，$M$ 图如图 8.14 所示。求出 $M$ 图后，$F$ 图、$F_N$ 图即可由平衡条件绘出。

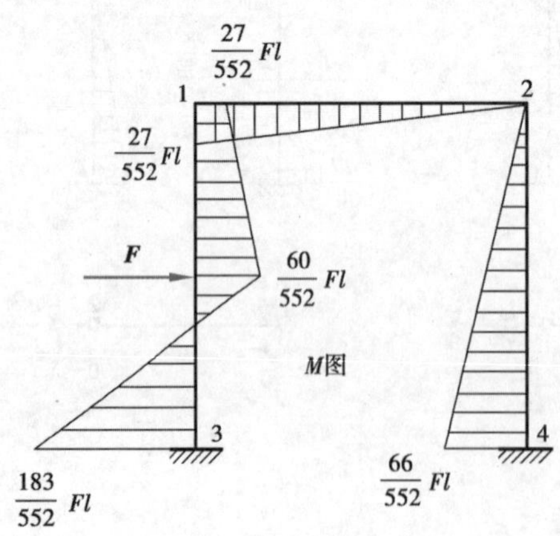


图 8.14

对于最后内力图应进行校核，包括平衡条件的校核和位移条件的校核。校核的方法与力法中所述一样，不再重复。

①确定原结构的基本未知量即独立的结点角位移和线位移数目，加入附加联系而得到基本结构。

②令各附加联系发生与原结构相同的结点位移，根据基本结构在荷载等外因和各结点位移共同作用下，各附加联系上的反力矩或反力均应等于零的条件，建立位移法的典型方程。

③绘出基本结构在各单位结点作用下的弯矩图和荷载作用下(或支座位移、温度

变化等其他外因作用下)的弯矩图,由平衡条件求出各系数和自由项。

④解算典型方程,求出作为基本未知量的各结点位移。

⑤按叠加法绘制最后弯矩图。

可以看出,位移法和力法在计算步骤上是极为相似的,但二者的原理却有所不同,读者可自行一一对比,分析二者的区别及联系,以加深理解。

【例 8.1】　试用位移法求图 8.15(a)所示阶梯形变截面梁的弯矩图。$E$ 为常数。

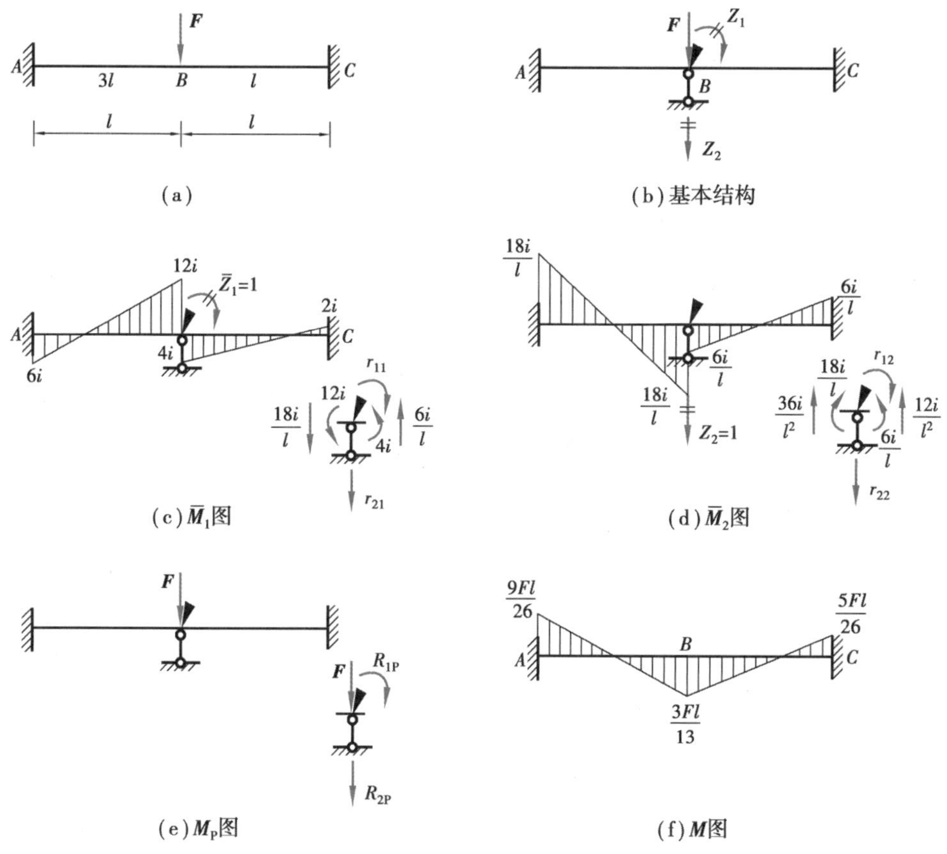


图 8.15

【解】　此结构的基本未知量为结点 $B$ 的角位移 $Z_1$ 和竖向位移 $Z_2$,基本结构如图 8.15(b)所示。

根据基本结构在荷载和 $Z_1$、$Z_2$ 共同作用下,附加刚臂上反力矩和附加链杆上反力等于零的条件,建立位移法典型方程如下:

$$\left.\begin{aligned} r_{11}Z_1 + r_{12}Z_2 + R_{1P} = 0 \\ r_{21}Z_1 + r_{22}Z_2 + R_{2P} = 0 \end{aligned}\right\}$$

设 $\dfrac{EI}{l}=i$,则 $i_{AB}=3i$,$i_{BC}=i$。绘出 $\overline{M}_1$ 图、$\overline{M}_2$ 图和 $M_P$ 图[图 8.15(c)、(d)、(e)],然后取结点 $B$ 处的隔离体,利用力矩和竖向投影平衡条件可求出系数和自由项:

$$r_{11}=16i,r_{12}=r_{21}=-\frac{12i}{l},r_{22}=-\frac{48i}{l^2}$$

$$R_{1P} = 0, R_{2P} = -F$$

代入典型方程得

$$\left.\begin{aligned} 16iZ_1 - \frac{12i}{l}Z_2 = 0 \\ -\frac{12i}{l}Z_1 + \frac{48i}{l^2}Z_2 - F = 0 \end{aligned}\right\}$$

解得

$$Z_1 = \frac{1}{52}\frac{Fl}{i}, Z_2 = \frac{1}{39}\frac{Fl^2}{i}$$

由叠加原理 $M = Z_1\overline{M}_1 + Z_2\overline{M}_{21} + M_P$ 可得最后弯矩图，如图 8.15(f)所示。

【例 8.2】 图 8.16(a)所示刚架的支座 $A$ 产生转角 $\varphi$，支座 $B$ 产生竖向位移 $\Delta = \frac{3}{4}l\varphi$。试用位移法绘其弯矩图。$E$ 为常数。

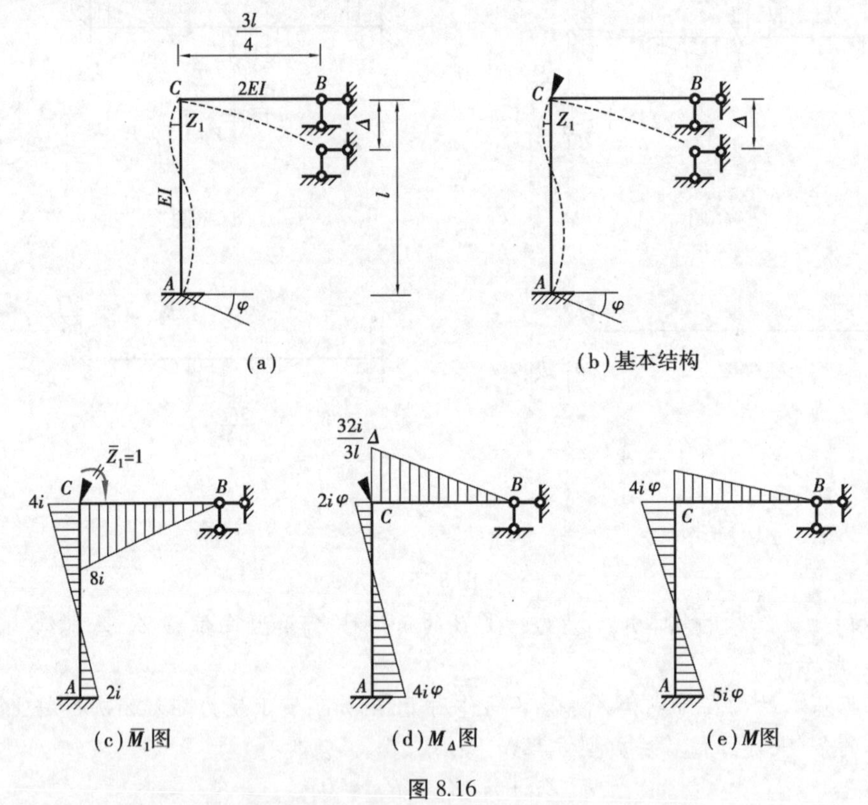


图 8.16

【解】 此刚架的基本未知量只有结点 $C$ 的角位移 $Z_1$，在结点 $C$ 加一附加刚臂即得基本结构，相应的位移法典型方程为

$$r_{11}Z_1 + R_{1\Delta} = 0$$

设$\frac{EI}{l} = i$，则 $i_{AC} = i, i_{BC} = \frac{8}{3}i$。如图 8.16(c)、(d) 所示，绘出 $\overline{M}_1$ 图、$M_\Delta$ 图后可求得

$$\begin{cases} r_{11} = 8i + 4i = 12i \\ R_{1\Delta} = 2i\varphi - \dfrac{32i}{3l}\Delta = -6i\varphi \end{cases}$$

于是,可解出基本未知量

$$Z_1 = -\frac{R_{1\Delta}}{r_{11}} = \frac{\varphi}{2}$$

刚架的最后弯矩图可由 $M = Z_1\overline{M}_1 + M_\Delta$ 绘出,如图 8.16(e)所示。

### ▶ 8.4.3 转角方程法

用位移法计算超静定刚架时,需加入附加刚臂和链杆以取得基本结构,又由附加刚臂和链杆上的总反力或反力矩等于零(这相当于又取消刚臂和链杆)的条件建立位移法的基本方程(即典型方程),而基本方程的实质就是反映原结构的平衡条件。因此,也可以不通过基本结构,而直接借助于杆件的转角方程来进行计算,这种方法称为转角方程法。现仍以图8.12(a)所示刚架为例来说明这一方法[已重绘为图 8.17(a)]。

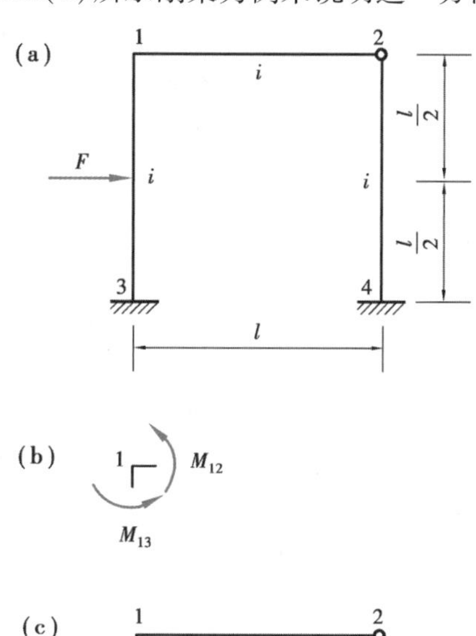


图 8.17

此刚架用位移法求解时有两个基本未知量:刚结点 1 的转角 $Z_1$ 和结点 1、2 的水平位移 $Z_2$。如图 8.17 所示,根据结点 1 的力矩平衡条件 $\sum M_1 = 0$ 及截取两柱顶端以上横梁部分为隔离体的投影平衡条件 $\sum M_1 = 0 \sum F_x = 0$,可写出如下两个方程

$$\sum M_1 = M_{13} + M_{12} = 0 \qquad \text{(a)}$$

$$\sum F_x = F_{S13} + F_{S24} = 0 \qquad \text{(b)}$$

利用转角位移方程式(8.2)、式(8.3)及表 8.1,并假设 $Z_1$ 为顺时针方向,$Z_2$ 向右,

可得

$$M_{13} = 4iZ_1 - \frac{6i}{l}Z_2 + \frac{Fl}{8}$$

$$M_{12} = 3iZ_1$$

又由表 8.1,可得

$$F_{S13} = -\frac{6i}{l}Z_1 + \frac{12i}{l^2}Z_2 - \frac{F}{2}$$

$$F_{S24} = \frac{3i}{l^2}Z_2$$

将以上 4 式代入式(a)及(b)得

$$\left.\begin{aligned} 7iZ_1 - \frac{6i}{l}Z_2 + \frac{Fl}{8} = 0 \\ -\frac{6i}{l}Z_1 + \frac{15i}{l^2}Z_2 - \frac{F}{2} = 0 \end{aligned}\right\}$$

这与典型方程法完全一样。可见,两种方法本质相同,只是在处理手段上稍有差别。

一般情况下,当结构有 $n$ 个基本未知量时,对应于每一个结点转角都有一个相应的刚结点力矩平衡方程,对应于每一个独立的结点线位移都有一个相应的截面平衡方程。因此,可建立 $n$ 个方程,求解出 $n$ 个结点位移。然后各杆杆端的最后弯矩即可由转角位移方程计算求得。

## 小　结

1.位移法以结点位移作为基本未知量,根据静力平衡条件求解基本未知量。计算时将整个结构拆成单杆,分别计算各个杆件的杆端弯矩。杆件的杆端弯矩由固端弯矩和位移弯矩两部分组成,固端弯矩和位移弯矩均可查表 8.1 和表 8.2 获得。根据查表结果写出含有基本未知量的转角位移方程,接着根据静力平衡条件求解基本未知量,将解得的基本未知量代回转角位移方程就得到了杆端弯矩,最后绘制弯矩图,同时根据弯矩图及静力平衡条件可计算剪力、轴力,并绘制剪力图与轴力图。

2.在运用位移法进行计算和绘制弯矩图时,应注意位移法的弯矩正负号规定:杆端弯矩顺时针为正,结点处逆时针为正。

3.位移法基本未知量个数的判定:角位移个数等于结构的刚结点个数;独立结点线位移个数等于限制所有结点线位移所需添加的链杆数。

## 思考题

8.1　位移法的基本未知量是什么?如何确定其数目?

8.2　杆端弯矩的正负号如何规定?结点弯矩的正负号如何规定?

8.3　位移法求解未知量的方程是如何建立的?

8.4　位移法适合解什么类型的超静定结构？试比较力法和位移法的优缺点。

## 习　题

8.1　确定用位移法解图示超静定结构的基本未知量。

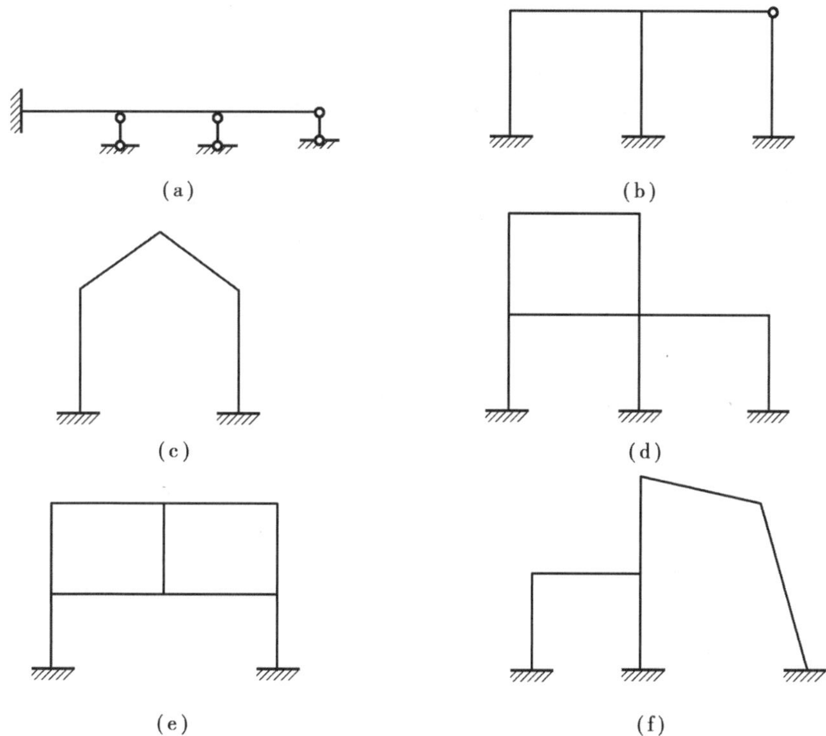


习题 8.1 图

8.2　用位移法求图所示梁的弯矩图，$EI$ 为常数。

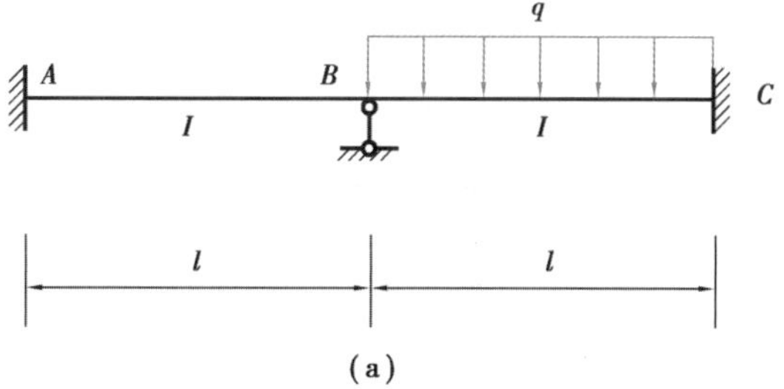


(a)

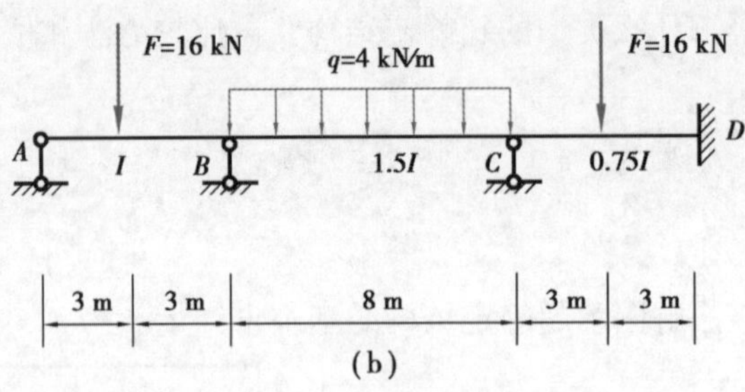


(b)

习题 8.2 图

8.3 用位移法绘制图示刚架的弯矩图。

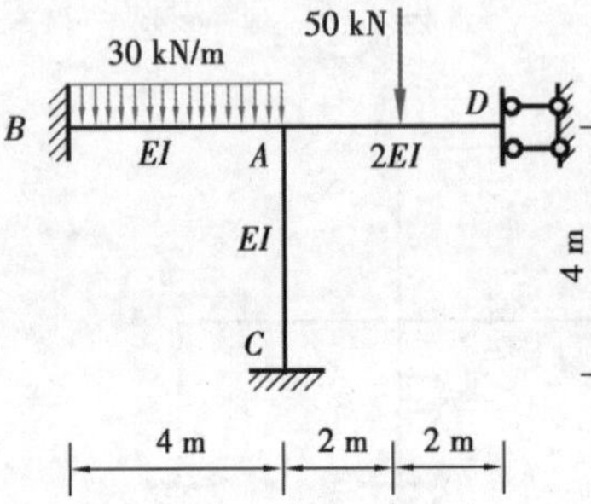

(a)

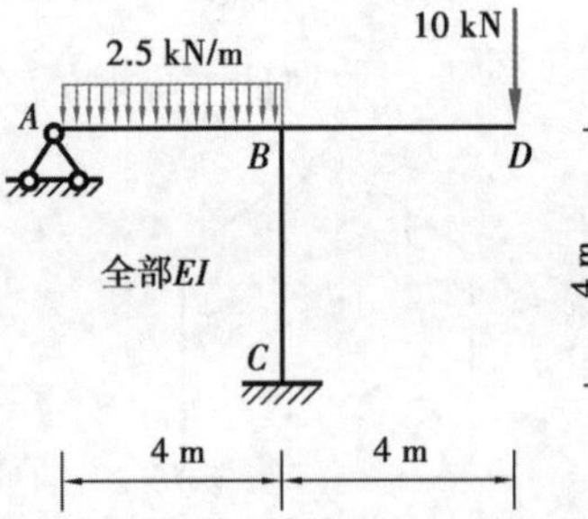

(b)

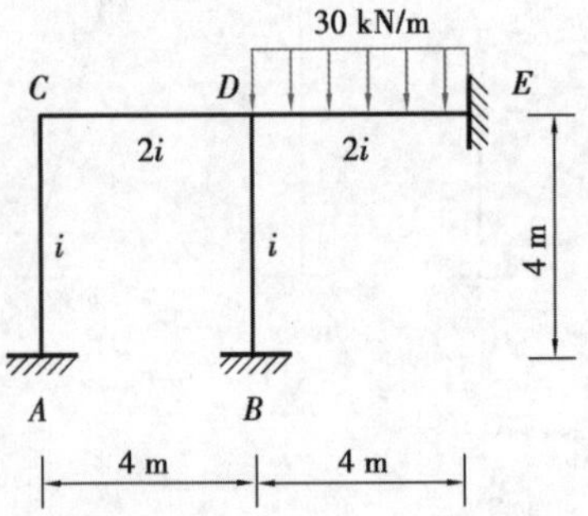

(c)

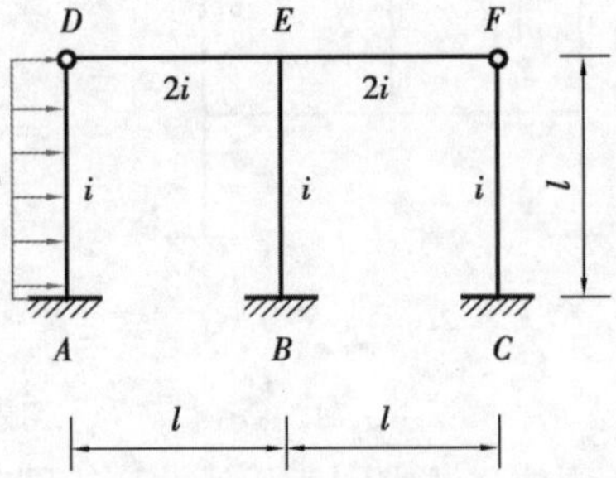

(d)

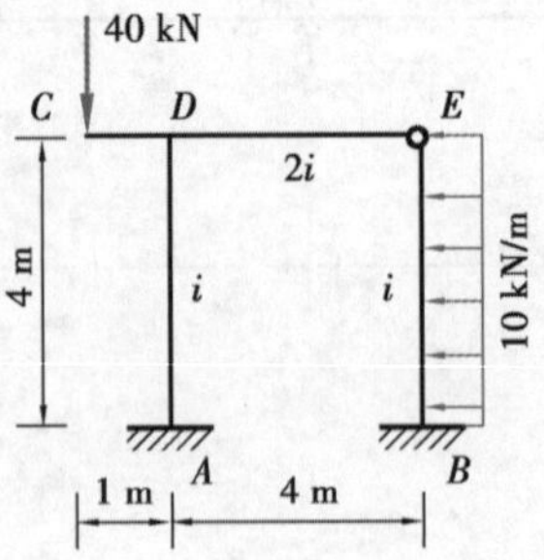

(e)

习题 8.3 图

# 9

# 力矩分配法

[教学目标]

- 理解力矩分配法的基本原理
- 掌握应用力矩分配法求解连续梁和无线位移刚架的杆端弯矩并作弯矩图
- 了解超静定结构的特性

## 9.1 基本概念

力矩分配法的三个重要参数

第7、8章介绍了计算超静定结构的两种基本方法:力法和位移法。用力法和位移法计算超静定结构都要建立和求解联立方程,当未知量数目较多时,这项计算工作将十分繁重。为了避免求联立方程,寻求更适合手算的方法,人们提出了许多方法,如力矩分配法、无剪力分配法、迭代法等。这些方法都属于位移法类型的渐进解法。限于篇幅,本章仅介绍力矩分配法。

力矩分配法的理论基础是位移法,它是直接以杆端弯矩为计算对象的一种渐进解法。其特点是在计算过程中无需建立和求解方程,而是以逐次渐进的方式来计算杆端弯矩;计算结果的精确度随计算轮次的增加而提高;每轮的计算都是按照同样的步骤重复进行。相对力法和位移法,其计算过程较为直观。力矩分配法适用于求解无结点线位移的超静定梁及刚架。在力矩分配法中,内力正负号的规定和位移法的规定一致。

为了讨论力矩分配法,先介绍几个基本概念。

### ▶ 9.1.1 转动刚度 S

转动刚度表示杆端抵抗转动的能力。为了使杆 AB 某一端(如 A 端)转动单位转角,在 A 端所加的力矩称为 AB 杆 A 端的转动刚度,以 $S_{AB}$表示。其中,产生转角的一端(A 端)称为近端,另一端称为远端。对于等截面杆,转动刚度可以根据表 9.1 查得,如图 9.1 所示。

表 9.1 等截面直杆的转动刚度和传递系数

| 远端支承情况 | 转动刚度 S | 传递系数 C |
|---|---|---|
| 固定 | $S_{AB}=4i$ | $\frac{1}{2}$ |
| 铰支 | $S_{AB}=3i$ | 0 |
| 滑动 | $S_{AB}=i$ | -1 |
| 自由 | $S_{AB}=0$ | 无意义 |

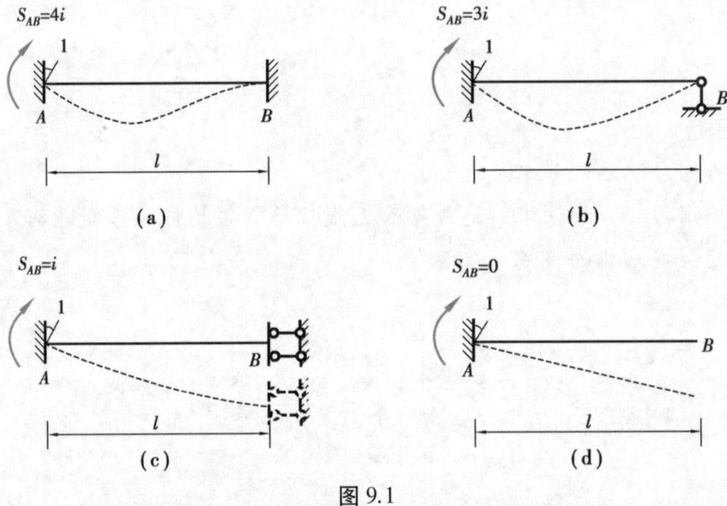


图 9.1

由图 9.1 可知,杆端转动刚度的大小与杆件的线刚度和杆件另一端(远端)的支承情况有关。

### ▶ 9.1.2 传递系数

传递系数表示当近端有转角时,远端弯矩与近端弯矩的比值,用符号 C 表示。对等截面直杆来说,传递系数 C 由远端支承情况决定,如图 9.2 所示。其数值分别为:对于远端固定端,$C=\frac{1}{2}$;对于远端铰支座,$C=0$;对于远端滑动支座,$C=-1$。

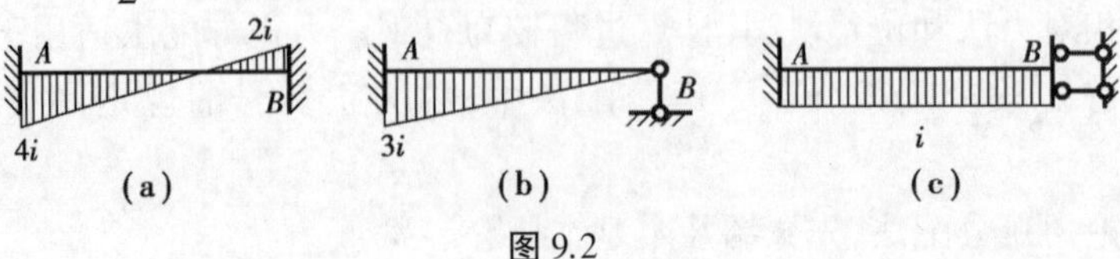


图 9.2

### ▶ 9.1.3 分配系数

通过实例说明分配系数的概念。如图 9.3(a)所示，在结点 1 上作用有一力偶 $M$，使结点 1 产生转角为 $\theta$，然后达到平衡。试求各杆近端(转动端)和远端(另端)的杆端弯矩。

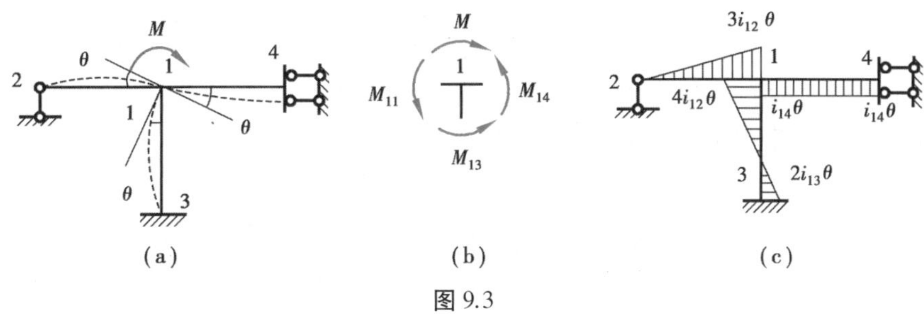


图 9.3

取结点 1 为分离体，如图 9.3(b)所示，由平衡条件 $\sum M_1=0$，得

$$M_{12}+M_{13}+M_{14}=M \tag{9.1}$$

式(9.1)说明，汇交于刚结点 1 的各杆杆端弯矩之和等于刚结点上的外力偶 $M$；或者说，刚结点 1 的外力偶 $M$ 由汇交于该刚结点的各杆杆端“承担”。

由转动刚度的定义可得

$$\left.\begin{aligned} M_{12}&=S_{12}\theta=3i_{12}\theta\\ M_{13}&=S_{13}\theta=4i_{13}\theta\\ M_{14}&=S_{14}\theta=i_{14}\theta \end{aligned}\right\} \tag{9.2}$$

将式(9.2) 代入到平衡条件(9.1) 中，得

$$(S_{12}+S_{13}+S_{14})\theta=(3i_{12}+4i_{13}+i_{14})\theta=M$$

$$\theta=\frac{M}{S_{12}+S_{13}+S_{14}}=\frac{M}{\sum\limits_{1} S}$$

将 $\theta$ 值代入式(9.2)，得转动端(近端)的杆端弯矩为

$$\left.\begin{aligned} M_{12}&=S_{12}\theta=\frac{S_{12}}{\sum\limits_{1} S}M\\ M_{13}&=S_{13}\theta=\frac{S_{13}}{\sum\limits_{1} S}M\\ M_{14}&=S_{14}\theta=\frac{S_{14}}{\sum\limits_{1} S}M \end{aligned}\right\} \tag{9.3}$$

可以用下式表示计算结果

$$M_{ij}^{\mu}=\mu_{ij}M$$

$$\mu_{ij}=\frac{S_{ij}}{\sum_{1} S}$$

将$\mu_{ij}$称为分配系数，将$M_{ij}^{\mu}$称为分配弯矩。其中，$i$表示转动端，$j$表示另一端。由式(9.3)可以得出：$\sum \mu_{ij}=1$。

远端的杆端弯矩，由传递系数的定义可得：$M_{ij}^{C}=C_{ij}M_{ij}$。其中，$C_{ij}$称为传递系数，$M_{ij}^{C}$为远端的杆端弯矩，称为传递弯矩。

由此可知，作用于结点1的力偶荷载$M$，按各杆的分配系数分配给各杆的近端得到近端的杆端弯矩，近端弯矩乘以传递系数得到远端弯矩。

力矩分配法基本原理

## 9.2 单结点的力矩分配法

本节将以图9.4(a)所示两跨连续梁为例说明力矩分配法基本原理。

只有一个刚结点$B$(称为单结点)，在$AB$跨中作用有集中荷载$P$，$BC$跨作用有均布荷载$q$，刚结点$B$处有转角，变形曲线如图9.4(a)所示。

单结点力矩分配

如果在刚结点$B$处加上附加刚臂，连续梁分割为两个单跨的超静定梁$AB$和$BC$，在荷载作用下其变形曲线如图9.4(b)所示，各单跨超静定梁的固端弯矩可由表8.2查得(位移法)。一般情况下汇交于刚结点$B$处的$BA$杆和$BC$杆的固端弯矩彼此不相等，即

$$M_{BA}^{F}\neq M_{BC}^{F}$$

因此，在附加刚臂上必有约束力矩$M_B$，如图9.4(b)所示，此约束力矩可以用刚结点$B$的力矩平衡条件求得。为此，取$B$结点为脱离体，画受力图如图9.4(c)所示，由$\sum M_B=0$得

$$M_B-M_{BA}^{F}-M_{BC}^{F}=0$$

图9.4

所以

$$M_B=M_{BA}^{F}+M_{BC}^{F} \tag{9.4}$$

式(9.4)说明,约束力矩等于各杆固端弯矩之和。以顺时针为正,反之为负。

为了使有附加刚臂的连续梁与原连续梁等同,必须放松附加刚臂,使 $B$ 结点产生转角 $Z_1$。为此,在结点 $B$ 加上一个与约束力矩 $M_B$ 大小相等,转向相反的力矩($-M_B$),即约束力矩的负值如图 9.4(d)所示,$-M_B$ 将使结点 $B$ 产生所需的 $Z_1$ 转角。

由此分析可见,图 9.4(a)所示连续梁的受力和变形情况,应等于图 9.4(b)和 9.4(d)情况的叠加。即在近端应等于图 9.4(b)中近端的固端弯矩和图 9.4(d)中的分配弯矩叠加

$$M_{BA} = M_{BA}^F + M_{BA}^\mu = M_{BA}^F + \mu_{BA} \cdot (-M_B)$$

$$M_{BC} = M_{BC}^F + M_{BC}^\mu = M_{BC}^F + \mu_{BC} \cdot (-M_B)$$

在远端应是固端弯矩和传递弯矩代数和

$$M_{AB} = M_{AB}^F + M_{AB}^C = M_{AB}^F + C_{BA} \cdot M_{BA}^\mu$$

$$M_{CB} = M_{CB}^F + M_{CB}^C = M_{CB}^F + C_{BC} \cdot M_{BC}^\mu$$

下面通过例题来说明单结点的力矩分配法的基本运算步骤。

【例 9.1】　如图 9.5(a)所示为两跨连续梁,试用力矩分配法求杆端弯矩,并作 $M$ 图。

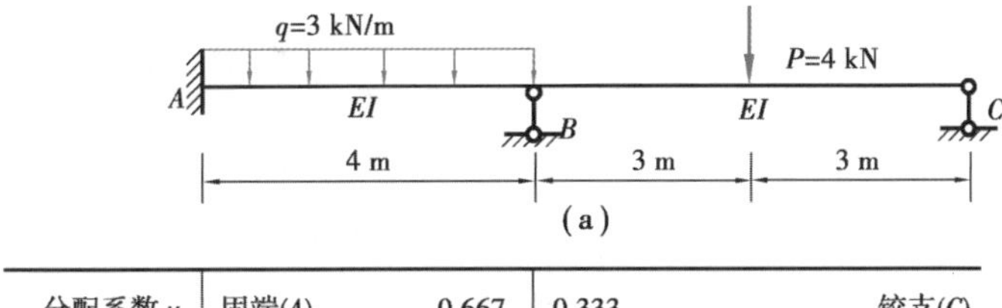


(a)

| 分配系数 $\mu$ | 固端(A) | 0.667 | 0.333 | 铰支(C) |
|---|---|---|---|---|
| 固端弯矩 $M_F$ | -4.00 | 4.00 | -4.50 | 0 |
| 分配与传递 | 0.17 ← | +0.33 | +0.17 | → 0 |
| 最后弯矩 $M$ | -3.83 | 4.33 | -4.33 | 0 |

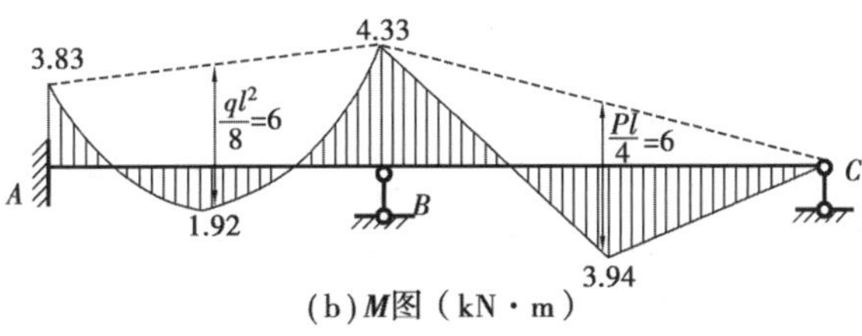


(b) $M$图 (kN·m)

图 9.5

①计算固端弯矩。求固端弯矩时,$AB$ 杆按两端固定梁,$BC$ 杆按一端固定,另一端铰支梁计算。

$$M_{AB}^F = -\frac{ql^2}{12} = \frac{-3 \times 4^2}{12} = -4(\text{kN} \cdot \text{m})$$

$$M_{BA}^F = \frac{ql^2}{12} = \frac{3 \times 4^2}{12} = 4(\text{kN} \cdot \text{m})$$

$$M_{BC}^{F}=\frac{-3Pl}{16}=-\frac{3}{16}\times 4\times 6=-4.5(\text{kN}\cdot\text{m})$$

$$M_{CB}^{F}=0$$

把各固端弯矩填写在表中对应各杆端处。

②计算分配系数。

$$\mu_{BA}=\frac{S_{BA}}{S_{BA}+S_{BC}}=\frac{4\times\frac{EI}{4}}{4\times\frac{EI}{4}+3\times\frac{EI}{6}}=\frac{1}{1+\frac{1}{2}}=0.667$$

$$\mu_{BC}=\frac{S_{BC}}{S_{BA}+S_{BC}}=\frac{3\times\frac{EI}{6}}{4\times\frac{EI}{4}+3\times\frac{EI}{6}}=\frac{\frac{1}{2}}{1+\frac{1}{2}}=0.333$$

核对 $\sum\mu_B=\mu_{BA}+\mu_{BC}=0.667+0.333=1$

同一结点各杆分配系数之和等于1,把算好的 $\mu$ 值填在表格 $B$ 结点处。

③放松刚结点 $B$ 进行力矩分配。

结点 $B$ 的不平衡力矩

$$M_B=M_{BA}^{F}+M_{BC}^{F}=4.0-4.5=-0.50(\text{kN}\cdot\text{m})$$

计算分配力矩

$$M_{BA}^{\mu}=\mu_{BA}(-M_B)=0.667\times[-(-0.50)]=0.33(\text{kN}\cdot\text{m})$$

$$M_{BC}^{\mu}=\mu_{BC}(-M_B)=0.333\times[-(-0.50)]=0.17(\text{kN}\cdot\text{m})$$

把分配弯矩写在表中对着各杆固端弯矩的下一行,此时结点 $B$ 获得平衡,在分配弯矩下面画一条横线来表示。

④计算传递弯矩,远端固定传递系数 $C_{BA}=\frac{1}{2}$,远端铰支 $C_{BC}=0$。

$$M_{AB}^{C}=C_{BA}\cdot M_{BA}^{\mu}=\frac{1}{2}\times 0.33=0.17(\text{kN}\cdot\text{m})$$

把该传递弯矩写在表中 $A$ 处固端弯矩下边。在计算表中用一个箭头表示传递弯矩是由哪个分配弯矩传递来的。

⑤计算杆端弯矩。把同一杆端的固端弯矩、分配弯矩和传递弯矩相加,即得杆端弯矩,填入表中相应位置,并在数值下画上双横线表示杆端的最后弯矩。

⑥利用杆端弯矩作 $M$ 图如图 9.5(b)所示。

由此,可以总结出单结点的力矩分配法求解步骤如下:

①固定结点。在计算结点上附加刚臂,将各刚结点看作是锁定的,查表 8.2(第 8 章)可得到各杆两端的固端弯矩,从而计算出结点不平衡力矩。

②计算各杆的线刚度 $i$、转动刚度 $S$,确定刚结点处各杆的分配系数 $\mu$,并用结点处总分配系数为 1 进行验算。

③放松结点。将结点不平衡力矩变号分配得到杆件近端分配弯矩;根据杆件远端约束情况确定传递系数 $C$,计算传递弯矩。

④依次对各结点循环进行分配、传递计算,当误差在允许范围内时,终止计算。然

后，将各杆端的固端弯矩与近端弯矩或传递弯矩进行代数相加，得出最后的杆端弯矩。

⑤根据最终杆端弯矩值及弯矩的正负号规定绘制弯矩图。

## 9.3　多结点的力矩分配法

双结点梁

双结点刚架

多结点时仍考虑先固定结点，求出不平衡力矩；再逐个放松结点，从不平衡力矩最大的结点开始，依次分配、传递，直至传递弯矩趋近于零；叠加各杆端的固端弯矩和分配或传递弯矩的最终杆端弯矩。

其计算步骤如下：

①固定刚结点，求固端弯矩和不平衡力矩。

②计算分配、传递系数。

③逐个结点进行反号不平衡力矩的分配与传递。

④叠加求最终杆端弯矩。

⑤绘内力图。

【例 9.2】　用力矩分配法计算图 9.6(a)所示两结点多跨超静定梁，画出梁的弯矩图。

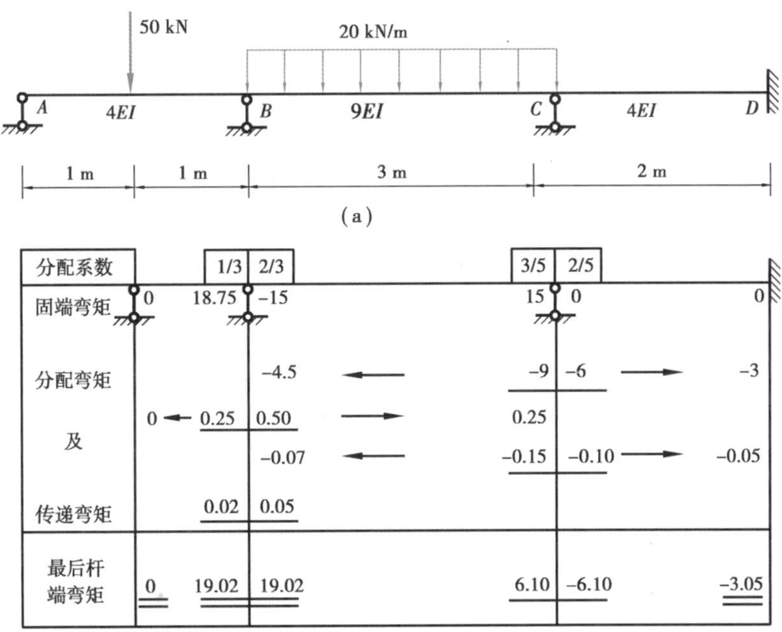

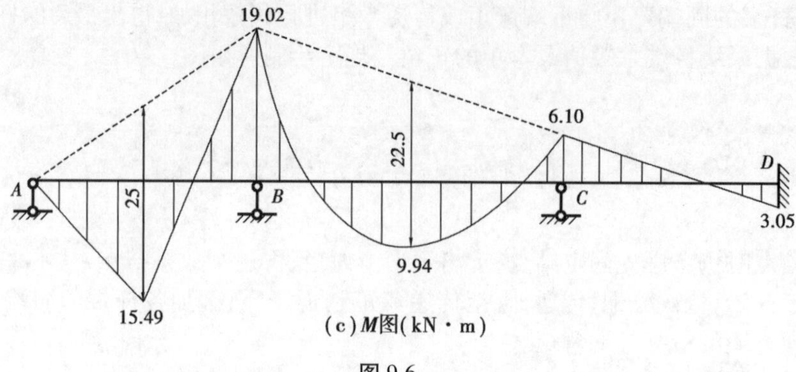

(c)$M$图(kN·m)

图 9.6

【解】 ①固定结点。固定结点 $B$ 和 $C$,计算各杆的固端弯矩:

$$M_{AB}^{F}=0$$

$$M_{BA}^{F}=\frac{3Fl}{16}=\frac{3}{16}\times 50\times 2=18.75(\text{kN}\cdot\text{m})$$

$$M_{BC}^{F}=-\frac{ql^2}{12}=-\frac{20\times 3^2}{12}=-15(\text{kN}\cdot\text{m})$$

$$M_{CB}^{F}=\frac{ql^2}{12}=\frac{20\times 3^2}{12}=15(\text{kN}\cdot\text{m})$$

$$M_{CD}^{F}=M_{DC}^{F}=0$$

②计算 $B$、$C$ 结点上的不平衡力矩。

$$M_{B}^{F}=M_{BA}^{F}+M_{BC}^{F}=18.75-15=3.75(\text{kN}\cdot\text{m})$$

$$M_{C}^{F}=M_{CB}^{F}+M_{CD}^{F}=15+0=15(\text{kN}\cdot\text{m})$$

③计算分配系数。分别计算相交于结点 $B$、$C$ 的各杆杆端的分配系数。

$$\mu_{BA}=\frac{S_{BA}}{S_{BA}+S_{BC}}=\frac{6EI}{6EI+12EI}=\frac{1}{3}$$

$$\mu_{BC}=\frac{S_{BC}}{S_{BA}+S_{BC}}=\frac{12EI}{12EI+6EI}=\frac{2}{3}$$

$$\mu_{CB}=\frac{S_{CB}}{S_{CB}+S_{CD}}=\frac{12EI}{12EI+8EI}=\frac{3}{5}$$

$$\mu_{CD}=\frac{S_{CD}}{S_{CB}+S_{CD}}=\frac{8EI}{12EI+8EI}=\frac{2}{5}$$

④放松结点,计算分配弯矩和传递弯矩,填入计算表中,如图 9.6(b)所示。

a.首先放松 $C$ 结点($B$ 结点固定),$C$ 结点的不平衡力矩为 15 kN·m,将 $C$ 结点的不平衡力矩变号分配并进行传递,完成后 $C$ 结点暂时处于平衡状态,然后重新固定 $C$ 结点。接着放松 $B$ 结点,$B$ 结点处的不平衡力矩除开始计算的 3.75 kN·m 外,还有 $C$ 结点传过来的传递弯矩,所以 $B$ 结点处的不平衡力矩为:3.75−4.5=−0.75 kN·m。放松 $B$ 结点,将不平衡力矩变号分配并进行传递,$B$ 结点暂时处于平衡状态,然后重新锁定 $B$ 结点。第一轮计算完成。

b.原来 $C$ 结点处于平衡状态,但是现在 $B$ 结点处传来一个传递弯矩,形成一个新的不平衡力矩−0.75 kN·m,所以必须开始新一轮计算。

c.第二轮计算结束后,如果新的不平衡力矩值很小,在允许误差范围内,则可以停止计算,否则应继续下一轮计算。

⑤停止分配、传递计算后,将杆端所有固端弯矩、分配弯矩、传递弯矩(即表中同一列的弯矩值)代数相加,得到杆端最终弯矩,如图 9.6(b)所示。

注意:放松结点的顺序可以任意取,并不影响最后的结果。但先放松结点不平衡力矩绝对值较大的结点可以缩短计算过程。这里先放松 $C$ 结点,也可以同时放松两结点,但是会加长计算过程。

⑥绘制梁的弯矩图,如图 9.6(c)所示。

**【例 9.3】** 用力矩分配法计算图 9.7(a)所示超静定刚架,画出刚架的弯矩图。

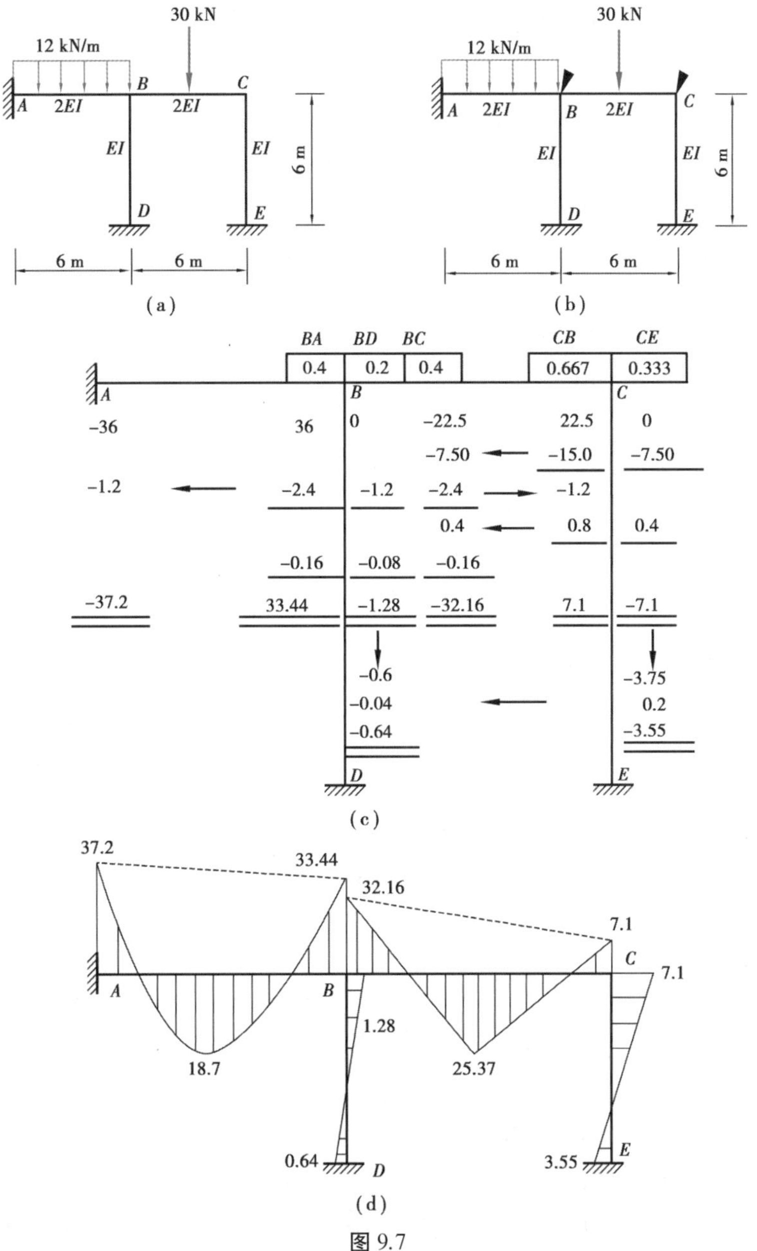


图 9.7

**【解】** ①计算杆端分配系数。令 $\frac{EI}{6}=i, i_{BA}=i_{BC}=\frac{2EI}{6}=2i, i_{BD}=i_{CE}=i$。

$$\mu_{BA}=\frac{S_{BA}}{S_{BA}+S_{BC}+S_{BD}}=\frac{4\times 2i}{4\times 2i+4\times 2i+4i}=0.4$$

$$\mu_{BC}=\frac{S_{BC}}{S_{BA}+S_{BC}+S_{BD}}=\frac{4\times 2i}{4\times 2i+4\times 2i+4i}=0.4$$

$$\mu_{BD}=\frac{S_{BD}}{S_{BA}+S_{BC}+S_{BD}}=\frac{4i}{4\times 2i+4\times 2i+4i}=0.2$$

$$\mu_{CB}=\frac{S_{CB}}{S_{CB}+S_{CE}}=\frac{4\times 2i}{4\times 2i+4i}=0.667$$

$$\mu_{CE}=\frac{S_{CE}}{S_{CB}+S_{CE}}=\frac{4i}{4\times 2i+4i}=0.333$$

校核：$\sum\mu_{Bj}=\mu_{BA}+\mu_{BC}+\mu_{BD}=1$，$\sum\mu_{Cj}=\mu_{CB}+\mu_{CE}=1$。

②计算固端弯矩、分配弯矩及传递弯矩。

该刚架有两个刚结点 $B$ 和 $C$，附加刚臂如图 9.7(b)所示，求出其固端弯矩：

$$M_{AB}^{F}=-\frac{12\times 6^{2}}{12}=-36(\text{kN}\cdot\text{m}), M_{BA}^{F}=\frac{12\times 6^{2}}{12}=36(\text{kN}\cdot\text{m})$$

$$M_{BC}^{F}=-\frac{30\times 6}{8}=-22.5(\text{kN}\cdot\text{m}), M_{CB}^{F}=\frac{30\times 6}{8}=22.5(\text{kN}\cdot\text{m})$$

其余杆端的固端弯矩均为零。

结点 $B$ 和 $C$ 的不平衡力矩分别为

$$\sum M_{Bj}=M_{BA}^{F}+M_{BC}^{F}+M_{BD}^{F}=36\ \text{kN}\cdot\text{m}-22.5\ \text{kN}\cdot\text{m}+0=13.5\ \text{kN}\cdot\text{m}$$

$$\sum M_{Cj}^{F}=M_{CB}^{F}+M_{CE}^{F}=22.5\ \text{kN}\cdot\text{m}+0=22.5\ \text{kN}\cdot\text{m}$$

循环计算步骤同上例，具体的运算过程如图 9.7(c)所示。

③绘制弯矩图如图 9.7(d)所示。

通过例 9.3 可知，用力矩分配法计算多结点的连续梁和刚架时需注意，放松结点时，通常先从不平衡力矩最大的结点开始放松，如果有不相邻的结点，则可以同时放松。这样，每个结点放松过程相当于单结点的力矩分配和传递，循环重复以上步骤，直到结点的不平衡力矩非常小时，停止上述循环过程。一般情况下，需要进行两到三轮的计算。

## 9.4 超静定结构的特性

与静定结构比较，超静定结构具有以下一些重要特性：

①静定结构的内力只用静力平衡条件即可确定，其值与结构的材料性质、杆件截面尺寸无关。超静定结构的内力单由静力平衡条件则不能全部确定，还需同时考虑位

移条件。所以,超静定结构的内力与结构的材料性质、杆件截面尺寸有关。

②在静定结构中,除了荷载作用以外,其他因素如支座移动、温度改变、制造误差等,都不会引起内力。在超静定结构中,任何前述因素作用,通常都能引起内力。这是由于前述原因都将引起结构变形,而此种变形由于受到结构多余约束的限制,因而使结构中产生内力。

③静定结构在任一约束遭到破坏后,即丧失几何不变性,因而就不再承受荷载。而超静定结构由于具有多余约束,在多余约束遭到破坏后,仍能保持其几何不变性,因而还具有一定的承载能力。

④局部荷载作用对超静定结构比对静定结构影响的范围大。

如图 9.8(a)所示连续梁,当中跨受荷载作用时,两边跨不仅发生弯曲变形,且产生内力。而图 9.8(b)所示多跨静定梁,受同样荷载作用时,两边跨只随着转动,但不产生内力。因此,超静定结构比静定结构的内力分布要均匀一些。

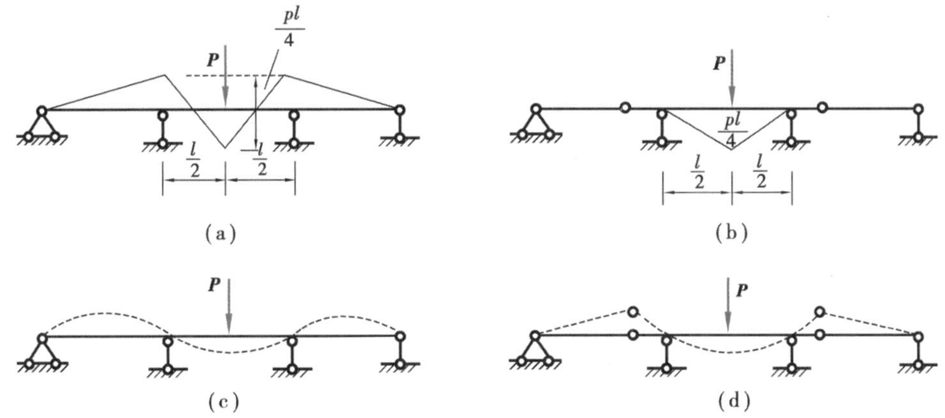


图 9.8

## 小　结

力矩分配法是建立在位移法基础上的一种数值渐进法,不需要求解未知量。对于单结点结构,计算结果是精确结果;对于两个及以上结点的结构,力矩分配法是一种近似计算方法,但其误差是收敛的,即是可以循环计算直至误差在允许范围内。力矩分配法计算过程中,需要注意以下两点:

1.在运用力矩分配法解题的过程中,变形过程被想象成两个阶段。第一阶段是固定结点,加载,得到固端弯矩;第二阶段是放松结点,产生的力矩是分配弯矩与传递弯矩。

2.在对结点不平衡力矩进行分配前,必须明确被分配的力矩有多大,是正值还是负值,认定无误后再进行分配。

## 思考题

9.1 力矩分配法的适用条件是什么？力矩分配法主要适用于什么结构？

9.2 什么是转动刚度？杆端转动刚度如何确定？

9.3 什么是分配系数？分配系数如何计算？为什么每一个结点的分配系数之和等于1？

9.4 什么是传递系数？传递系数如何确定？

9.5 固端弯矩、近端弯矩、远端弯矩、分配弯矩、传递弯矩的含义分别是什么？

9.6 什么是结点不平衡力矩？分配时，应如何处理不平衡力矩？

9.7 多结点分配计算过程中，为什么不平衡力矩会趋于零？

9.8 力矩分配法和力法、位移法比较有什么优缺点？

## 习　题

9.1 用力矩分配法计算图示超静定梁，绘制梁的弯矩图。

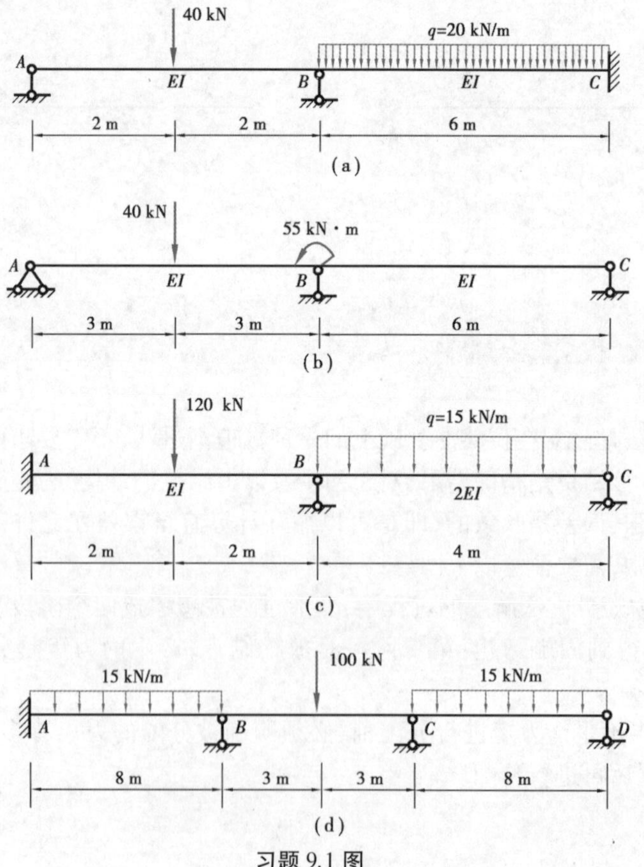


习题 9.1 图

9.2　用力矩分配法计算图示超静定刚架，绘制刚架的弯矩图。

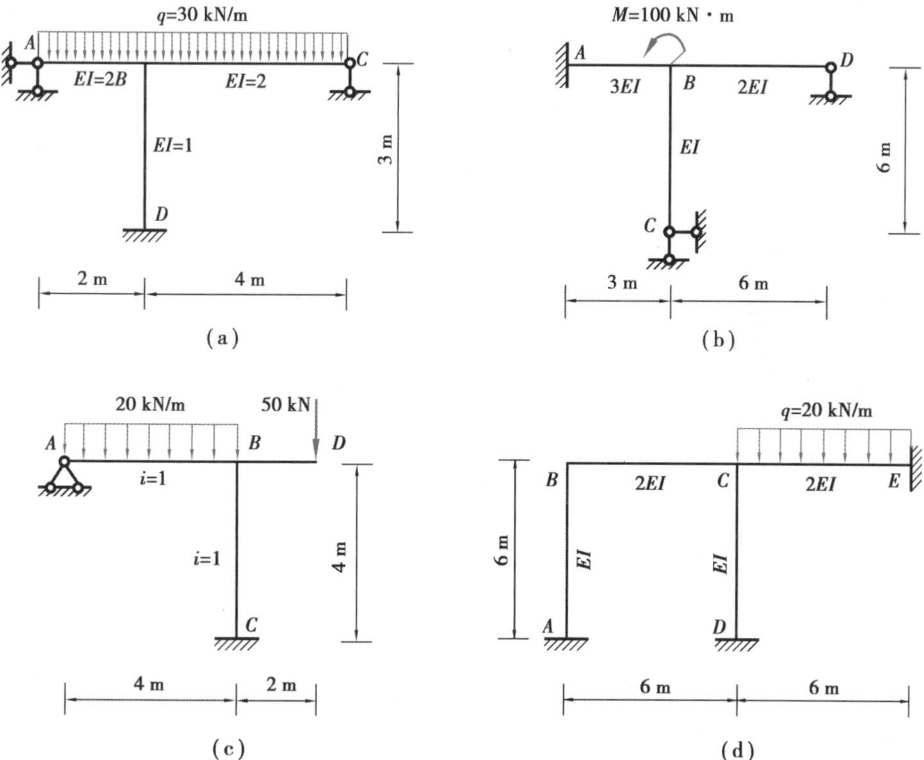


习题 9.2 图

# 10

# 影响线

[教学目标]

- 掌握影响线的概念,了解公路桥涵标准荷载,理解内力包络图的概念
- 掌握静定梁反力、内力影响线的绘制方法
- 掌握利用影响线求解移动荷载作用下量值的方法

## 10.1 概　述

### ▶ 10.1.1 影响线的概念

桥梁上行驶的火车、汽车,活动的人群,吊车梁上行驶的吊车等,这类作用位置经常变动的荷载称为移动荷载。常见的移动荷载有:间距保持不变的几个集中力(称为行列荷载)和均布荷载。为了简化问题,往往先从单个移动荷载的分析入手,再根据叠加原理来分析多个荷载以及均布荷载作用的情形。

对于工程计算中的各种物理量和几何量,统称为量值,记作 $Z$。

由于移动荷载的作用位置是变化的,使得结构的支座反力、截面内力、应力、变形等也是变化的。因此,在移动荷载作用下,不仅要了解结构不同部位处量值的变化规律,还要了解结构同一点处的量值随荷载位置变化而变化的规律,以便找出可能发生的最大内力是多少、发生的位置在哪里、此时荷载位置又怎样,从而保证结构的安全设计和施工。在竖向单位移动荷载作用下,结构内力、反力或变形的量值随竖向单位荷载位置移动而变化的规律图像称为影响线。

如图 10.1 所示简支梁，当汽车由左向右移动时，反力 $\boldsymbol{F}_A$ 逐渐减小，而反力 $\boldsymbol{F}_B$ 却逐渐增大。因此，一次只宜研究一个反力或某一个截面的某一项内力的变化规律。如图 10.2 所示简支梁，当荷载 $F=1$ 分别移动到 $A$、1、2、3、$B$ 各分点时，反力 $\boldsymbol{F}_A$ 的数值分别为 1、$\frac{3}{4}$、$\frac{1}{2}$、$\frac{1}{4}$、0。如果以横坐标表示荷载 $F=1$ 的位置，以纵坐标表示反力 $\boldsymbol{F}_A$ 的数值，则可将以上各数值在水平的基线上用竖标绘出，用曲线将竖标各顶点连起来，就表示 $F=1$ 在梁上移动时反力 $\boldsymbol{F}_A$ 的变化规律，这一图形就称为 $\boldsymbol{F}_A$ 的影响线。由于在竖向单位移动荷载作用下结构中的量值与荷载呈线性关系，因此根据叠加原理来分析结构在各种移动荷载组合下的支座反力、截面内力、应力、变形等量值。

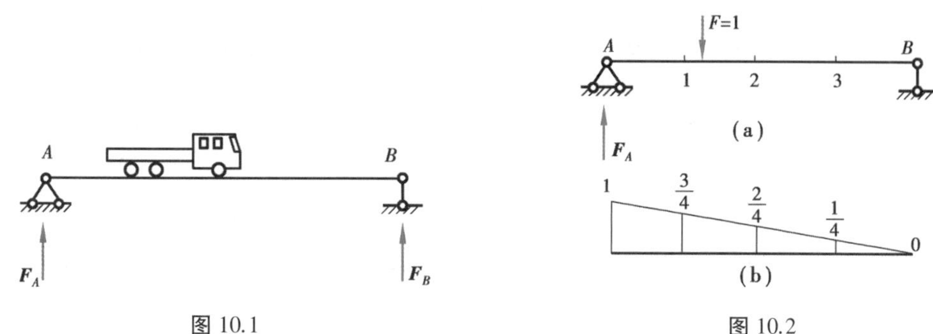


图 10.1　　　　图 10.2

绘制影响线时，用水平轴表示荷载的作用位置，纵轴表示结构某一指定位置某一量值的大小，正量值画在水平轴的上方，负量值画在水平轴的下方。

### ▶ 10.1.2　我国公路和铁路的标准荷载制

铁路上行驶的机车、车辆，公路上行驶的汽车、拖拉机等，规格不一，类型繁多，载运情况也相当复杂。结构设计时不可能对每一种情况都进行计算，而是按照一种制定出的统一的标准荷载进行设计。这种荷载是经过统计分析制定出来的，它既能概括当前各种类型车辆的情况，又必须考虑到将来交通发展的情况。

#### 1）公路标准荷载制

我国公路桥梁设计所使用的标准荷载，分为车道荷载和车辆荷载两类。荷载等级分为公路-Ⅰ级和公路-Ⅱ级两个等级。

车道荷载由均布荷载和集中荷载组成，其计算图式如图 10.3 所示。公路 I 级的均布荷载标准值为 $q_{\mathrm{k}}=10.5$ kN/m；集中荷载标准值按以下规定选取：桥梁计算跨径小于或等于 5 m 时，$P_{\mathrm{k}}=270$ kN；桥梁计算跨径等于或大于 50 m 时，$P_{\mathrm{k}}=360$ kN；桥梁计算跨径为 5 ~50 m 时，$P_{\mathrm{k}}$ 采用直线内插求得。

计算剪力效应时，集中荷载标准值 $P_{\mathrm{k}}$ 应乘以 1.2 的系数。公路-Ⅱ级车道荷载的标准值 $q_{\mathrm{k}}$ 和集中荷载标准值 $P_{\mathrm{k}}$ 按公路-Ⅰ级车道荷载的 0.75 倍采用。车道荷载的均布荷载标准值应满布于使结构产生最不利效应的同号影响线上；集中荷载标准值只作用于相应影响线中一个最大影响线峰值处。

车辆荷载的立面布置如图 10.4 所示。公路-Ⅰ级和公路-Ⅱ级采用相同的车辆荷载标准值。

桥梁结构的整体计算采用车道荷载；桥梁结构的局部加载、涵洞、桥台和挡土墙土压力等计算采用车辆荷载。

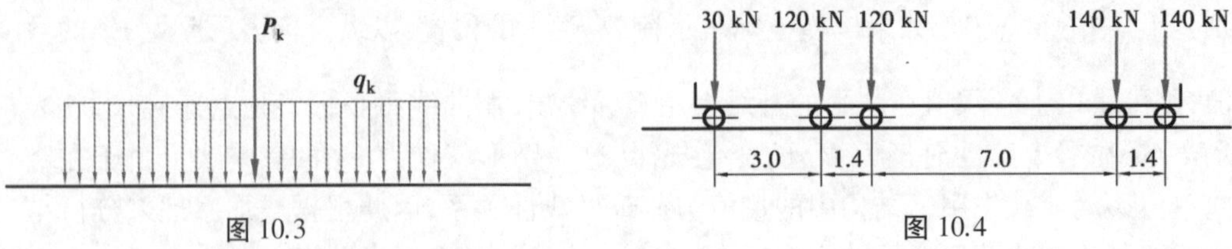


图 10.3　　图 10.4

2) 铁路标准荷载制

我国铁路桥涵设计使用的标准荷载，称为"中华人民共和国铁路标准活载"，简称为"中-活载"。它包括普通活载和特种活载两种，其形式如图 10.5 所示。一般设计时采用普通活载，它代表一列火车的重量，前面 5 个集中荷载代表一台机车的 5 个轴重，中部一段 30 m 长的均布荷载代表煤水车和与其相联挂的另一台机车与煤水车的平均重量。后面任意长的均布荷载，代表车辆的平均重量。特种活载代表某些机车、车辆的较大轴重。特种活载虽轴重较大，但轴数较少，故仅对小跨度桥梁（约 7 m 以下）控制设计。

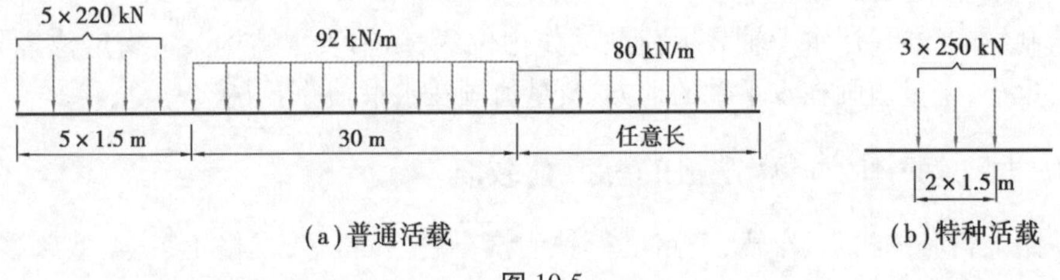


(a) 普通活载　　(b) 特种活载

图 10.5

使用中-活载时，可由图示中任意截取，但不得变更轴间距。列车可由左端或右端进入桥涵，视何种方向产生更大的内力为准。图 10.5 所示为单线上的荷载，若桥梁是由两片主梁组成，则单线上每片主梁承受图示荷载的一半。

## 10.2　静力法作静定梁的影响线

绘制影响线有两种方法，即静力法和机动法。利用静力平衡条件建立量值关于荷载作用位置的函数关系，进而绘制该量值影响线的方法称为静力法。

概述及静力法——简支梁

### 10.2.1　简支梁的影响线

如图 10.6(a) 所示的简支梁，作用有单位移动荷载 $F_0=1$。取 $A$ 点为坐标原点，以 $x$ 表示荷载作用点的横坐标，下面分析 $A$ 支座反力 $F_{Ay}$ 随移动荷载作用点坐标 $x$ 的变化而变化的规律，也即根据静力平衡条件建立 $A$ 支座的反力 $F_{Ay}$ 关于移动荷载作用点坐标 $x$ 的函数式，假设支座反力向上为正。

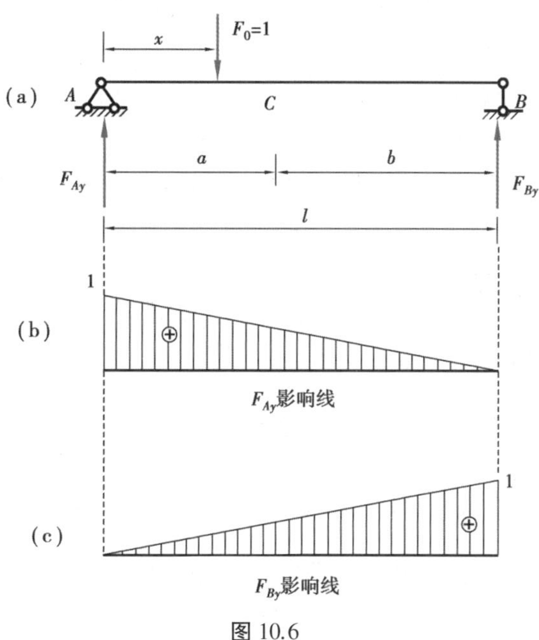


图 10.6

当 $0 \leqslant x \leqslant l$ 时，根据平衡条件 $\sum M_B = 0$，得

$$-F_{Ay} \cdot l + F_0 \cdot (l - x) = 0$$

解得

$$F_{Ay} = \frac{l - x}{l}$$

上式表示 $F_{Ay}$ 关于荷载位置坐标 $x$ 的变化规律，是一个直线函数关系，由此可以作出 $F_{Ay}$ 的影响线，如图 10.6(b)所示。

从图中可以看出，荷载作用在 $A$ 点时，即 $x=0$ 时，$F_{Ay}=1$；荷载作用在 $B$ 点时，即 $x=l$ 时，$F_{Ay}=0$。

显然，当 $x=0$ 时，$F_{Ay}$ 达到最大，所以，$A$ 点是 $\boldsymbol{F}_{Ay}$ 的荷载最不利位置。在荷载移动过程中，$F_{Ay}$ 的值在 0 和 1 之间变动。

$B$ 支座的反力 $\boldsymbol{F}_{By}$ 的影响线也可由静力平衡条件得到。

当 $0 \leqslant x \leqslant l$ 时，根据平衡条件 $\sum M_A = 0$，得

$$F_{By} \cdot l - F_0 \cdot x = 0$$

解得

$$F_{By} = \frac{x}{l}$$

上式表示 $F_{By}$ 关于荷载位置坐标 $x$ 的变化规律，也是一个直线函数关系，由此可以作出 $F_{By}$ 的影响线，如图 10.6(c)所示。从图中可以看出，荷载作用在 $A$ 点时，即 $x=0$ 时，$F_{By}=0$；荷载作用在 $B$ 点时，即 $x=l$ 时，$F_{By}=1$。

显然,当 $x=l$ 时,$F_{By}$ 达到最大值,所以,$B$ 点是 $\boldsymbol{F}_{By}$ 的荷载最不利位置。在荷载移动过程中,$F_{By}$ 的值在 0 和 1 之间变动。

下面讨论简支梁在移动荷载作用下,$C$ 截面内力的影响线。在研究内力影响线时,剪力正负号规定和弯矩正负号规定仍然和以前相同。

如图 10.7(a)所示梁,前已求得两支座反力的影响线为

$$F_{Ay} = \frac{l-x}{l}, F_{By} = \frac{x}{l}$$

先讨论 $C$ 截面的弯矩影响线。当单位力 $F$ 在梁上移动时,$C$ 截面弯矩也随之变化,根据截面法可以得知:

当 $\boldsymbol{F}_0$ 在 $AC$ 段上移动时,即 $0 \leqslant x \leqslant a$ 时,$M_C = F_{By} \cdot b = \dfrac{bx}{l}$。

当 $\boldsymbol{F}_0$ 在 $CB$ 段上移动时,即当 $a \leqslant x \leqslant l$ 时,$M_C = F_{Ay} \cdot a = a\dfrac{l-x}{l}$。

$M_C$ 的影响线在 $AC$ 段和 $CB$ 段上都为斜直线,其图像如图 10.7(b)所示。

下面讨论 $C$ 截面的剪力影响线。当单位力 $\boldsymbol{F}_0$ 在梁上移动时,$C$ 截面弯矩也随之变化,根据截面法可以得知:

当 $\boldsymbol{F}_0$ 在 $AC$ 段上移动时,即 $0 \leqslant x \leqslant a$ 时,$F_{SC} = -F_{By} = -\dfrac{x}{l}$。

当 $\boldsymbol{F}_0$ 在 $CB$ 段上移动时,即 $a \leqslant x \leqslant l$ 时,$F_{SC} = F_{Ay} = \dfrac{l-x}{l}$。

$\boldsymbol{F}_{SC}$的影响线在 $AC$ 段和 $CB$ 段上都为斜直线,如图 10.7(c)所示。

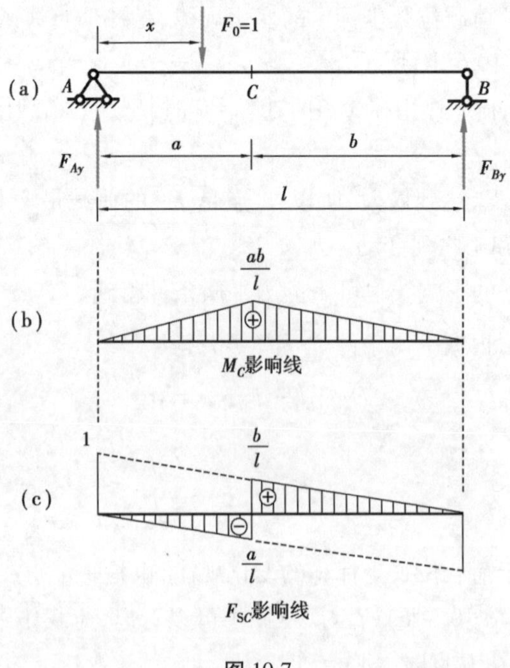


图 10.7

### ▶ 10.2.2 外伸梁的影响线

**【例 10.1】** 作图 10.8(a)所示外伸梁支座反力的影响线。

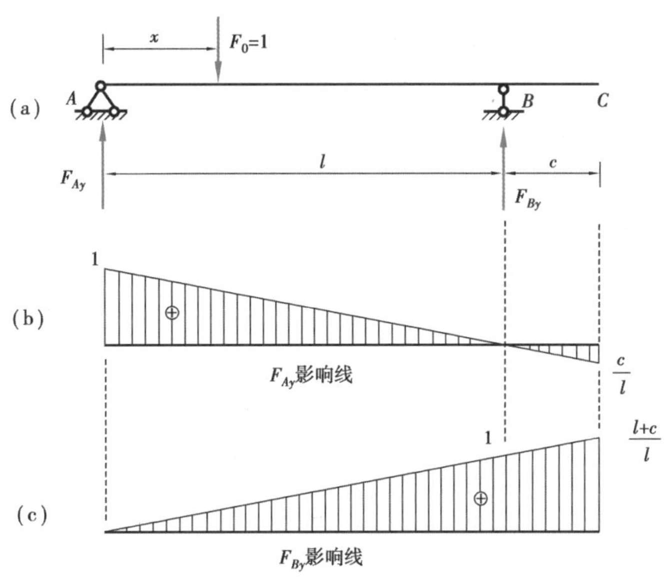


图 10.8

**【解】** ①讨论 $A$ 支座反力的影响线,设 $A$ 点为坐标原点。

注意到单位力 $\boldsymbol{F}_0$ 在 $AB$ 段移动时对 $B$ 点之矩的转向与其在 $BC$ 段移动时对 $B$ 点之矩的转向是不同的,因此应分段讨论。

当 $0 \leqslant x \leqslant l$ 时,由 $\sum M_B=0$,得

$$F_{Ay}=\frac{l-x}{l}$$

当 $l \leqslant x \leqslant l+c$ 时,由 $\sum M_B=0$,整理后得

$$F_{Ay}=\frac{l-x}{l}$$

显然,两段影响线是同一条直线,在支座 $A$ 时为 1,在支座 $B$ 时为 0,连线并延伸至 $C$ 点即可得 $A$ 支座反力影响线如图 10.8(b)所示。

②讨论 $B$ 支座反力的影响线。由 $\sum M_A=0$,整理后得

$$F_{By}=\frac{x}{l}$$

$B$ 支座的反力影响线在支座 $A$ 时为 0,在支座 $B$ 时为 1,连线并延伸至 $C$ 点即可得其影响线,如图 10.8(c)所示。

**【例 10.2】** 作图 10.9(a)所示外伸梁 $C$ 截面弯矩、剪力的影响线。

**【解】** 由例 10.1 可知:

$$F_{Ay}=\frac{l-x}{l}$$

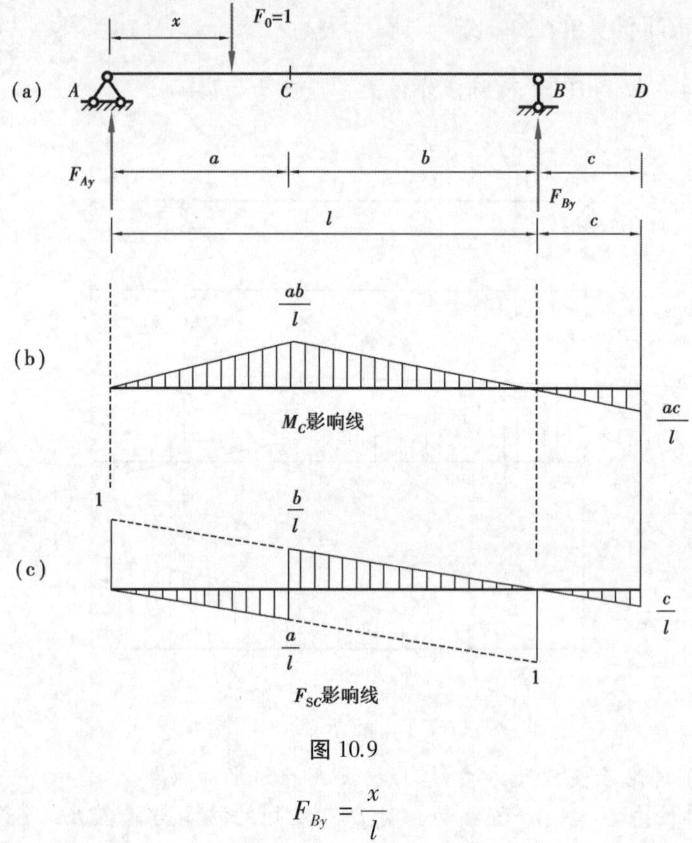


图 10.9

$$F_{By} = \frac{x}{l}$$

当 $\boldsymbol{F}_0$ 位于 $C$ 左侧时:

$$M_C = F_{By} \cdot b$$
$$F_{SC} = - F_{By}$$

当 $\boldsymbol{F}_0$ 位于 $C$ 右侧时:

$$M_C = F_{Ay} \cdot a$$
$$F_{SC} = F_{Ay}$$

$C$ 截面弯矩、剪力的影响线如图 10.9(b)、(c)所示。

$C$ 截面的弯矩影响线:左侧为 $B$ 支座反力扩大 $b$ 倍,右侧为 $A$ 支座反力扩大 $a$ 倍,交点以下部分即为 $C$ 截面弯矩;$C$ 截面的剪力影响线:左侧为负 $F_{RB}$,右侧为正 $F_{RA}$。

**【例 10.3】** 作图 10.10(a)所示悬臂梁竖向支反力及根部截面的弯矩、剪力的影响线。

**【解】** 以 $A$ 点为坐标原点,设移动单位荷载作用在 $x$ 截面处。讨论竖向支反力的影响线,取梁整体为研究对象,由 $\sum y = 0$ 得

$$F_{By} = 1$$

作 $\boldsymbol{F}_{By}$ 的影响线如图 10.10(b)所示。

对 $B$ 截面的弯矩影响线,在 $B$ 截面处截开,由 $\sum M = 0$ 得

$$M_B = l - x$$

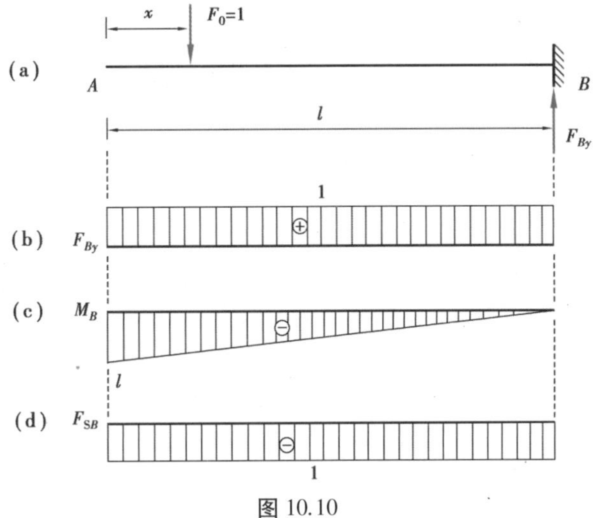


图 10.10

作 $M_B$ 的影响线如图 10.10(c)所示。

对 $B$ 截面的剪力影响线,在 $B$ 截面处截开,由 $\sum y=0$ 得

$$F_{SB}=-1$$

作 $\boldsymbol{F}_{SB}$的影响线,如图 10.10(d)所示。

对于静定结构,由于其反力和内力影响线方程均为 $x$ 的一次式,故影响线都是由直线组成的。

### ▶ 10.2.3 影响线与内力图的比较

影响线与内力图是截然不同的,初学者容易将两者混淆。尽管两者均表示某种函数关系的图形,但各自的自变量和因变量是不同的。现以简支梁弯矩影响线和弯矩图为例作比较如下。

图 10.11(a)表示简支梁的弯矩 $M_C$ 影响线,图 10.11(b)表示荷载 $\boldsymbol{F}$ 作用在 $C$ 点时的弯矩图。两图形状相似,但各纵距代表的含义却截然不同。例如,$D$ 点的纵距,在 $M_C$ 影响线中 $y_D$ 代表 $\boldsymbol{F}=1$ 移动至 $D$ 点时引起截面 $C$ 的弯矩的大小。而弯矩图中 $y_D$ 代表固定荷载 $\boldsymbol{F}$ 作用在 $C$ 点时产生的截面 $D$ 的弯矩值 $M_D$。其他内力图与内力影响线的区别也与前述相同。

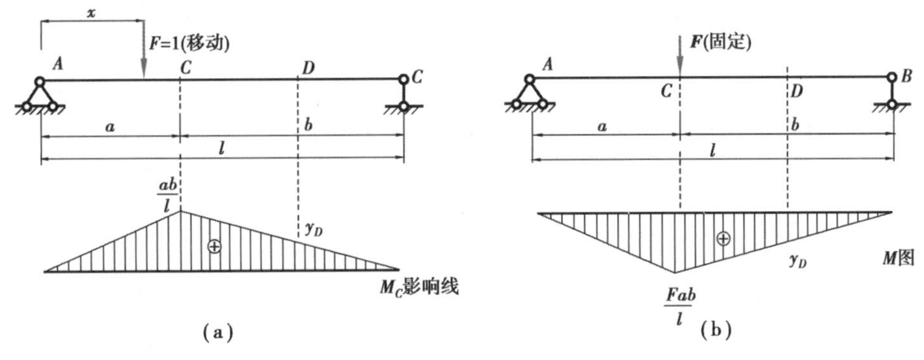


图 10.11

机动法原理

## 10.3 机动法作静定梁的影响线

### ▶ 10.3.1 机动法原理

利用虚位移原理作影响线的方法称为**机动法**。由于在结构设计中往往只需要知道影响线的轮廓,而机动法能不经计算就可迅速绘出影响线的轮廓,这对设计工作很有帮助。另外,也可对静力法绘制的影响线进行校核。

以图 10.12(a)所示外伸梁为例,用机动法讨论 $B$ 支座的竖向反力影响线。

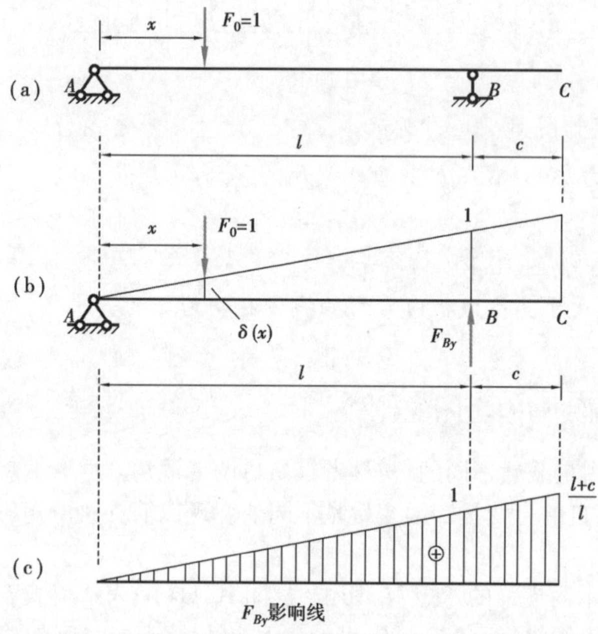


图 10.12

如果把支座 $B$ 去掉,以反力 $\boldsymbol{F}_{By}$ 代替,原结构就变成一个几何可变体系,在剩余的约束条件下,允许产生刚体运动。令 $B$ 点沿 $\boldsymbol{F}_{By}$ 正方向(设向上为正)发生微小的单位虚位移,如图 10.9(b)所示。$B$ 点发生的虚位移为单位值,支反力 $\boldsymbol{F}_{By}$ 与虚位移同向,故在单位虚位移上做正虚功,即

$$W_1 = F_{By} \cdot 1$$

移动荷载 $\boldsymbol{F}$ 作用点也将发生竖向虚位移,其值为 $\delta(x)$,$\boldsymbol{F}$ 与 $\delta(x)$ 反向,$\boldsymbol{F}$ 在 $\delta(x)$ 上做负虚功,即

$$W_2 = - F \cdot \delta(x)$$

根据虚功原理,各力在虚位移上做的总虚功应该为零,即

$$W = W_1 + W_2 = 0$$

即

$$F_{By} \cdot 1 - F \cdot \delta(x) = 0$$

注意到 $F=1$,则有

$$F_{By}=\delta(x)$$

此式表明,梁产生单位虚位移时的图形反映出了反力 $\boldsymbol{F}_{By}$ 的变化规律,如图 10.12(c)所示。因此,反力 $\boldsymbol{F}_{By}$ 的影响线完全可以由梁的虚位移图来替代,即"梁剩余约束所允许的刚体位移图即是相应量值的影响线"。

由以上分析可知,机动法绘制量值 $Z$ 的影响线,只要去掉与欲求量值相对应的约束,使得到的可变体系沿量值 $Z$ 的正向发生单位虚位移,由此得到的刚体虚位移图即为量值 $Z$ 的影响线。

## ▶ 10.3.2　机动法作影响线步骤

用机动法作静定梁的影响线的一般步骤为:

①去掉与量值对应的约束,以量值代替,使梁成为可变体系。

②使体系沿量值的正方向发生单位位移,根据剩余约束条件作出梁的刚体位移图,此图像即为欲求量值的影响线。

为进一步说明怎样用机动法绘制影响线,以图 10.13(a)所示简支梁为例,作 $C$ 截面弯矩、剪力的影响线。

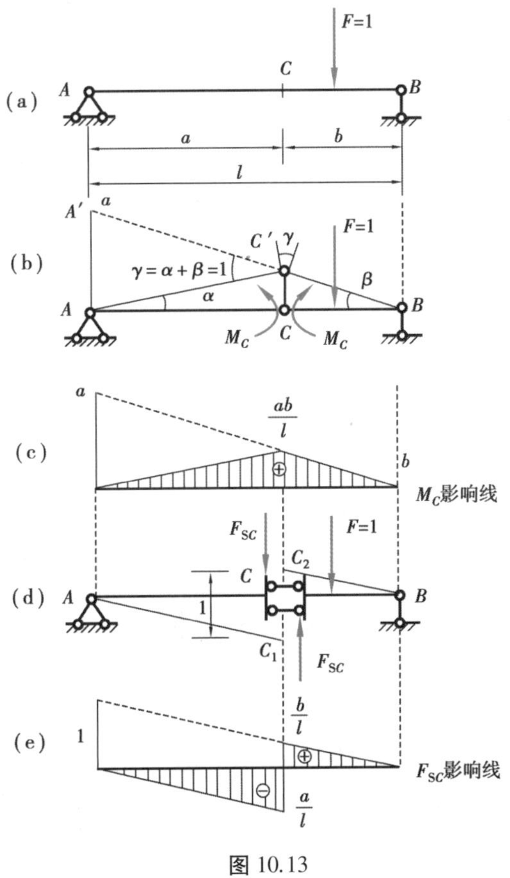


图 10.13

用机动法绘制 $C$ 截面弯矩影响线时,首先撤除与 $C$ 截面弯矩相对应的转动约束,代之以正向弯矩,即将刚结点 $C$ 改为铰结点,然后沿正向弯矩的转向给出单位相对角位移$\gamma(\gamma=1)$,梁$C$点发生位移到$C'$点,整个梁在剩余约束条件下所允许的刚体位移如图10.13(b)所示。作线段$BC'$的延长线交线段$AA'$,由于线段$AC'$与$A'C'$的夹角$\gamma$是一个单位微量。由微分学原理可得线段$AA'$的高度为$a$,从而由相似三角形边长的比例关系可得,$CC'$的高度为$\frac{ab}{l}$,根据梁的刚体位移绘出$C$截面弯矩的影响线,如图10.13(c)所示。

机动法绘制$C$截面剪力的影响线时,去掉与剪力相对应的约束,把刚结点$C$变成双滑动约束,用一对正向剪力代替,使$C$截面沿剪力的正向发生单位相对线位移,整个梁在剩余约束条件下所允许的刚体位移如图10.13(d)所示。

由于$C$点是双滑动约束,$C$点两侧截面始终平行,且截面与梁轴线始终垂直,所以$C$点左、右两侧的梁段轴线是平行的。从而根据相似三角形边长的比例关系可得,$CC_1$的高度为$\frac{a}{l}$,$CC_2$的高度为$\frac{b}{l}$。根据梁的刚体位移绘出$C$截面剪力的影响线,如图10.13(e)所示。

这里所讨论的$C$截面内力影响线具有一般性,即对于两支座之间的任意截面,其弯矩、剪力影响线均可照此套用,包括外伸梁也是如此。对于梁外伸段的影响线,只需随着梁轴线延伸即可。

【例10.4】 作图10.14(a)所示外伸梁$B$截面弯矩的影响线和$B$左截面剪力的影响线。

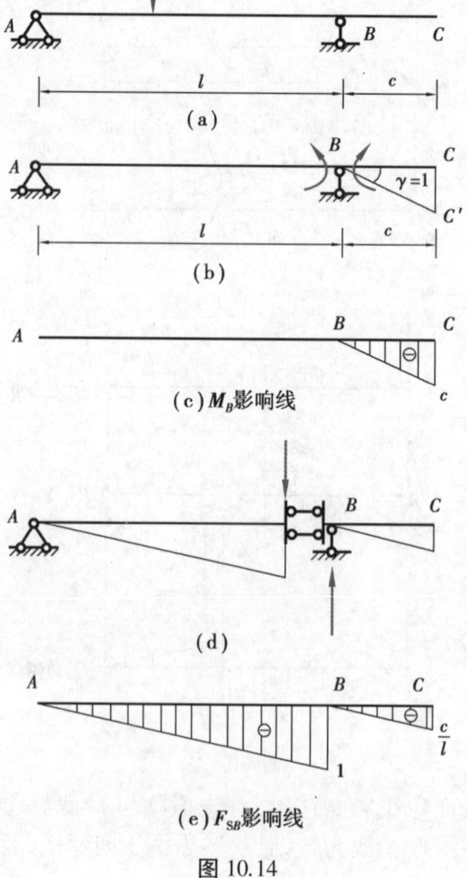


图10.14

【解】　用机动法绘制 $B$ 截面弯矩影响线时，首先撤除与 $B$ 截面弯矩相对应的转动约束，代之以正向弯矩，即将刚结点 $B$ 改为铰结点，然后沿正向弯矩的转向给出单位相对角位移。由于 $AB$ 杆为静定结构，所以 $AB$ 段 $B$ 端截面既不能转动也不能移动，因此 $B$ 点两侧截面的单位相对角位移由 $BC$ 段 $B$ 端截面独自转过一个单位角位移 $\gamma(\gamma=1)$，梁 $C$ 点发生位移到 $C'$ 点，整个梁在剩余约束条件下所允许的刚体位移如图 10.14(b)所示。根据梁的刚体位移绘出 $B$ 截面弯矩的影响线，如图 10.14(c)所示。

机动法绘制 $B$ 左截面剪力的影响线时，去掉与剪力相对应的约束，在 $B$ 支座左侧把刚结点 $B$ 变成双滑动约束，用一对正向剪力代替，使 $B$ 左截面沿剪力的正向发生单位相对线位移。在滑移过程中，$AB$ 段绕 $A$ 点作刚体转动，该段 $B$ 端截面既有线位移又有角位移；而 $BC$ 段 $B$ 端处有可动铰支座，不允许发生竖向线位移，但允许发生角位移，因此 $BC$ 段 $B$ 端截面可以在原位转过一个角度，与 $AB$ 段 $B$ 端截面保持平行关系，从而两梁段轴线发生位移后仍然平行。整个梁在剩余约束条件下所允许的刚体位移如图 10.14(d)所示。根据梁的刚体位移绘出 $B$ 左截面剪力的影响线，如图 10.14(e)所示。

【例 10.5】　作图 10.15(a)所示多跨静定梁 $C$ 支座反力 $F_{Cy}$ 和 $K$ 截面内力 $M_K$、$F_{SK}$ 的影响线。

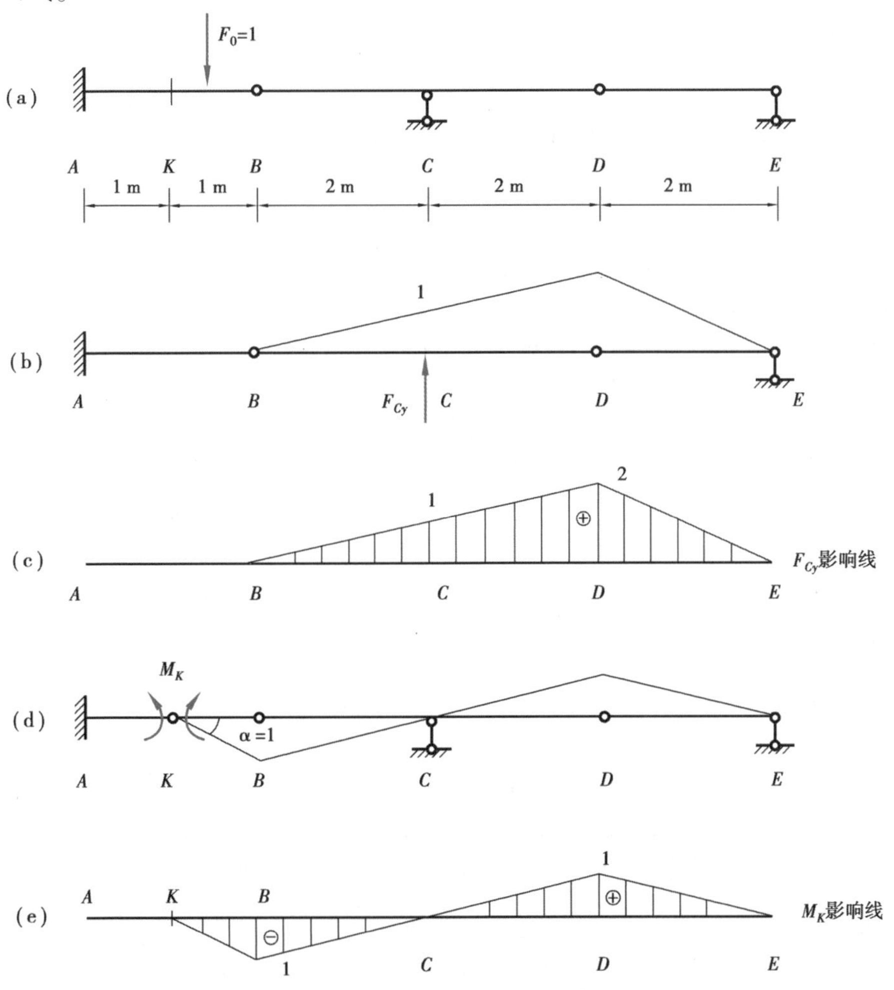

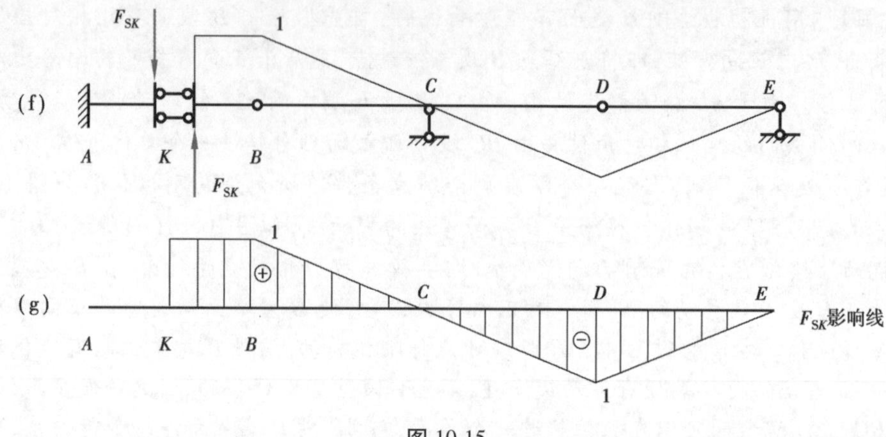


图 10.15

【解】 对于多跨静定梁来说，在绘制虚位移图时要注意几何位移协调，满足剩余约束条件。由于$A$为固定支座，不允许发生位移和转角，所以在作图过程中，画$C$支座反力的影响线时，$AB$段没有刚体位移。同样，画$K$截面内力影响线时，$AK$段也没有刚体位移。注意到这一点，再根据约束条件，可得出欲求量值的影响线，如图 10.15(c)、(e)、(g)所示。

进入"结构力学"课程→影响线→间接荷载影响线及机动法，学习续梁用机动法绘制各参数影响线例题

## 10.4 机动法作连续梁的影响线

对于连续梁来说，机动法作影响线的步骤仍然和静定梁一样，但是由于结构在去掉量值所对应的约束后，结构整体或者部分仍可保持为几何不变。要使结构发生虚位移，梁的位移就不再是刚体运动，位移图也不再是直线，而是约束所允许的光滑连续的弹性变形曲线。这是连续梁影响线的特征，在绘制影响线图时要注意这个特点。正因为连续梁的影响线为弹性变形曲线，所以其影响线的特征值难以直接利用机动法来加以确定。对于连续梁来说，常见荷载为均布荷载，很多情况下只需要根据影响线的轮廓来帮助确定最不利荷载位置。所以，连续梁的影响线一般都是用机动法来分析的，绘出图像轮廓线即可。

图 10.16 所示为连续梁$K_1$截面弯矩、$B$支座反力、$C$截面弯矩、$K_2$截面剪力的影响线，从图中可以看出影响线均为连续光滑的弹性曲线。

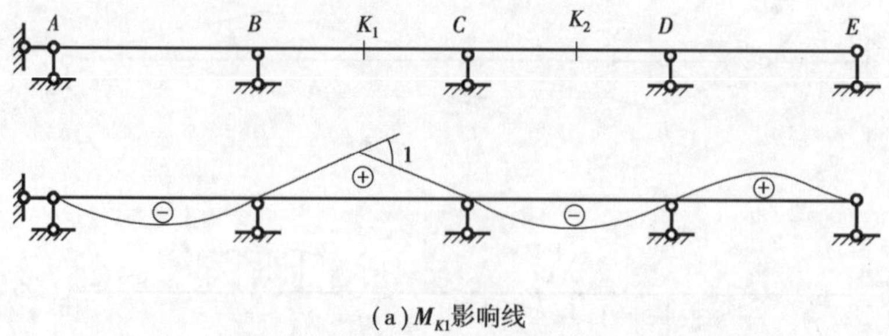


(a)$M_{K1}$影响线

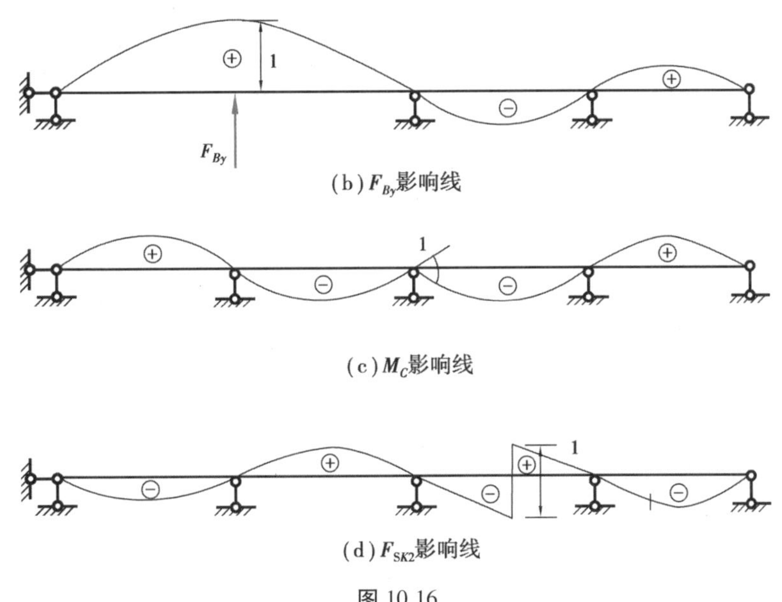


(b) $F_{By}$影响线

(c) $M_C$影响线

(d) $F_{SK2}$影响线

图 10.16

## 10.5 影响线的应用

影响线的应用主要是在求固定荷载下的量值大小以及确定移动荷载的最不利位置两个方面，下面分别说明。

### ▶ 10.5.1 利用影响线求固定荷载下的量值

利用影响线求量值（含例题）

现已知道，影响线的横坐标表示单位集中力的作用位置，纵坐标表示单位集中力作用在该位置时的量值大小。如将集中力的固定作用位置视为荷载移动过程中的某个位置，就可以利用影响线计算固定集中力下的量值。影响线反映的是单位集中荷载下量值的大小，而当集中荷载不等于 1 时，只需将相应的影响线值（注意正负号）乘以荷载大小即可。如果多个集中荷载同时作用，可运用叠加法，每个荷载分别计算后进行叠加。

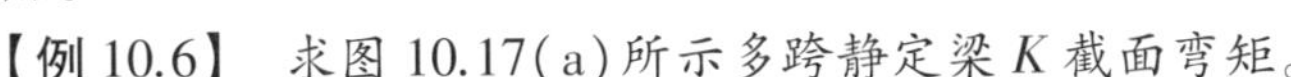

**【例 10.6】** 求图 10.17(a)所示多跨静定梁 *K* 截面弯矩。

**【解】** 首先绘制 *K* 截面弯矩的影响线，如图 10.17(b)所示。根据影响线的定义，当 $\boldsymbol{F}_1$ 单独作用时，有

$$M_{K1} = F_1 \cdot y_1 = 20 \times (-0.5) = -10(\text{kN} \cdot \text{m})$$

当 $\boldsymbol{F}_2$ 单独作用时，有

$$M_{K2} = F_2 \cdot y_2 = 10 \times 0.5 = 5(\text{kN} \cdot \text{m})$$

当 $\boldsymbol{F}_3$ 单独作用时，有

$$M_{K3} = F_3 \cdot y_3 = 30 \times 0.5 = 15(\text{kN} \cdot \text{m})$$

从而由叠加法得

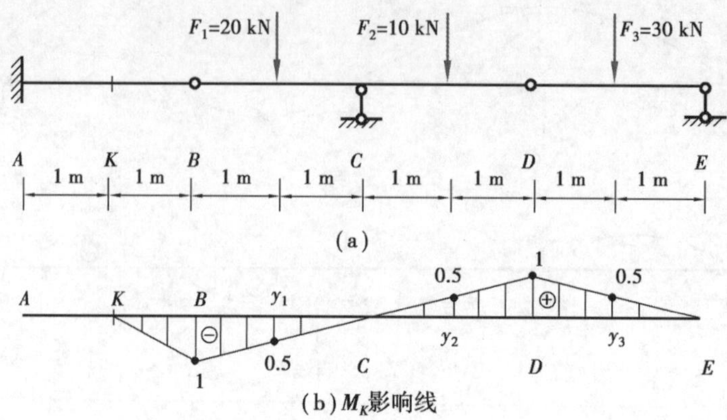


图 10.17

$$M_K = M_{K1} + M_{K2} + M_{K3} = -10 + 5 + 15 = 10(\text{kN}\cdot\text{m})$$

一般来说,如果有一组集中荷载 $F_i$ 同时作用,所求量值 $Z$ 的表达式为

$$Z = F_1y_1 + F_2y_2 + \cdots + F_ny_n = \sum F_iy_i$$

如果在梁 $AB$ 段上作用一个均布荷载 $q$,如图 10.18(a)所示,可把分布长度为 $\mathrm{d}x$ 的微段上的分布荷载总和 $q\mathrm{d}x$ 看作集中荷载,所引起的量值为 $yq\mathrm{d}x$,如图 10.18(b)中阴影所示。

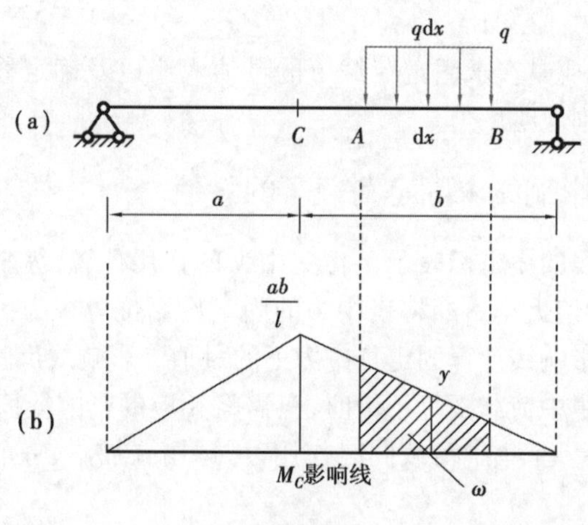


图 10.18

将无穷多个 $\mathrm{d}x$ 上的集中力引起的量值进行叠加,即沿荷载整个分布长度积分,则 $AB$ 段均布荷载所引起的量值为

$$Z = \int_A^B yq\mathrm{d}x = q\int_A^B y\mathrm{d}x = q\omega$$

其中,$\omega$ 就是影响线在 $AB$ 段的面积,如图 10.18(b)中阴影所示。上式表明,均布荷载引起的量值等于荷载集度乘以影响线对应荷载作用段的面积。在应用中,要注意面积的正负,影响线上部面积取为正,下部取为负。

当有多个均布荷载时,其量值计算式为

$$Z = q_1 \cdot \omega_1 + q_2 \cdot \omega_2 + \cdots + q_n \cdot \omega_n = \sum q_i \cdot \omega_i$$

当集中力和均布荷载同时出现时,其量值计算式为

$$Z = \sum F_i \cdot y_i + \sum q_i \cdot \omega_i$$

**【例 10.7】** 利用影响线求图 10.19(a)所示多跨静定梁 $K$ 截面的弯矩 $M_K$。

**【解】** ①先作出 $M_K$ 的影响线,如图 10.19(b)所示。

②确定 $q_i$、$\omega_i$ 的值。

$$y_1 = -0.5, y_2 = 0.5$$

$$\omega_1 = -\frac{1 \times 1}{2} = -0.5, \omega_2 = \frac{1 \times 2}{2} = 1$$

从而有

$$M_K = \sum F_i \cdot y_i + \sum q_i \cdot \omega_i = F_1 \cdot y_1 + F_2 \cdot y_2 + q_1 \cdot \omega_1 + q_2 \cdot \omega_2$$
$$= 20 \times (-0.5) + 10 \times 0.5 + 4 \times (-0.5) + 2 \times 1 = -5(\text{kN} \cdot \text{m})$$

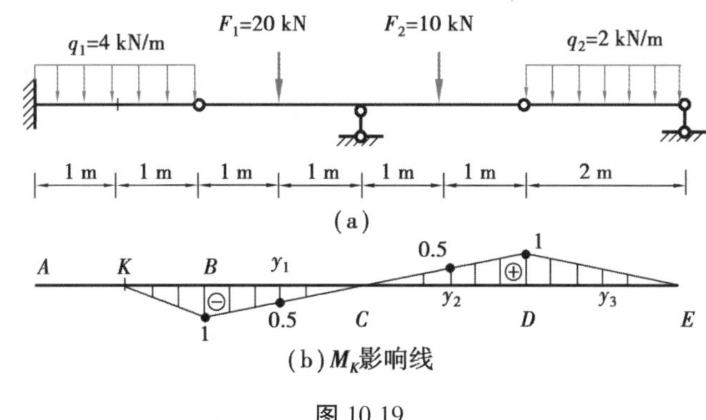


图 10.19

## ▶ 10.5.2　荷载最不利位置的确定

使量值取得最大值时的荷载位置就是荷载的最不利位置。荷载最不利位置确定后,将荷载按最不利位置作用,然后将其视为固定荷载,即可利用影响线计算其极值。下面分集中荷载和移动均布荷载两种情况来说明。

最不利荷载——枚举法

单个集中力移动时,荷载的不利位置就是影响线的顶点。当荷载作用于该点时,量值取最大值。

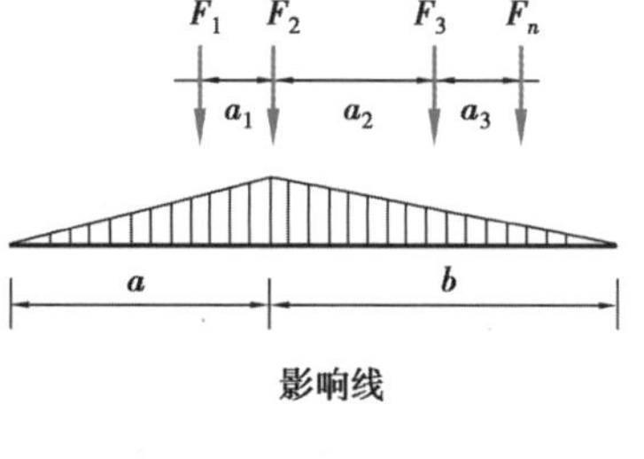


图 10.20

对于图 10.20 所示间距保持不变的一组集中荷载来说,可以推断:量值取最大值时,必定有一个集中荷载作用于影响线顶点。作用于影响线顶点的集中荷载称为临界荷载,对于临界荷载可以用下面两个判别式来判定(推导从略):

最不利荷载——极限位置

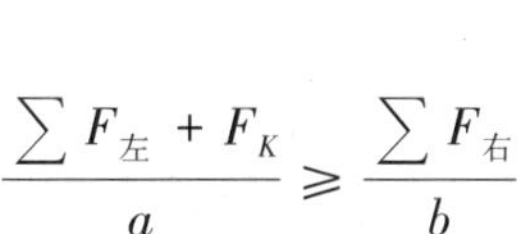

$$\frac{\sum F_{\text{左}} + F_K}{a} \geq \frac{\sum F_{\text{右}}}{b}$$

$$\frac{\sum F_{左}}{a} \leqslant \frac{F_K + \sum F_{右}}{b}$$

满足以上两个式子的 $\boldsymbol{F}_K$ 就是临界荷载，$\sum F_{左}$、$\sum F_{右}$ 分别代表 $\boldsymbol{F}_K$ 以左的荷载总和与 $\boldsymbol{F}_K$ 以右的荷载总和。有时会出现多个满足上面判别式的临界荷载，这时将每个临界荷载置于影响线顶点计算量值，然后进行比较，根据最大量值确定一组荷载的最不利荷载位置。对于荷载个数不多的情况，工程中往往不进行判定，直接将各个荷载分别置于影响线的顶点计算其量值，最大量值所对应的荷载位置就是这组荷载的最不利位置，这时位于顶点的集中力就是临界荷载。

【例 10.8】 求图 10.21(a)所示简支梁在吊车荷载作用下，截面 $K$ 的最大弯矩。

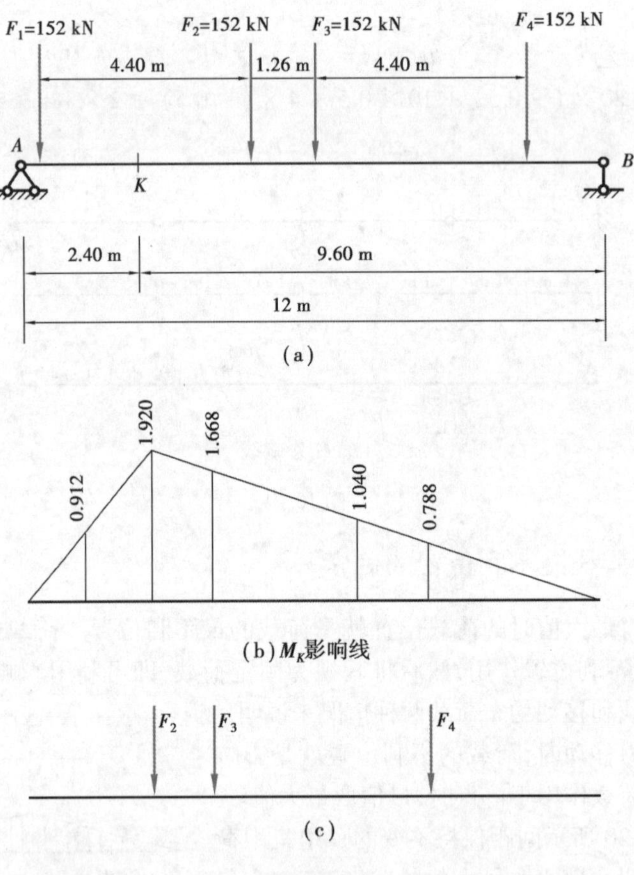


图 10.21

【解】 先作 $M_K$ 的影响线，如图 10.21(b)所示。

选 $\boldsymbol{F}_2$ 作为临界荷载 $\boldsymbol{F}_K$ 来考察，将 $\boldsymbol{F}_2$ 置于影响线的顶点处，如图 10.21(c)所示。此时力 $\boldsymbol{F}_1$ 落在梁外，不予考虑，代入临界荷载的判别式，有

$$\frac{F_2}{2.4} > \frac{F_3 + F_4}{9.6}$$

$$\frac{0}{2.4} < \frac{F_2 + F_3 + F_4}{9.6}$$

即

$$\frac{152}{2.4} > \frac{152 + 152}{9.6}$$

$$\frac{0}{2.4} < \frac{152 + 152 + 152}{9.6}$$

$\boldsymbol{F}_2$ 满足判别式,所以是临界荷载。将其他集中荷载分别置于顶点,用同样的方法可以判定都不是临界荷载。所以,图 10.21(c)所示 $\boldsymbol{F}_2$ 作用在 $K$ 点时为 $M_K$ 的最不利荷载位置。

利用影响线可以求得 $M_K$ 的极值

$$M_{K(\max)} = 152 \times (1.920 + 1.668 + 0.788) = 665.15(\text{kN} \cdot \text{m})$$

当移动荷载为均布可变荷载时,由于可变荷载的分布长度也是变化的。

注意到均布荷载下的量值等于均布荷载集度乘以影响线对应分布长度的面积,所以,只要把均布荷载布满整个正影响线区域,就可以得到正的最大量值。同样,只要把均布荷载布满整个负影响线区域,就可以得到负的最大量值。图 10.22(a)所示的连续梁,讨论其跨中截面 $K$ 的弯矩 $M_K$ 和支座截面弯矩 $M_B$ 的不利荷载位置。图 10.22(b)给出了 $K$ 截面弯矩 $M_K$ 的影响线,其对应的最大正弯矩的荷载最不利位置如图 10.22(c)所示,其对应的最大负弯矩的荷载最不利位置如图 10.22(d)所示。图 10.22(e)给出了 $B$ 支座截面弯矩 $M_B$ 的影响线,其对应的最大正弯矩的荷载最不利位置如图 10.22(f)所示,其对应的最大负弯矩的荷载最不利位置如图 10.22(g)所示。工程中进行结构设计时,必须针对梁的危险状态进行计算。由图 10.22 可知,并不是整个梁上布满均布荷载时才是梁的危险状态。显然,只有按照下列方式进行可变荷载的布置,才是截面弯矩的危险状态,即对于任意跨的跨中截面最大正弯矩,可变荷载的最不利布置是"本跨布置,隔跨布置"。对于任意的中间支座截面最大负弯矩,可变荷载的最不利布置是"相邻跨布置,隔跨布置"。

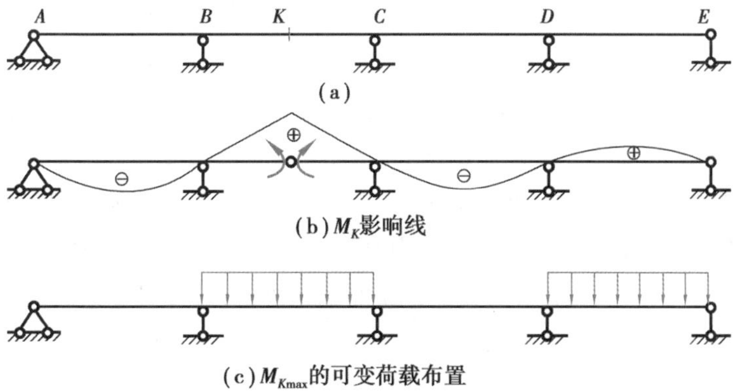

(a)

(b) $M_K$影响线

(c) $M_{K\max}$的可变荷载布置

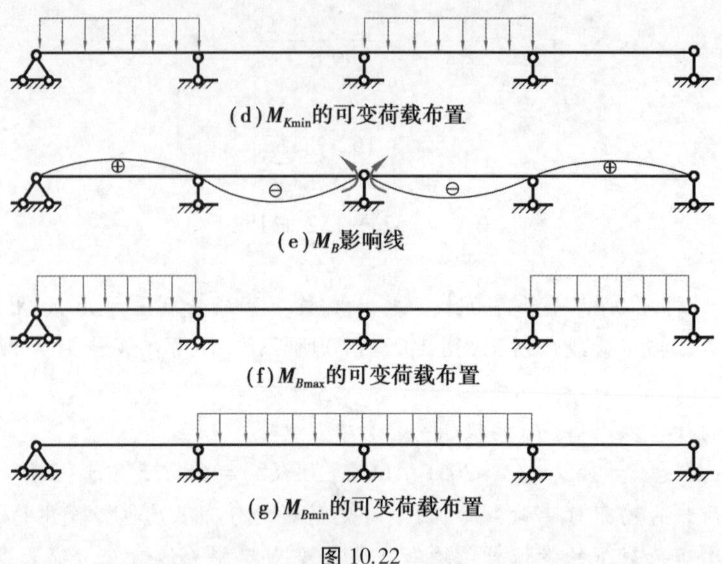


图 10.22

包络图

## 10.6 内力包络图的概念

在固定荷载作用下，通过绘制梁的弯矩图可以得到整个梁的最大、最小弯矩值。同样在移动荷载下，不仅要了解某个截面的内力变化规律，更关心整个梁的危险弯矩，这个危险弯矩就称为梁的绝对最大弯矩。

由前面的讨论可知，在移动荷载下，量值也是随着荷载位置的变化而变化。因此，在荷载的变化范围内，量值必定有一个最大值和一个最小值。将梁沿长度方向分为 $n$ 等分，即等距离地取 $n+1$ 个截面，分别作这些截面的内力影响线，讨论内力的极值。将求得的各截面内力的最大值连线，将求得的内力最小值连线，由此得到的图像称为内力包络图。梁的内力包络图主要有弯矩包络图和剪力包络图。

包络图与梁的内力图一样，全面反映了内力沿梁轴线的分布规律。但是梁内力图中，每一个截面只有一个确定的内力值。而梁的包络图中，每一个截面有两个内力极值(一个极大值，一个极小值)。截面内力在这两个值之间变动，即包络图囊括了整个梁的内力在荷载移动过程中的所有取值。显然，弯矩包络图上的最大值就是梁的绝对最大弯矩。图 10.23 给出了简支梁在间距给定的一组移动荷载下的弯矩包络图和剪力包络图。这里取 $n=10$，$n$ 越大，绘制的包络图越精确，但计算量也随之增大。

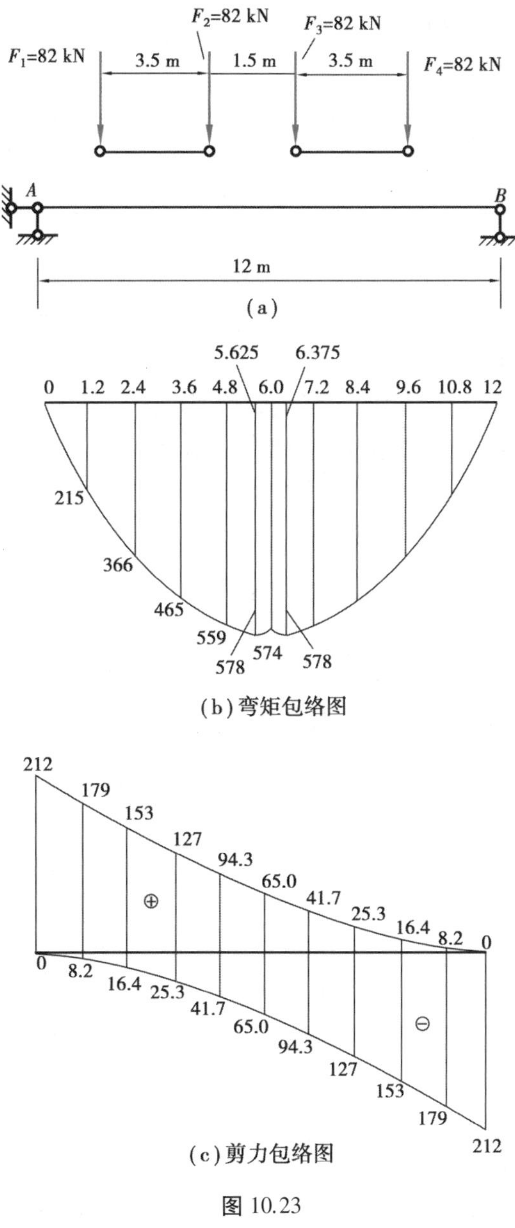


(a)

(b)弯矩包络图

(c)剪力包络图

图 10.23

# 小　结

1.影响线是在竖向单位移动荷载作用下，结构内力、反力或变形的量值随竖向单位荷载位置移动而变化的规律。影响线的横坐标表示单位移动荷载作用位置，纵坐标表示单位移动荷载作用下结构某一指定位置某一量值的大小。

2.绘制影响线有静力法和机动法两种。

根据静力平衡条件建立量值关于单位移动荷载作用位置的函数方程,据此函数绘制影响线的方法称为静力法。

由虚位移原理,撤除与所求量值对应的约束,沿量值正向给出单位位移,根据约束条件作出结构的位移图来绘制影响线的方法称为机动法。

静定结构的影响线由直线段组成,超静定结构的影响线由曲线组成。

3.固定荷载作用下的量值计算式为:

$$Z = \sum F_i \cdot y_i + \sum q_i \cdot \omega_i$$

4.荷载的不利位置:

①单个集中力的荷载不利位置在影响线的顶点;

②一组等间距的集中力,其荷载不利位置是临界荷载(有时临界荷载不止一个)作用在影响线的顶点时的位置;

③均布可变荷载的不利位置,对于正量值是均布荷载布满整个正影响线区域时,对于负量值是均布荷载布满整个负影响线区域时。

对于连续梁的可变荷载最不利布置:跨中截面是“本跨布置,隔跨布置”,支座截面是“相邻跨布置,隔跨布置”。

5.各截面内力最大值的连线与各截面内力最小值的连线称为内力包络图;弯矩包络图上的最大弯矩称为绝对最大弯矩。

## 思考题

10.1　影响线的含义是什么?弯矩影响线和弯矩图的区别是什么?

10.2　静力法绘制影响线时,在什么情况下,影响线方程要分段建立?

10.3　机动法和静力法各有什么优缺点?

10.4　静定梁与超静定梁的影响线各有什么特点?

10.5　什么是荷载最不利位置?

10.6　什么是内力包络图?内力包络图和内力图的区别是什么?和影响线的区别又是什么?

10.7　什么是绝对最大弯矩?

## 习　题

10.1　静力法绘制图示梁指定量值的影响线。

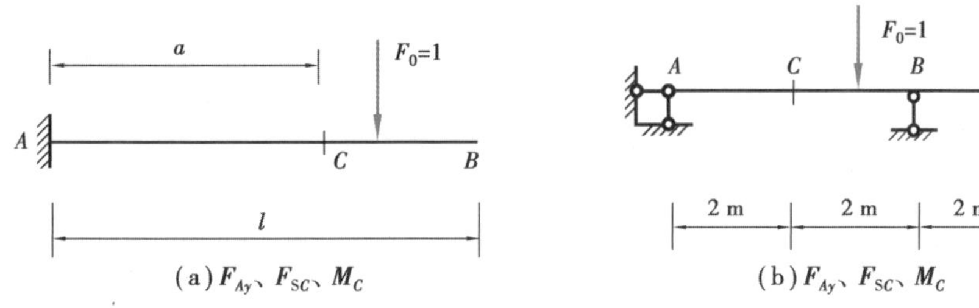


习题 10.1 图

10.2　机动法绘制图示梁指定量值的影响线。

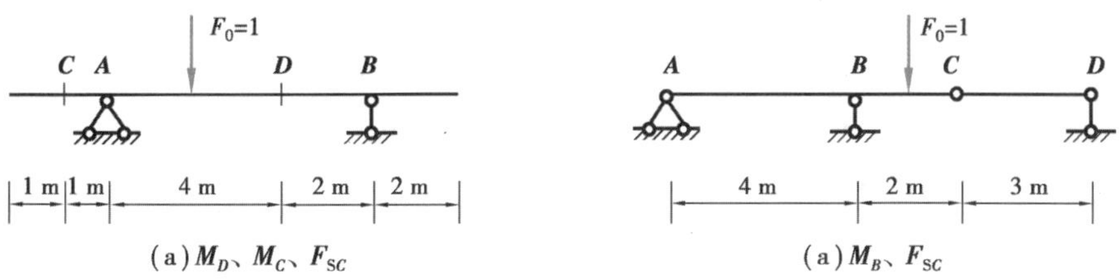


习题 10.2 图

10.3　利用影响线求下列结构指定的量值。

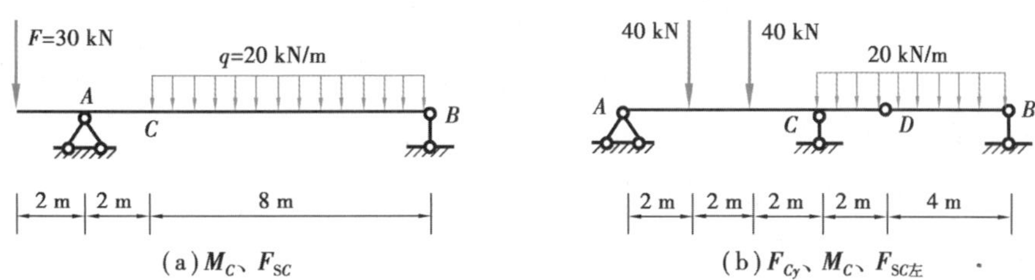


习题 10.3 图

10.4　绘制图示连续梁的内力 $M_A$、$M_K$、$M_C$、$F_{SK}$ 的影响线轮廓。

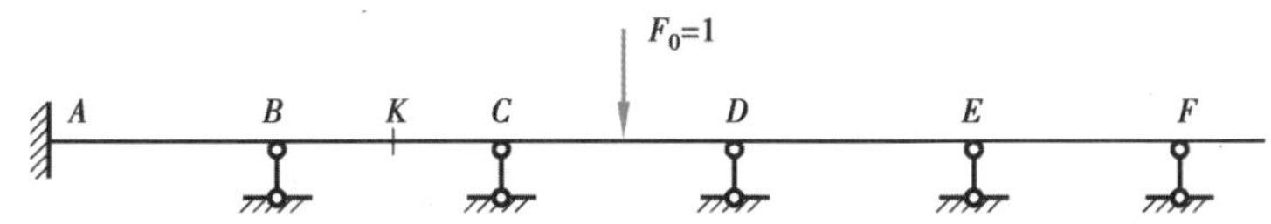


习题 10.4 图

10.5　求图示简支梁在一组移动荷载作用下，C 截面的最大弯矩 $M_{C\max}$。

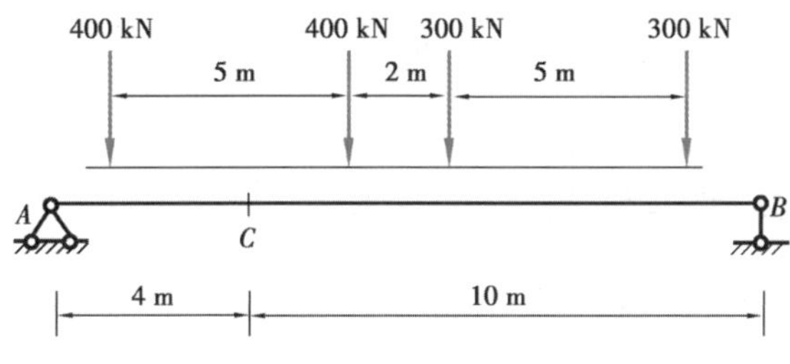


习题 10.5 图

# 习题参考答案

## ▶ 第2章 平面体系的几何组成分析

习题2.1图、习题2.2图、习题2.4图、习题2.6图、习题2.7图、习题2.图8和习题2.9图均为无多余联系的几何不变体系。

习题2.10图和习题2.11图为具有两个多余联系的几何不变体系。

习题2.3图为瞬变体系。

习题2.5图、习题2.6图为几何可变体系。

## ▶ 第3章 静定梁和平面刚架

3.1 (a) $F_{S1}=-\frac{ql}{2},M_1=-\frac{ql^2}{8};F_{S2}=-\frac{ql}{2},M_2=-\frac{ql^2}{8};F_{S3}=-\frac{ql}{2},M_3=-\frac{3}{8}ql^2$

(b) $F_{S1}=\frac{F}{3},M_1=\frac{2Fl}{9};F_{S2}=-\frac{2F}{3},M_2=\frac{2Fl}{9};F_{S3}=-\frac{2F}{3},M_3=0$

(c) $F_{S1}=F+\frac{ql}{2},M_1=-\frac{Fl}{2}-\frac{ql^2}{8};F_{S2}=F+Fl,M_2=-Fl-\frac{ql^2}{2}$

(d) $F_{S1}=\frac{m}{l},M_1=\frac{m}{3};F_{S2}=\frac{m}{l},M_2=-\frac{2m}{3}$

3.2 (a) $|F_S|_{max}=2F, |M|_{max}=3Fa$

(b) $|F_S|_{max}=2qa, |M|_{max}=qa^2$

(c) $|F_S|_{max}=\frac{3}{8}ql, |M|_{max}=\frac{9ql^2}{128}$

(d) $|F_S|_{max}=F, |M|_{max}=Fa$

(e) $|F_S|_{max}=\frac{5}{4}qa$, $|M|_{max}=\frac{25qa^2}{36}$

(f) $|F_S|_{max}=\frac{3}{2}qa$, $|M|_{max}=\frac{3qa^2}{4}$

(g) $|F_S|_{max}=qa$, $|M|_{max}=qa^2$

(h) $|F_S|_{max}=\frac{7}{6}qa$, $|M|_{max}=\frac{5qa^2}{6}$

(i) $|F_S|_{max}=35$ kN, $|M|_{max}=210$ kN · m

3.3

$M_A=-6$ kN · m, $M_{B左}=-20$ kN · m, $M_{B右}=0$, $M_C=-14$ kN · m, $M_D=-68$ kN · m, $M_E=0$ kN · m, $M^+_{max}=18$ kN · m, $M_F=16$ kN · m, $M_G=-32$ kN · m, $M_H=0$;

$F_{SA}=F_{SB}=F_{SC左}=-7$ kN, $F_{SC右}=F_{SD左}=-27$ kN, $F_{SD右}=F_{SE左}=34$ kN, $F_{SE右}=24$ kN, $F_{SG左}=40$ kN, $F_{SG右}=-32$ kN, $F_H=0$

3.4

(a)提示:$CD$ 杆上,在 $F_P$ 延长线通过处为弯矩零点。

(b)提示:$D$ 点无水平反力 $M_C=0$。

(c)提示:$B$、$C$ 节点不平衡。

(d)提示: $M_C=0$, $A$、$B$ 有水平反力,$M_D\neq 0$,$M_E\neq 0$。

(e)提示: 曲线凸出方向。

(f)提示:$M_A=M_B=0$。

3.5

(a)提示:集中力通过 $B$ 点,$M_B=0$。

(b)提示:$C$ 点有集中力偶荷载。

(c)提示:$D$ 点无水平反力,$CD$ 杆 $M$ 图特点,$AB$ 杆 $M$ 图方向。

(d)提示:$A$、$D$ 点无水平反力,$M_C=M_D=0$。

3.6

(a) $AB$: $M_{AB}=2F_Pl$, $M_{BA}=0$; $F_{SAB}=-F_P$; $F_{NAB}=0$

$BC$: $M_{BC}=-F_Pl$; $F_{SBC}=0$; $F_{NBC}=-F_P$

$CD$: $M_{CD}=-F_Pl$, $M_{DC}=0$; $F_{SCD}=F_P$; $F_{NCD}=0$

(b) $AB$: $M_{AB}=-ql^2$, $M_{BA}=-3ql^2$; $F_{SAB}=-ql$; $F_{NAB}=-2ql$

$BC$: $M_{BC}=-3ql^2$, $M_{CB}=-ql^2$; $F_{SBC}=2ql$, $F_{SCB}=0$; $F_{NBC}=-ql$

$CD$: $M_{CD}=-ql^2$, $M_{DC}=0$; $F_{SCD}=ql$; $F_{NCD}=0$

(c) $AB$: $M_{AB}=0$, $M_{BA}=-\frac{9}{8}ql^2$; $F_{SAB}=0$, $F_{SBA}=-\frac{3}{2}ql$; $F_{NAB}=\frac{9}{8}ql$

$BC$: $M_{BC}=-\frac{9}{8}ql^2$, $M_{CB}=-\frac{9}{4}ql^2$; $F_{SBC}=-\frac{9}{8}ql$; $F_{NBC}=-\frac{3}{2}ql$

$CD: M_{CD}=-\frac{9}{4}ql^2, M_{DC}=0; F_{SCD}=\frac{3}{2}ql; F_{NCD}=-\frac{9}{8}ql$

(d) $AB: M_{AB}=0, M_{BA}=ql^2; F_{SAB}=ql, F_{SBA}=0; F_{NAB}=-\frac{7}{4}ql$

$BC: M_{BC}=\frac{1}{2}ql^2, M_{BC\max}=\frac{25}{32}ql^2, M_{CB}=0; F_{SBC}=\frac{3}{4}ql, F_{SCB}=-\frac{5}{4}ql; F_{NBC}=0$

$BD: M_{BD}=-\frac{1}{2}ql^2, M_{DB}=0; F_{SBD}=-ql, F_{SDB}=0; F_{NBD}=0$

## ▶ 第4章 三铰拱

4.1 $F_X=50$ kN, $M_K=103.1$ kN·m, $F_{SK}^{L}=33.9$ kN, $F_{SK}^{R}=-41.0$ kN
$F_{NK}^{L}=66.1$ kN, $F_{NK}^{R}=38.0$ kN

4.2 拉杆轴力 5.0 kN, $M_K=44$ kN·m, $F_{SK}=-0.6$ kN

## ▶ 第5章 静定平面桁架

5.1 (a)左第二节间下弦内力为 61.8 kN
(b)中间竖杆内力为 $2F$。

5.2 (a)7 个零杆; (b)7 个零杆;(c)12 个零杆
(d)9 个零杆;(e)7 个零杆

5.3 (a) $F_{NHE}=F_{NEB}=F_P, F_{NHD}=F_{NDA}=-\sqrt{2}F_P$
(b) 其中 $F_{NTL}=F_{NLE}=0.5\sqrt{2}F_P$

5.4 (a) $F_{N1}=-3.75F, F_{N2}=3.33F, F_{N3}=-0.5F, F_{N4}=-0.65F$
(b) $F_{Na}=-60$ kN, $F_{Nb}=37.3$ kN, $F_{NC}=37.7$ kN, $F_{Nd}=-66.7$ kN
(c) $F_{N1}=\frac{\sqrt{2}}{2}F_P, F_{N2}=4F_P, F_{N3}=-4.5F_P, F_{N4}=-0.5F_P$

5.5 (a) $F_{N1}=-5F, F_{N2}=2\sqrt{2}F, F_{N3}=5F, F_{N4}=F$
(b) $F_{N1}=-2F, F_{N2}=\frac{\sqrt{2}}{2}F$
(c)都是 0
(d) $F_{N1}=-\frac{\sqrt{5}}{3}F, F_{N2}=0, F_{N3}=-\frac{\sqrt{2}}{3}F$

5.6 (a)$A$ 端竖杆为−10 kN。
(b) $F_{N1}=-4F, F_{N2}=\sqrt{2}F, F_{N3}=-\frac{\sqrt{2}}{2}F, F_{N4}=-F$
(c) $F_{N1}=-1.8F, F_{N2}=2F$
(d) $F_{N1}=30$ kN, $F_{N2}=-30\sqrt{2}$ kN, $F_{N3}=-15\sqrt{2}$ kN

(e) $F_{N1}=292\ kN, F_{N2}=-350\ kN, F_{N3}=0$

(f) $F_{N1}=-1.8\ kN, F_{N2}=-1\ kN, F_{N3}=-7.33\ kN, F_{N4}=10.17\ kN$

(g) $F_{Na}=41.7\ kN, F_{Nb}=-21.4\ kN$

(h) $F_{Na}=-F, F_{Nb}=0$

(i) $F_{Na}=-0.566F$

(j) $F_{Na}=-1.7\ kN, F_{Nb}=1.3\ kN, F_{NC}=-28.2\ kN, F_{Nd}=-59.4\ kN$

## 第 6 章　静定结构的位移计算

6.1 $\frac{3ql^4}{8EI}(\rightarrow)$

6.2 ①3.52 mm(↓)

②$5.156\times10^{-4}$rad(增大)

6.3 $\Delta_{IV}=\frac{14.26F_P l}{EA}(\downarrow)$

6.4 (a)、(b)、(c)、(d)、(e)、(f)都错误。

6.5 参照课本表 6.2。

6.6 8.91 mm(向右)

6.7 $\Delta_{Cy}=\frac{3ql^4}{64}(\uparrow), \theta_C=\frac{l^2}{12EI}(\circlearrowright)$

6.8 $\Delta_{Bx}=\frac{1\,485}{EI}\mathrm{kN\cdot m^3}, \theta_A=\frac{261}{EI}\mathrm{kN\cdot m^2}$

6.9 $\frac{23Fl^3}{648EI}(\downarrow)$

6.10 $\frac{1\,985\ \mathrm{kN\cdot m^3}}{6EI}(\downarrow)$

6.11 $\frac{ql^4}{60EI}$(靠拢)

6.12 8.02 mm(向下)

6.13 $\varphi_A=\frac{1}{2l}(a+2b), \Delta_{CH}=-0.5a-b$

6.14 $15al$(向上)

## 第 7 章　力法

7.1 (a)2;(b)2;(c)3;(d)6;(e)6;(f)2;(g)5;(h)1;(i)7;(j)21

7.2 (a)$M_{AB}=\frac{3Pl}{16}$;(b)$M_{AB}=\frac{ql^2}{16}$;(c)$M_{AB}=\frac{1}{12}ql^2$;(d)$R_B=6.17$ kN

7.3 (a)$M_{CA}=62.5\ \mathrm{kN\cdot m}$;(b)$M_{CA}=\frac{PL}{2}$;(c)$M_{DA}=\frac{qa^2}{32}$;(d)$M_{BE}=34.5\ \mathrm{kN\cdot m}$

7.4　(a)$M_{BD}=90$ kN·m

7.5　(a)$M_{AB}=\dfrac{ql^2}{24}$(下边受拉)

(b)$M_{AB}=\dfrac{9ql^2}{112}$（上边受拉）,$M_{BA}=\dfrac{27ql^2}{112}$（上边受拉）

7.6　$M_{AB}=\dfrac{4EI}{l}\varphi_A$,$M_{BA}=\dfrac{2EI}{l}\varphi_A$

## ▶ 第8章　位移法

8.1　(a)角位移数为2,线位移数为0

(b)角位移数为2,线位移数为1

(c)角位移数为3,线位移数为2

(d)角位移数为5,线位移数为2

(e)角位移数为6,线位移数为2

(f)角位移数为4,线位移数为2

8.2　(a)$M_{CB}=\dfrac{5ql^2}{48}$

(b)$M_{CB}=-20.67$ kN·m

8.3　(a)$M_{AB}=55.5$ kN·m,$M_{AC}=11.7$ kN·m, $M_{AD}=-67.2$ kN·m

$M_{BA}=-32.2$ kN·m,$M_{DA}=-32.8$ kN·m

(b)$M_{BA}=20$ kN·m,$M_{BC}=20$ kN·m

(c)$M_{AB}=55.5$ kN·m, $M_{AC}=11.7$ kN·m,$M_{AD}=-67.2$ kN·m

(d)$M_{AD}=-\dfrac{11}{56}ql^2$,$M_{BE}=-\dfrac{1}{8}ql^2$,$M_{CF}=-\dfrac{1}{14}ql^2$

(e)$M_{DA}=10.53$ kN·m,$M_{BE}=42.11$ kN·m

## ▶ 第9章　力矩分配法

9.1　(a)$M_{BA}=45.87$ kN·m

(b)$M_{BA}=-5$ kN·m,$M_{BC}=48$ kN·m

(c)$M_{AB}=-66$ kN·m,$M_{BA}=-48$ kN·m,$M_{DC}=15.4$ kN·m

(d)$M_{AB}=-84.58$ kN·m,$M_{BA}=-M_{BC}=70.84$ kN·m,$M_{CB}=101.61$ kN·m

9.2　(a)$M_{BA}=-72.7$ kN·m, $M_{BC}=-9.1$ kN·m

(b)$M_{BC}=4.29$ kN·m, $M_{CD}=12.85$ kN·m,$M_{CB}=-34.29$ kN·m

(c)$M_{BA}=65.74$ kN·m,$M_{BC}=34.26$ kN·m,$M_{BD}=-100$ kN·m

(d)$M_{AB}=-4.29$ kN·m, $M_{BA}=-2.14$ kN·m,$M_{CB}=21.43$ kN·m

$M_{CD}=12.85$ kN·m,$M_{DC}=6.43$ kN·m

$M_{CE}=-34.28\ \text{kN}\cdot\text{m}, M_{EC}=72.85\ \text{kN}\cdot\text{m}$

## ▶ 第 10 章 影响线

10.1 (a)

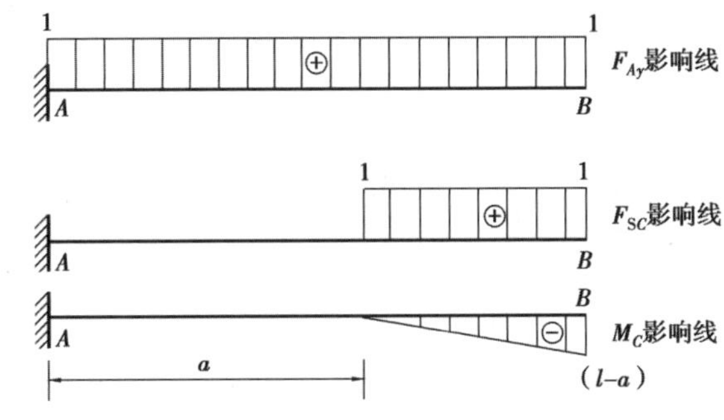

(b)

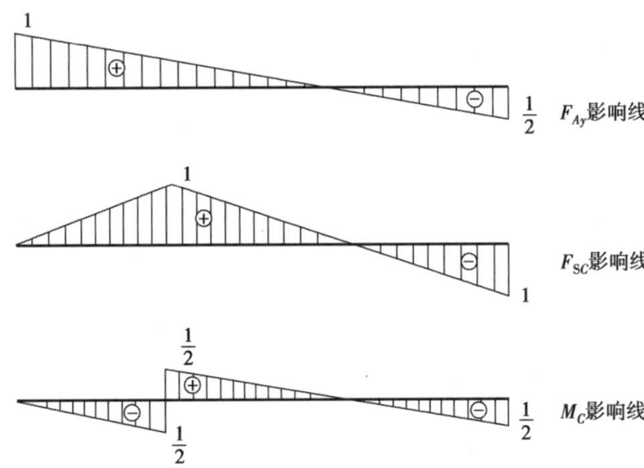


10.2 (a)

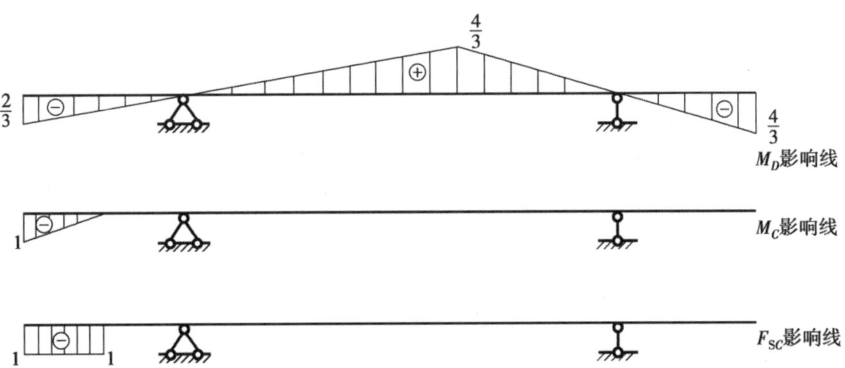

(b)

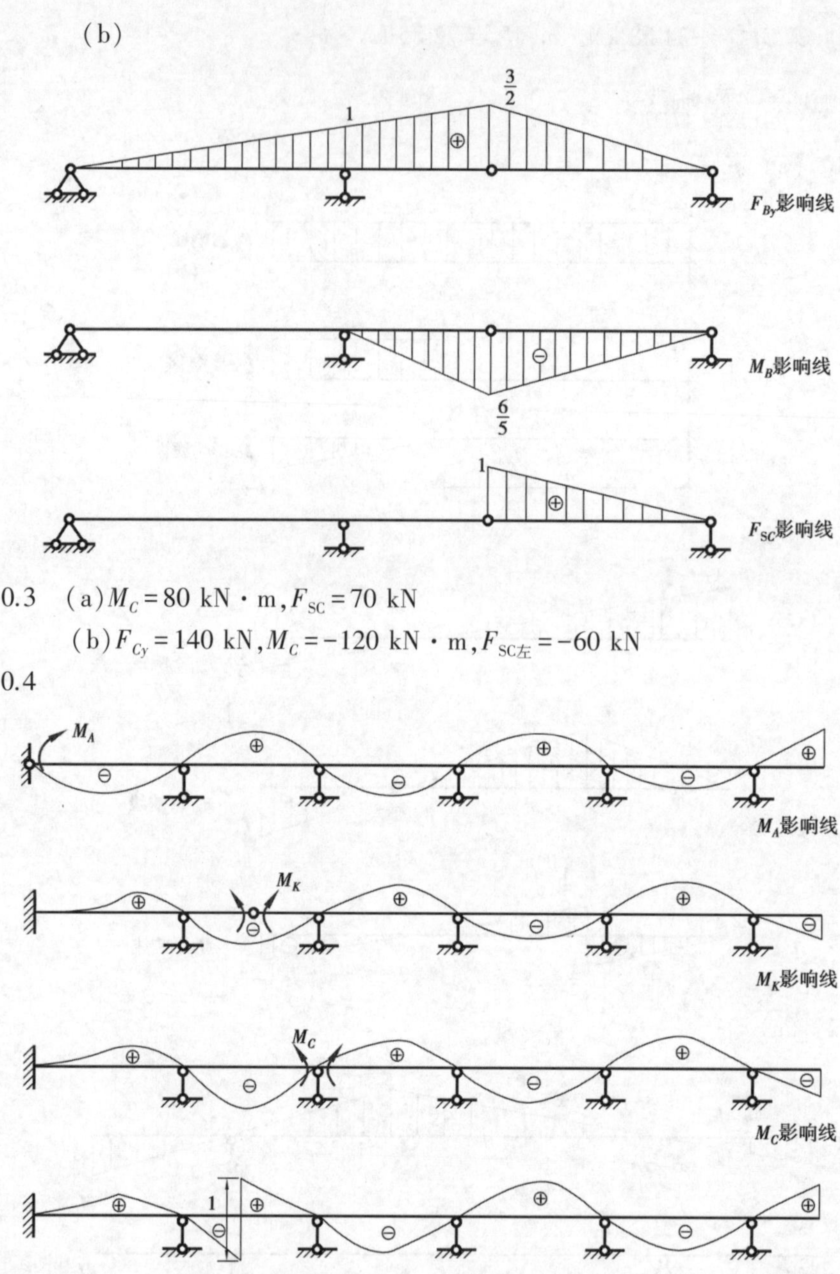


10.3 (a) $M_C = 80$ kN · m, $F_{SC} = 70$ kN

(b) $F_{Cy} = 140$ kN, $M_C = -120$ kN · m, $F_{SC左} = -60$ kN

10.4

10.5 $M_{C\max} = 2\ 085.71$ kN · m

# 参考文献

[1] 龙驭球,包世华.结构力学[M].北京:高等教育出版社,1979.
[2] 李廉锟.结构力学[M].3 版.北京:高等教育出版社,1997.
[3] 李家宝.结构力学[M].4 版.北京:高等教育出版社,2006.
[4] 王金海.结构力学[M].北京:中国建筑工业出版社,1997.
[5] 张来仪,景瑞.结构力学(上册)[M].北京:中国建筑工业出版社,1997.
[6] 包世华.结构力学[M].北京:中央广播电视大学出版社,1993.
[7] 李轮,宋林锦.结构力学[M].3 版.北京:人民交通出版社,2008.
[8] 石立安.建筑力学[M].北京:北京大学出版社,2009.
[9] 干光瑜,秦惠民.建筑力学[M].北京:高等教育出版社,1999.
[10] 吴明军,赵朝前.建筑力学[M].重庆:重庆大学出版社,2015.
[11] 刘可定,谭敏.建筑力学[M].3 版.长沙:中南大学出版社,2013.
[12] 于英.建筑力学[M].3 版.北京:中国建筑工业出版社,2013.